土壤力學與基礎設計

Soil Mechanics And Foundation Design

溫順華 著

五南圖書出版公司 印行

序

本書的重點，不是在於其教材，而是在於懂的程度（很多考古題），無論是背懂，或是理解，「熟」才是參加考試的重點。試題作熟了，當考卷的題目出來，才不會茫茫然，首先必須先了解題目的意思，然後再看清楚給你的條件，再來要注意試題條件的單位。

念書準備考試跟烤肉一樣，最怕裝熟，所以熟練考古題和習題才是重點（僅靠補習班的講義是不夠的），畢竟很多考題都有變化的，要習慣考場上試題的變化，所以任何題目都要熟練，不管背熟還是理解，熟都要超熟。

公職考試有好多種，將《土壤力學與基礎設計》這本書買回去念，全熟了，高考研究所沒問題，就算不很熟，對其他公職考試也有幫忙，尤其在校生就開始準備國考最好不過的事了，因為沒有賺錢的壓力，加上念了國考的題型，對學校的學業也有幫助，將來面對國考具有殺傷力的考題也比較有觀念，加上以國考的層次去考國立研究所也是易如反掌。

加油！

溫順華　於 2011 年夏

目 錄

chapter 1

土壤的定義

土壤與岩石的區別，在於膠結的程度之不同。土壤是未固結的顆粒組成的。部分土壤其顆粒之間也有膠結，但是膠結程度與岩石相較則極低。

因此，土壤屬於顆粒性材料，其行為和大多數的金屬或非金屬材料之間有很大的差異。一般用於研究其他固體材料的基本力學原理都是用於土壤，但是對於土壤行為的描述與分析計算，則和固體力學的範疇完全不同。

土壤與岩石循環的關係極為密切，土壤屬於岩土循環的一部份。岩石經過各種外力的風化作用後形成土壤。而各種不同的環境外力，又可以將這些土壤搬運到他處沈積。在土壤沈積長久的時間後，若經長久的時間後，由於其上覆蓋的土壤以及環境的作用，又可能轉化為岩石。

火成岩、變質岩、沈積岩，在接近地表面的部分都會因為風化作用，其靠近地表的部分逐漸形成土壤。

重要的三種粘土礦物：

⑴高嶺土 (koalinite)

⑵伊利土 (illite)

⑶蒙脫土 (montmorillonite)

土壤和岩石一樣都由礦物組成，不論是砂、沈泥或黏土都一樣。一般在大地工程中，土壤的礦物成份扮演的角色並不重要。在絕大部份的狀況下，工程師只要能掌握土壤的力學性質，就已經能夠達成其分析與設計的目標，不會出差錯。只有在極少數情況下，土壤的礦物組成會扮演關鍵性的角色。基本上，根據一般人的經驗，都知道土壤可以區分為卵石或礫石、砂、黏土三大類。至於沈泥則較不屬於一般人的經驗與常識範疇。以下簡單地介紹幾種土壤的分類方式。

⑴依顆粒的粒徑大小區分土壤顆粒種類

名 稱	Name	粒徑範圍
中礫石	Cobble	D > 150 mm
礫石	Gravel	4.75 mm < D < 150 mm
粗砂	Coarse Sand	2.00 mm < D < 4.75 mm
中砂	Medium Sand	0.425 mm < D < 2.00 mm
細砂	Fine Sand	0.075 mm < D < 0.425 mm
粉土、沉泥	Silt	0.002 mm < D < 0.075 mm
黏土	Clay	D < 0.002 mm

1.1 工程上應用的土壤

土壤是一種極為複雜的材料，而任何一種工程皆與土壤有關，為使工程設計與施工，能達到安全性、經濟性、耐用性，工程師必須了解土壤性質，並加以分類，而得到土壤的工程性質，為設計之依據。

依照土壤顆粒粒徑來區分是最簡單、最直接的分類方式。這也是最基本的土壤分類。上述的各種複雜的工程土壤分類方法，也都是以粒徑的區分為根本。

雖然，可以用粒徑來區分土壤類別，但是事實上砂土和黏土幾乎是完全不同的東西，許多的性質有極大的差異；而且現地的土壤往往混雜了不同比例的各種粒徑顆粒，很難單純地歸類。因此才會衍生出各種複雜的土壤分類。

實際上的粒徑分析是必須要在實驗室內進行粒徑分析試驗才能得到精確的結果。粒徑在細砂以上的土壤較易用篩分析區分，粒徑較小的土壤不易用篩分析區分。

(a)篩分析（乾篩、溼篩）：使用於粗粒之粒徑分析，係將土樣通過一組十盒的不同的篩號，分別計算停留各篩內的土重，一般用#4 (4.76mm) 至#200 (0.074mm) 號篩，過篩率計算方法，依序扣除留置在特定篩號（粒徑）的土壤重量百分比。

(b)沉降法（比重計法）：

土粒採用篩分析，因銅篩製造技術關係，其孔徑僅小至某一定限度，如超出此限度，則無法適用。通常土粒小於 0.074mm 者，即通過泰勒氏標準篩及美國標準篩#200 者，將採用比重計分析法。部份顆粒沉降後，整體水溶液的比重會改變。粗顆粒較細顆粒沉降快。假設顆粒為球體，利用 Stoke's Law 自水的比重計算顆粒直徑。

$$v=\frac{\gamma_s-\gamma_w}{18\eta}D^2，D=\sqrt{\frac{18\eta v}{\gamma_s-\gamma_w}}$$

式中，v 為土壤顆粒在水中沉降的速度；γ_s 與 γ_w 分別為土壤顆粒與水的比重；η 為水的黏滯度；D 為土壤的粒徑。

此法在顆粒太大時，因沉降時造成亂流 (Turbulent Flow) 較不適用；在顆粒太小時，因懸浮顆粒本身的布朗運動，不易再沉降，也不太適用。

土壤的粒徑可以畫出粒徑分佈曲線

簡單地可以區分為良好級配 (Well Graded)，此狀況下，土壤粒徑分佈平均，各種粒徑參雜混合，PSD 曲線較緩和，土壤的孔隙大小也較均佈，孔徑會較小；不良級配 (Poorly Graded) 的狀況下，土壤的粒徑較趨於一致，PSD 曲線較垂直，土壤的孔徑較一致，孔徑可能較大。另若由明顯的兩種粒徑土壤組成者，稱為越級配 (Gap Graded)；此種土壤受沖蝕的可能性較高。

由土壤的粒徑分佈曲線可以定義出幾個參數

(a)均勻係數：$c_u=\frac{D_{60}}{D_{10}}$

式中，D_{60} 代表在 PSD 曲線上對應於過篩率為 60%的粒徑；D_{10} 代表在PSD曲線上對應於過篩率為10%的粒徑。以砂而言，當 $c_u>6$ 為良好級配；以礫石而言，當 $c_u>4$ 為良好級配。

(b)曲率係數：$c_z=\dfrac{D_{30}^2}{D_{10}\times D_{60}}$

當 $1<c_z<3$ 視為良好級配。

比表面積　S_s = 表面積／體積或質量

單位：m^2/m^3 或 m^2/g

比表面積和土壤粒徑成反比

(a)三種不同黏土礦物之構造比較

黏土礦物	厚度 (nm)	寬度 (nm)	比表面積 (m^2/g)
高嶺土	10-100	100-2000	15
伊利土	5-50	100-500	80
蒙脫土	1-5	100-500	800

(b)三種不同黏土礦物之工程性質比較

黏土礦物	剪力強度	滲透性	壓縮性	膨脹性	收縮性
高嶺土	大	大	小	小	小
伊利土	中	中	中	中	中
蒙脫土	小	小	大	大	大

(c)不同凝聚性土壤結構之工程性質比較

結構型式	電化力	剪力強度	滲透性	壓縮性	
				低應力	高應力
分散結構	排斥力>吸引力	低	低	高	低
膠凝結構	排斥力<吸引力	高	高	低	高

1.2 土壤的工程及其他分類

1.2.1 土壤工程性質包括下列幾項

(a)壓縮性質：了解土壤受載重後變形狀況。

(b)剪力強度性質：了解土壤的各種狀況下之剪力強度。

(c)滲透性質：了解土壤內水滲透與土壤排水問題。

1.2.2 土壤的分類

(a)依土壤的質地區分 (Texture System)：USDA、FAA

(b)依土壤內聚力 (Cohesion) 的有無區分

(b-1)Cohesionless Soil 無凝聚性土壤、砂性土壤

(b-2)Cohesive Soil 凝聚性土壤、黏性土壤

此分類方式有時會誤導對土壤工程特性的判斷。

(c)AASHTO

大多用於道路工程 A,1, A-2,至 A-7, A-8 為有機土壤。

F 為粒徑小於#200 號篩的百分比，取整數，負者取零。

(d)統一土壤分類法 (Unified Soil Classification)

美國大地工程界常用。出了美國則不然。分類方法較詳細

1.3　組成土壤之三態：

(a)固態：包括岩石礦物，粘土礦物，粒間黏結濟及有機物。

(b)液態包括水份及溶於水中之離子。

(c)氣態包括空氣、水蒸氣。

1.3.1　土壤的組成和基本符號：

體積：「V」，重量：「W」

和土顆粒有關的符號下標「s」，和孔隙有關的符號下標「v」

和水有關的符號以下標「w」，和空氣有關的符號以下標「a」

土壤由複雜物質組成，結構變化很大非連體，故嚴格說土壤不適用於所有連體力學，為土壤體積成份圖，稱為土塊圖這種表示方法只是一種假想，為了方便與了解。事實上，固、液、氣體不能完全分離。

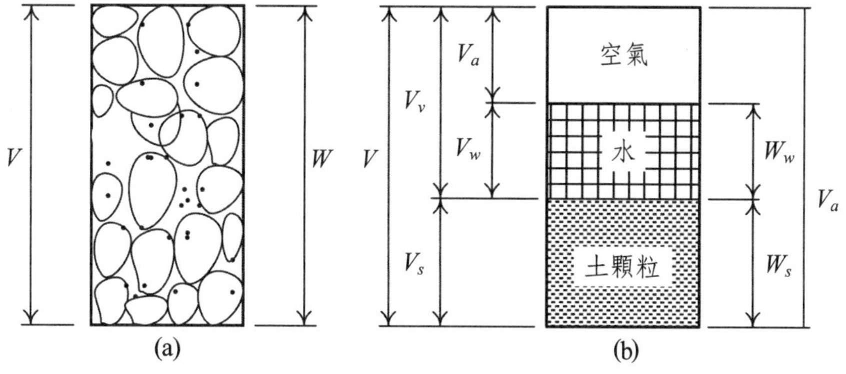

土壤總體積符號及說明：

V_S：土粒淨體積，V_v：孔隙總體積，V_w：孔隙水體積 ($V_v = V_w + V_a$)

V_a：孔隙空氣體積，W：土壤總重量，W_s：土粒淨重量

W_w：孔隙水重量，W_a：空氣重量 ($W_a = 0$)

1.4 土壤的基本性質

1.4.1 單位重

單位重代表單位體積土壤的重量。工程師用以求出地表下不同深度土壤所承受的垂直向應力（壓力）。工程師可以將土層的單位重乘上土層厚度得到特定深度的土壤所受的應力。

求取單位種的概念十分簡單，只要知道土壤的體積和重量，重量除以體積即可得出。實際上比較嚴謹的作法應該是取薄管土樣將土樣修入小銅圈，秤其含土的銅圈總重，扣掉銅圈本身重量後，得到土重 (W)。量測大小並計算銅圈體積 (V)。二者相除，可得到：

(a)溼土單位重 (γ)。

$$\gamma = \frac{W}{V} = \frac{W_S\gamma_S + WW_S}{V_S(1+e)} = \frac{\gamma_S(1+W)}{1+e} = \frac{\gamma_w G_S(1+W)}{1+e} = r_d(1+W)$$

(b)含水量 $\varpi = \dfrac{W_w}{W_s} \times 100\%$

(c)孔隙率 $n = \dfrac{V_u}{V} \times 100\%$

(d)孔隙比 $e = \dfrac{V_u}{V_s}$

(e)飽和度 $S=\frac{V_w}{V_s}\times 100\%$

(f)乾土單位重 $r_d=\frac{W_s}{V}$

(g)土粒單位重 $\gamma_s=\frac{W_s}{V}$

(h)飽和單位重 $r_{sat}=\frac{G_s+e}{1+e}r_w$

(i)浸水單位重 $r_{sub}=r_{sat}-r_w$

(j)土粒比重 $G_s=\frac{\gamma_s}{\gamma_w}$

(k)相對密度

無塑性砂土，通常以相對密度來決定其鬆密的程度

(k-01)無塑性砂土相對密度 $D_d=\frac{e_{\max}-e}{e_{\max}-e_{\min}}$

$e_{\max}$ = 無塑性砂土之最大空隙比

$e_{\min}$ = 無塑性砂土之最小空隙比

(k-02)相對密度 $D_d=\frac{(\gamma_d)_{\max}\times[(\gamma_d)-(\gamma_d)_{\min}]}{[(\gamma_d)\times(\gamma_d)_{\max}]-(\gamma_d)_{\min}}$

$(\gamma_d)_{\max}, (\gamma_d)_{\min}$ 為最大及最小乾土單位重

(l)Terzaghi 之規定

鬆砂	$0<D_d<1/3$	中密度砂	$0<D_d<2/3$	緊密度砂	$2/3<D_d<1$

1.5 參考資料

(a)不飽和土壤三相圖 (Vs＝1)

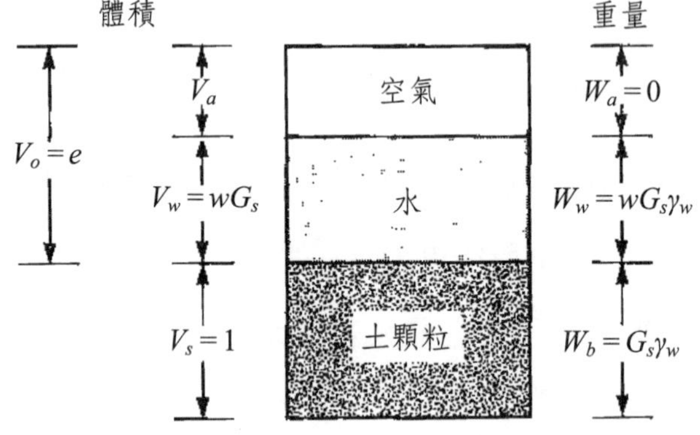

(b)飽和土壤三相圖 (Vs＝1)

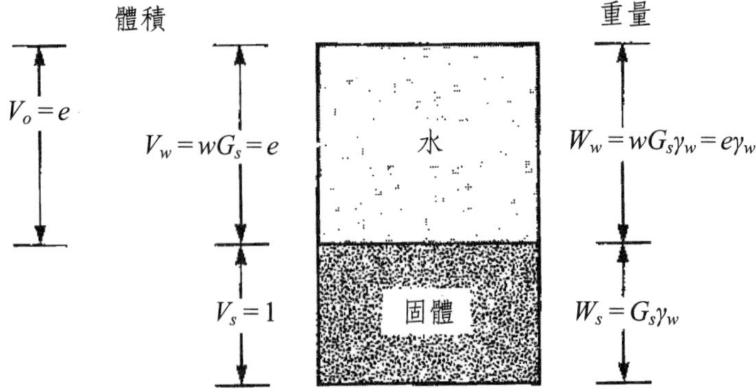

(c)四個重要的定義間關係：

(c-1)e 和 n 之關係 $e=\frac{n}{1-n}$，$n=\frac{e}{1+e}$

(c-2)γ_d 和 γ_s 之關係 $\gamma_d=\frac{\gamma_s}{1+e}=\frac{G_s\times\gamma_w}{1+e}$

(c-3)γ_d 和 γ_t 之關係 $\gamma_d=\frac{\gamma_t}{1+\varpi}$

(c-4)S, e, ϖ, G_s 之關係 $S\times e=\varpi\times G_s$

項目	公式	證明
乾土單位重	$\gamma_d=\frac{G_s\gamma_w}{1+e}$	$\gamma_d=\frac{W_s}{V}=\frac{V_s\gamma_s}{V_s+V_v}=\frac{\gamma_s}{1+e}=\frac{G_s\gamma_w}{1+e}$
孔隙率（不飽和）	$n=1-\frac{\gamma_d}{G_s\gamma_w}$	$n=\frac{V_v}{V}=\frac{V-V_s}{V}=\frac{V-\frac{W_s}{G_s\gamma_w}}{V}=1-\frac{\gamma_d}{G_s\gamma_w}$
孔隙比（不飽和）	$e=\frac{n}{1-n}$ $=\frac{G_s\gamma_w-\gamma_d}{\gamma_d}$	$e=\frac{n}{1-n}=\frac{1-\frac{\gamma_d}{G_s\gamma_w}}{1-(1-\frac{\gamma_d}{G_s\gamma_w})}=\frac{G_s\gamma_w-\gamma_d}{\gamma_d}$
含水量（不飽和）	$\varpi G_s=Se$	$\varpi=\frac{W_w}{W_s}=\frac{\gamma_w V_w}{\gamma_w G_s V_s}=\frac{SV_v}{G_sV_s}=\frac{Se}{G_s}$
不飽和土壤單位重	$\gamma_m=\gamma_s\frac{1+\varpi}{1+e}$ $=\gamma_w\frac{G_s+S\times e}{1+e}$	$\gamma_m=\frac{W}{V}=\frac{W_s+W_w}{V_s+V_v}=\frac{W_s\times\left(1+\frac{W_w}{W_s}\right)}{V_s\times\left(1+\frac{V_v}{V_s}\right)}$ $=\gamma_s\frac{1+\varpi}{1+e}=\gamma_w G_s\frac{1+\varpi}{1+e}=\gamma_w\frac{G_s+S\times e}{1+e}$
孔隙比（飽和）	$e=G_s\times\varpi$	$\varpi G_s=S\times e$，$S=100\%$，$\therefore e=G_s\times\varpi$
飽和土壤單位重	$\gamma_{sat}=\gamma_w\frac{G_s+e}{1+e}$ $\gamma_{sat}=\gamma_w\frac{G_s+e}{1+e}$	$\gamma_{sub}=\gamma_{sat}-\gamma_w=\gamma_w\frac{G_s+e}{1+e}-\gamma_w=\gamma_w\frac{G_s-1}{1+e}$ $(S=100\%)$

1.6 土壤性質試驗

1.6.1 含水量試驗

含水量 (*Water Content*)為土壤內之含水重量，與經過 24 小時置在溫度 105℃的烘箱中，烘乾後的乾土重量之比。

設土樣烘乾前重量為 W

土樣烘乾後之重量為 W_s

則土壤內的含水量為 $(W - W_s)$

土壤之含水量 $\varpi = \dfrac{W - W_s}{W_s} \times 100\%$

1.6.2 土粒比重試驗

土粒的比重，等於土粒單位體積重量與水的單位體積重量之比。

土粒比重的測定，無論粗細土壤均可排除法。將蒸餾水裝入比重瓶使滿，加熱至溫度 20℃加蓋抹乾，秤之得 W_1 克重。將烤乾土樣秤之得 W_s 克，放入重量瓶內（此時蓋內的蒸餾水只留三分之一）然後將比重瓶加熱煮沸，使土內空氣排除，俟其冷卻再補充蒸餾水裝滿加蓋，仍使其保持溫度 20℃，秤之得 W_2 克，則被土壤排出的水重量為。

則 $G_s = \dfrac{W_s}{(W_1 + W_s) - W_2}$

若土內含有易溶物質，不能用蒸餾水時，可改用其他液體，設其比重為 G，則土粒的比重為

$$G_s = \frac{W_s}{(W_1 + W_s) - W_2} \times G$$

說明題　已知充滿水之比重瓶的質量$(W_1) = 1.734$kg

乾土樣的質量 $(W_s) = 0.391$kg，含土壤試樣且充滿水的比重瓶質量$(W_2) = 1.980$kg。

則 $G_s = \frac{W_s}{(1.734 + 0.391) - 1.980} = 2.70$

大多數常見的主要礦物，其比重在 2.55 至 2.75 範圍之內，其平均值為 2.65。

1.6.3　單位重試驗

單位重乃單位體積內土壤重量，在實驗室測定時，通常測定已知體積的容器內之土壤重量，如透水、壓密、剪力、夯實等試驗之試體。野外測定方法、砂堆法 (*Sand Cone*)、橡皮膜法 (*Rubber Ballon Method*)、核子密度 (*Nuclear Density Meter*)。

1.6.4　粒徑分析試驗

土壤粒徑分析試驗包含兩種方法：

(a)篩選法 (*Sieve Analysis*)：使用於粗粒之粒徑分析，係土樣粒徑大於 200 號篩之粗顆粒土壤粒徑分佈的範圍以及不同粒徑的土壤所佔之百分比。

(b)比重計分析 (*Hydrometer Analysis*)

比重計分析又稱為沉降分析，適用於粒徑小於 200 號篩之細顆粒土壤。由於 200 號篩以下之土壤，顆粒非常細小，無法以篩分析試驗區分顆粒大小。所以必須根據流體力學中之 Stoke's Law 分析，由土壤顆粒在水中的沉降速度推估粒徑大小，再由不同沉降時間的液體單位重推估累積通過百分比，結合上述二者關係，即可求得顆粒粒徑及累積通過百分比之粒徑分佈曲線

1.6.5 粒徑分佈曲線

縱座標：通過百分比

橫座標：粒徑，以對數座標表示

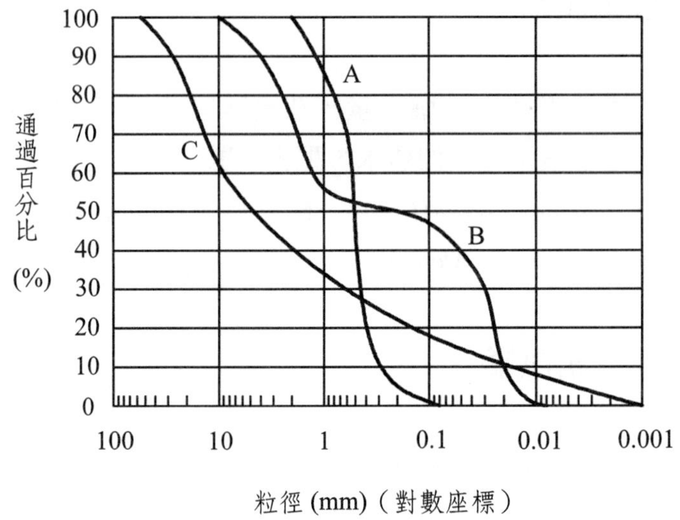

判斷土壤級配良否，須決定三個粒徑：

D_{10}：粒徑分佈曲線上通過百分比 10%對應之粒徑又稱為土壤的有效粒徑

D_{30}：粒徑分佈曲線上通過百分比 30%對應之粒徑

D_{60}：粒徑分佈曲線上通過百分比 60%對應之粒徑

均勻係數 C_u：$C_u=\frac{D_{60}}{D_{10}}$

曲率係數 C_c（級配係數）：$C_c=\frac{D_{30}^2}{D_{10}D_{60}}$

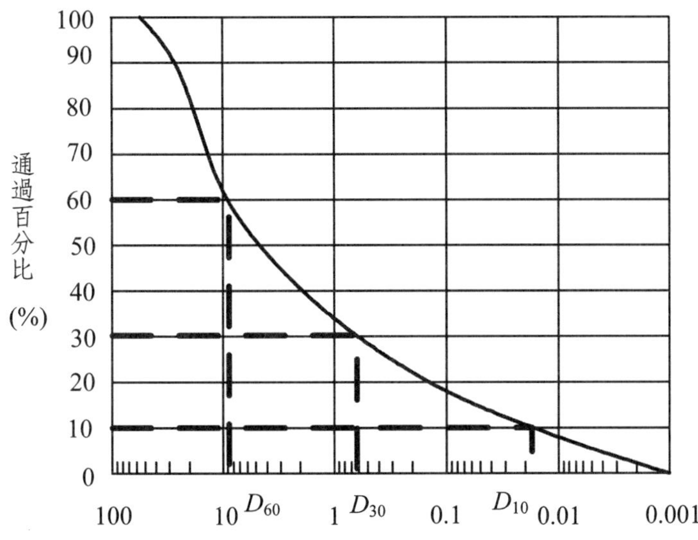

級配良好土壤：

$C_c=1\sim3$，$C_u>6$，對砂土，$C_u>4$，對礫石

A：均勻級配的土壤

B：間隔級配或稱跳躍級配

A 及 B 皆為不良級配的土壤

C：級配良好的土壤，其粒徑分佈的範圍很大，曲線呈一凹向上之平滑曲線。

試題 1.1

有一土壤進行篩分析試驗之結果如下：

美國標準篩號	孔眼尺寸 (mm)	殘留各篩之土樣質量 (g)
4	4.750	30
10	2.000	40
20	0.850	47
40	0.425	129
60	0.250	221
100	0.150	86
200	0.075	40
底盤	-	24

試求：

(a)繪出此土樣之粒徑分佈曲線

(b)求出 $D10$、$D30$、$D60$、

(c)計算級配係數 (coefficient of gradation, Cc)

解：

1. 計算各篩之通過百分比

美國標準篩號	孔眼尺寸 (mm)	殘留各篩土樣質量 (g)	殘留各篩百分比 (%)	累積殘留百分比 (%)	通過百分比 (%)
4	4.750	30	4.86	4.86	95.14
10	2.000	40	6.48	11.34	88.66
20	0.850	47	7.62	18.96	81.04
40	0.425	129	20.91	39.87	60.13

60	0.250	221	35.82	75.69	24.31
100	0.150	86	13.94	89.63	10.37
200	0.075	40	6.48	96.11	3.89
底盤	-	24	3.89	100	0
		S617g	S100%		

2. 繪製粒徑分佈曲線

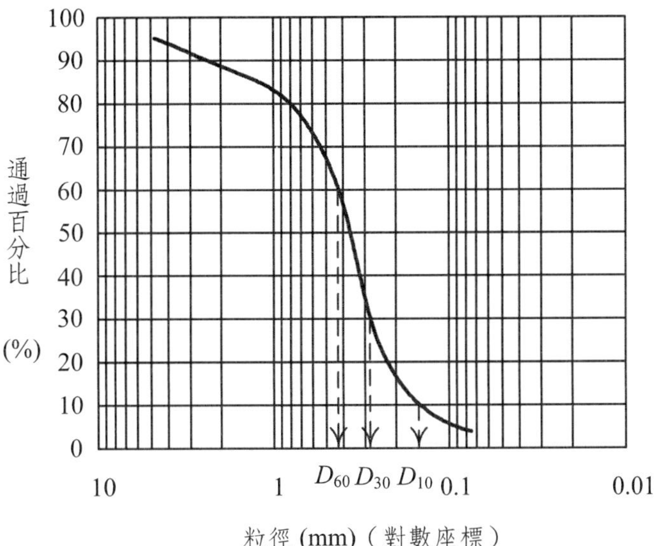

由粒徑分佈曲線可得

$$C_c=\frac{D_{30}{}^2}{D_{10}D_{60}}=\frac{0.28^2}{0.14\times 0.42}=1.33$$

$D_{10}=0.14\text{mm}$ $D_{30}=0.28\text{mm}$ $D_{60}=0.42\text{mm}$ ◆

(c)斯篤克定律 (*Stoke's Law*)

土粒採用篩分析，因銅篩製造技術關係，其孔徑僅小至某一度，如超出此限度，則無法適用。通常土粒小於 0.074mm 者，即通過泰勒氏標準篩及美國標準篩#200 者，將採用比重計分析法。比重計分析法，亦稱沉澱分析法，係根據流體力學中之斯篤克定律。

斯篤克氏定律說明細圓球體，自一無限制面之液體內降落時，最初由於地心吸力作用，速度遞增，惟轉瞬則達成一常速下降。

設 V= 土粒於水中之下降速度 (cm/sec)

r_s= 土粒單位重 (g/cm^3)

r_w= 水之單位重 (g/cm^3)

r= 土粒之半徑 (cm)

設土粒為圓球體，其重量為 $\frac{4}{3}\pi r^3\gamma_s$，與土粒同一大小體積之水重為 $\frac{4}{3}\pi r^3\gamma_w$，則土粒於水中之重量 W' 為

$$W'=\frac{4}{3}\pi r^3\gamma_s-\frac{4}{3}\pi r^3\gamma_w\text{，}W'=\frac{4}{3}\pi r^3(\gamma_s-\gamma_w)$$

土粒於水中下沉過程中，其與水所接觸產生一種相反作用之阻力稱為下降摩擦阻力 F，其值與下降速度 V 大小成正比，與土粒之半徑 r 大小成正比，與水之黏滯係數 (Viscosity) μ 大小成正比，得

$$F=6\pi\times V\times\mu\times r$$

6π 為土粒四圍與水間之滑動阻力係數，係經試驗所求出之數值。土粒能於水中等速下降，須下降之重量等於下降阻力，則 $W'=F$

$$\frac{4}{3}\pi\times r^3(\gamma_s-\gamma_w)=6\pi\times V\times\mu\times r$$

D：為土粒直徑

應用斯篤克定律於比重分析時，可能產生下列四項誤差：

(c-1)假設土粒為圓球體，事實上土粒非圓球體。

(c-2)假設土粒在無限制平面之水中下降，但實際上容器有界限，土粒會相互影響，非僅一土粒自由下沉。

(c-3)用土粒單位重平均值 γ_s，但土粒成份非均質。

(c-4)受擴散劑的影響。

(d)比重分析法原理

$D=\sqrt{\dfrac{18\mu}{\gamma_S-\gamma_W}\cdot V}$，式中 V 值，可依據水中比重計下降深度及時間求之。設 z 為下降距離，t 為下降時間，則 $V=\dfrac{z}{t}$，代入式中得 $D=\sqrt{\dfrac{18\mu}{\gamma_S-\gamma_W}\times\dfrac{z}{t}}=K\times\sqrt{\dfrac{z}{t}}$，其 $K=\sqrt{\dfrac{18\mu}{\gamma_S-\gamma_W}}$ 中，K 為與水單位重 γ_w，土粒單位重 γ_s 及水粘滯性係數 μ 有關之常數，可由表查得。

設混合液之單位重為 γ_i 而土粒比重為 G_s，混合液的重為 W_i，則

$$r_i=\frac{W_i}{V}=\frac{W_w+W_s}{V}=\frac{\left[\left(V-\dfrac{W_s}{G_s\gamma_w}\right)\times\gamma_w+W\right]}{V}$$

$$=\frac{W_s}{V}+\left(\gamma_w-\frac{W_s}{G_sV}\right)=\gamma_w+\frac{G_s-1}{G_s}\times\frac{W_s}{V}$$

當沉澱開始，經過 t 秒後，較量之土粒均已下沉，或正在下沉中此時混合液之單位重不復常數而隨深度變化。當時間為 t，設某種大小之土粒 D 自水面下沉至 z 深度時，由 $D=K\times\sqrt{\dfrac{z}{t}}$ 之關係式，較 D 直徑為大之土粒於 t 時間內，已由水面沉至比 z 較深之處。故於 z 深度處，凡比 D 粗大之土粒，均已下沉，但比 D 細小之土粒數值，仍然不變，而 D 為土粒中最大者。

設 N=比 D 細小之土粒／試驗開始時之土粒總重

t 秒後，z 處之土粒重量為 NW_s，故混合液之單位重 γ_i 為

$$\gamma_i = \gamma_w + \frac{G_s - 1}{G_s}\left(N \times \frac{W_s}{V}\right)$$

因 z 為任何之一深度，利用比重計於時間 t 時，放入混合液，則比重計讀出之數，即表示相當比重計浮心處之混合液比重。故上式中 γ_i 為已知數，而 N 為未知數，得

$$N = \frac{G_s - 1}{G_s} \times \frac{V}{W_s}(\gamma_i - \gamma_w)$$

於不同時間 t，將比重計放入混合液中，則得不同 γ_i 值，由上式可得各時間 t 之 N 值 NW_s 即相當於通過總成分，而其相當之孔徑 D 可由公式 $D = K \cdot \sqrt{\frac{z}{t}}$ 求得，以土粒直徑及通過百分比繪製粒徑分佈曲線。

1.7 累積曲線類型

累積曲線依其所呈線型，大致歸納成三類。此三類曲線具有各別的性能，可用來推定土壤級配的優劣和土粒的均等性。

1.7.1 有效粒徑 (Effective Size)

據赫曾氏 (A. Hazen) 表示法，粒徑分佈曲線上，通過百分比為 10% 時，其所相對應之土粒直徑 D_{10}。

1.7.2 均勻係數 (Coefficient of Uniformity)

通過百分比為 60%之土粒直徑 D_{60}，則均勻係數 $C_u = \frac{D_{60}}{D_{10}}$。

C_u 值，1～4 為均勻土壤 (Uniform Soil)

C_u 值，5～8 為級配好之土壤 (Graded Soil)

C_u 值，等於大於 9 時，為級配良好之土壤 (Wellgraded Soil)。

1.7.3 曲率係數 (Coefficient of Curvature)

粒徑分佈曲線之曲率，通常以曲率係數 C_d 表示之。

$$C_d = \frac{(D_{30})^2}{D_{10} \times D_{60}}$$

C_d 值如介於 1 與 3 之間者，稱為級配良好之土壤，而礫石之 C_d 值大於 4，砂土則大於 6，理想的曲率係數值約為 2。

試題 1.2

粒徑分佈曲線有 1，2，3 三條曲線，試求各曲線，有效粒徑 D_{10} 均勻係數 C_u，曲率係數 C_d，級配為何？

解：

D_{10}, D_{30}, D_{60} 如下表示：

曲線	D_{10} (mm)	D_{30}	D_{60}
1	0.095	0.13	0.15
2	0.1	0.2	0.4
3	0.3	1.2	2.0

(1)曲線 1 有效粒徑 $D_{10} = 0.095$mm

均勻係數 $C_u = \frac{D_{60}}{D_{10}} = \frac{0.15}{0.095} = 1.58$

曲率係數 $C_d=\dfrac{(D_{30})^2}{D_{10}\times D_{60}}=\dfrac{(0.13)^2}{0.095\times 0.15}=1.19$

均勻級配

⑵曲線 2 有效粒徑 $D_{10}=0.1\text{mm}$

均勻係數 $C_u=\dfrac{D_{60}}{D_{10}}=\dfrac{0.4}{0.1}=4$

曲率係數 $C_d=\dfrac{(D_{30})^2}{D_{10}\times D_{60}}=\dfrac{(0.2)^2}{0.1\times 0.4}=1$

跳躍級配

⑶曲線 3 有效粒徑 $D_{10}=0.3\text{mm}$

均勻係數 $C_u=\dfrac{D_{60}}{D_{10}}=\dfrac{2.0}{0.3}=6.67$

曲率係數 $C_d=\dfrac{(D_{30})^2}{D_{10}\times D_{60}}=\dfrac{(1.2)^2}{0.3\times 2.0}=2.4$

接近均勻級配 ◆

試題 1.3

某一未受擾動原狀飽和土樣，其當地密度為 19.33KN/m^3 含水量為 27%，水單位重為 9.81KN/m^3，依土體粒狀圖，求該土樣飽和度 $S=90\%$ 時之含水量 ϖ/c，濕土單位重 γ_m (KN/m^3)，孔隙比 e，孔隙率 n 和土粒比重 G_S。（土壤一般性質與結構）

解：

$V=1\text{m}^3$

$\gamma_{sat}=19.33\text{KN/m}^3$，故在 $V=1\text{m}^3$ 下，

$W=19.33\text{KN}=W_w+W_s$ (1)

已知含水量 27% $\therefore W_w=0.27W_s\rightarrow$ 由⑴式可以解出

$W_w=4.11\text{KN}$，$W_s=15.22\text{KN}$

水單位重為 9.81KN/m³，$V_w=\dfrac{4.11}{9.81}=0.419\text{m}^3$

飽和度 $S=100\%$時　$V_w=V_v=0.419\text{m}^3$　$\therefore V_s=1-V_w=0.581\text{m}^3$

在飽和度 90%之下 $V_w=0.9V_v=0.377\text{m}^3$

$\therefore W_w=0.981\times 0.377=3.7\text{KN}$

含水量 $(w/c)=\dfrac{W_w}{W_s}=\dfrac{3.7}{15.22}=24.3\%$

$\gamma_m=\dfrac{W}{V}=\dfrac{3.7+15.22}{10}=18.92\text{KN/m}^3$

孔隙比 $e=\dfrac{V_v}{V_s}=\dfrac{0.419}{0.581}=0.72$，

孔隙率 $n=\dfrac{V_v}{V}=0.419=41.9\%$

土粒比重 $G_s=\dfrac{W_s}{\gamma_w\times V_s}=\dfrac{15.22}{0.581\times 9.81}=2.67$ ◆

試題 1.4

某土層之分佈如下圖所示，求各層之單位重。

砂土層 ▽（地下水位）	$S=20\%$ $e=0.6$ $G_s=2.7$
粘土層	$G_s=2.65$ $\omega=45\%$

解：

(a)砂土層

(a-1)地下水位以上

$$\gamma_t=\frac{1+\omega}{1+e}G_s\gamma_w=\frac{G_s+Se}{1+e}\gamma_w=\frac{2.7+0.2\times 0.6}{1+0.6}\times 9.81=17.29(\text{kN/m}^3)$$

(a-2)地下水位以下

$$\gamma_{sat}=\frac{G_s+e}{1+e}\times\gamma_w=\frac{2.7+0.6}{1+0.6}\times 9.81=20.23(\text{kN/m}^3)$$

(b)黏土層

$$\gamma_{sat}=\frac{1+\omega}{1+e}\times G_s\times\gamma_w=\frac{1+\omega}{1+G_s\times\omega}G_s\times\gamma_w$$
$$=\frac{1+0.45}{1+2.65\times 0.45}\times 2.65\times 9.81=17.19(\text{kN/m}^3)$$ ◆

試題 1.5

某土壤之孔隙率為 0.5，含水量為 12%，土顆粒比重為 2.65，則在孔隙率不變之下，(a)每 m^3 的土壤須加水多少方能使其飽和？(b)每 m^3 的土壤須加水多少方能使飽和度達 80%？

解：

(a)$e=\frac{n}{1-n}=\frac{0.5}{1-0.5}=1.0$

$$\gamma_{sat}=\frac{G_s+e}{1+e}\gamma_w=\frac{2.65+10}{1+1.0}\times 1000=1825(\text{kg/m}^3)$$

$$\Delta W_w=1825-1484=341(\text{kg})$$

(b)$\gamma_{i1}=\frac{G_s+S\times e}{1+e}\times\gamma_w=\frac{2.65+0.8\times 1.0}{1+1.0}\times 1000=1725(\text{kg/m}^3)$

$$\Delta W_{w1}=1725-1484=241(\text{kg})$$ ◆

1.8 阿太堡限度及指數

阿太堡限度（又稱稠度限度）。

極潮濕的黏性土壤，在乾燥過程中，須經過液體，塑性體，半固體而變成固體狀態，又一狀態轉變成另一狀態時的含水量稱為阿太堡限度或稱稠度限度。阿太堡限度分別為液性限度，塑性限度和縮性限度三種。

1.8.1 液性限度 (Liquid Limit, LL)

為土壤在某一特定之擾動力下，能發生流動之最小含水量。即為土壤被當作液體與塑性體的界限。其測定方法如下：

取通過#40 標準篩之土樣約 100%g，與水攪拌均勻，放置試驗杯盤中，其厚度不超過 13mm(1/2")，以規定槽形刀劃割土體，然後以每秒二轉之速度轉握柄，每轉一次，杯底打擊底座一次，如打擊 25 次時，二體溝槽恰接合 13mm(1/2") 時，此時含水量即為液即為液性限度，稱液限。如接合 13mm時，打擊非 25 次，可用不同含水量試驗若干次，以含水量為縱座標，打擊次數（對數座標）為橫座標，連接成直線，用內插法求得 25 次之含水量，即為此土壤之液性限度。

(a)試驗前　　(b)試驗後

1.8.2 塑性限度 (Plastic Limit, PL)

是為土體塑性狀態與半固體狀態分界點含水量。土壤搓成直徑 3mm，而龜裂長度 8～10mm 時之含水量。

1.8.3 縮性限度 (Shrinkage Limit, SL)

土壤在乾燥過程中，因失去水份體積逐漸縮小，至含水量達到某一限度後，水份雖再減小，但土壤體積不再縮小。此時土壤內的含水量稱縮性限度。即土壤乾燥過程中，體積不再縮小時之最大含水量，為半固體與固體之分界。

1.8.4 阿太堡指數與土壤稠度相關之指數

a.塑性指數 (Plastic Index, P.I)

定義為土壤液限與塑限之差，表示土壤在塑性狀態含水量範圍。

$$I_P = L.L - P.L$$

I_P 越大滲透性越小，而不排水剪力強度越大。

b.稠度指數 (Consistency Index, CI)

定義為自然含水量液限差距值與 I_P 比

$I_c = \dfrac{L.L - w}{I_P}$，$I_c$ 越大黏土越硬。

c.流性指數 (Flow Index, FI)

液性限度試驗時，以含水量為縱座標，打擊次數為橫座標（對數分度），所繪直線之斜度即為 FI。

$$F.I = \frac{W_1 - W_2}{\log N_2 - \log N_1}$$

d.韌性指數 (Toughness Index, TI)

定義為塑性指數與流性指數之比值。

$$T.I = \frac{I_p}{F.I}$$

e.液性指數 (Liquidity Index, LI)

定義為自然含水量塑限差距與 I_P 比越大黏土越軟。可利用概括地判斷黏土是否曾受預壓作用。

正常壓密黏土 (Normal Consolidated Clay)

L.I＝0.6～1.0；過壓密黏土 (Overconsolidated Clay)

L.I＝0～0.6。

f.活性 (Activity, AC) 依 Skempton (1953) 定義為塑性指數與土樣中，粒徑小於 2μm 之黏土的含量。

A_C＝P.I/黏土含量 (%)

依活性大小將黏土分成四類：

等級	活性
不活性黏土	＜0.75
正常黏土	0.75～1.25
活性黏土	1.25～2
高活性黏土	＞2

1.8.5 阿太堡限度及指數在工程上的應用

阿太堡限度及指數主要用於黏土的工程性質判斷。

(a)壓縮性

(1)土壤液限 L.L 越大，所以含水量高，表示壓縮性高。

(2)稠度指數 I_c 越小，黏土越軟，壓縮性越高，液性指數

$L.I = 1 - I_c$，所以 L.I 越小，黏土越硬，壓縮性越低。

(b)滲透性

塑性指數 I_p 越大，吸著水層越厚，土壤之滲透性越小。

(c)塑性指數越大，黏土不排水剪力強度越高。

試題 1.6

有一土壤進行篩分析試驗之結果如下：

美國標準篩號	孔眼尺寸 (mm)	殘留各篩之土樣質量 (g)
4	4.750	30
10	2.000	40
20	0.850	47
40	0.425	129
60	0.250	221
100	0.150	86
200	0.075	40
底盤	-	24

試求：(a)繪出此土樣之粒徑分佈曲線

(b)求出 D_{10}、D_{30}、D_{60}

(c)計算級配係數 (coefficient of gradation, C_c)

解：

(a) *1.* 計算各篩之通過百分比

美國標準篩號	孔眼尺寸 (mm)	殘留各篩土樣質量 (g)	殘留各篩百分比 (%)	累積殘留百分比 (%)	通過百分比 (%)
4	4.750	30	4.86	4.86	95.14
10	2.000	40	6.48	11.34	88.66
20	0.850	47	7.62	18.96	81.04
40	0.425	129	20.91	39.87	60.13
60	0.250	221	35.82	75.69	24.31
100	0.150	86	13.94	89.63	10.37
200	0.075	40	6.48	96.11	3.89
底盤	-	24	3.89	100	0
		S617g	S100%		

2. 繪製粒徑分佈曲線

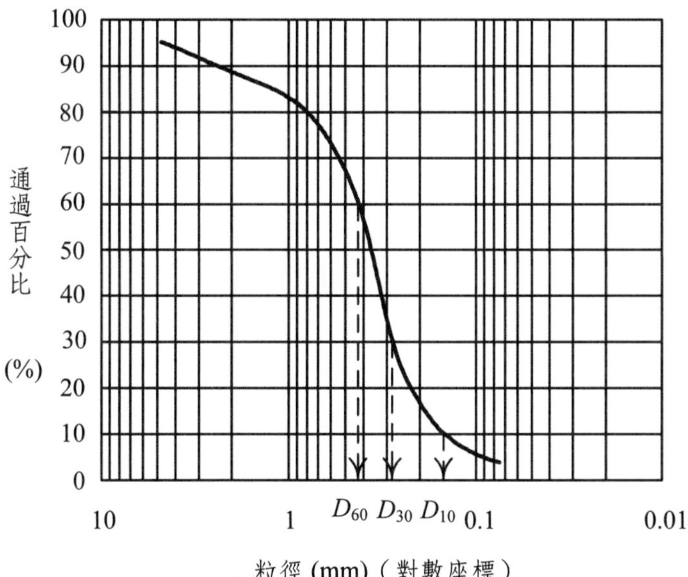

(a)由粒徑分佈曲線可得

$D_{10}=0.14\text{mm}$，$D_{30}=0.28\text{mm}$，$D_{60}=0.42\text{mm}$

(b)$C_c=\dfrac{D_{30}^2}{D_{10}\times D_{60}}=\dfrac{0.28^2}{0.14\times 0.42}=1.33$ ◆

試題 1.7

一飽和黏土之自然含水量為 41%，塑性限度為 29，液限試驗結果如下：

組別	1	2	3	4
含水量	38%	43%	50%	58%
打擊數	35	28	20	15

試求該土壤(a)液性限度(b)塑性指數(c)液性指數

解：

(a)流性曲線

$L.L=45.5$

(b)$P.I=45.5-29=16.5$

(c)$L.I=\dfrac{\varpi-P.L}{P.I}=\dfrac{41-29}{16.5}=0.73$

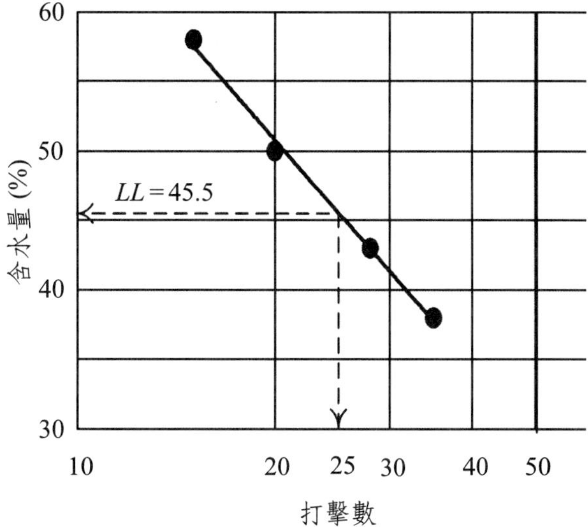
60
50
40
30
含水量 (%)
LL = 45.5
10
20
25
30
40
50
打擊數

chapter 2

土壤分類與夯實

大地工程設計之前，必須了解土壤的滲透性、剪力強度、壓縮性，而這些性質必須由透水試驗，三軸試驗、壓密試驗之後才能獲得，試驗時費時費事，以簡單的試驗，篩分析及阿太堡限度與指數試驗為依據，將同一種而具有相似行為性質的土壤集在一起，並加以分類。可歸納其工程特性，幫助我們了解土壤的行為，做為工程性質的判斷。

2.1 統一土壤分類系統

統一土壤分類系統簡稱 USCS，分類時需要：

粒徑分佈曲線，阿太堡液性限度，塑性指數，土壤含有機質情形

土壤種類符號

⑴區分粗或細顆粒土壤

通過 200 號篩 < 50%→粗顆粒土壤 GW、GP、SW、SP、GM、GC、SM、SC

通過 200 號篩 > 50%→細顆粒土壤，共分三個細目，CL, ML, OL

統一土壤分類步驟

⑴決定土壤中礫石、砂及細顆粒之重量百分比

⑵決定土壤為粗顆粒土壤或細顆粒土壤

⑶決定土壤種類符號

⑷決定土壤性質符號

⑸組合種類符號和性質符號以獲得分類結果

此法係以 Casagrande 氏分類法為基礎，兩者相似。

根據土壤顆粒之粗細、級配、塑性及壓縮性等，將土壤分成：

⑴粗粒土壤，⑵細粒土壤，⑶高度有機質土壤三大類。另再分為十五細目，每一細目用兩個字母作符號，第一字母表示影響土壤性能

最大的主要成分。計分六種：礫 (G)，砂 (S)，沉泥 (M)，黏土 (C)，有機質沉泥或黏土 (O)，泥炭 (Pt)；第二字母表示其顆粒級配性質，塑性以及次要成分等，計分六種：優良級配 (W)，不良級配 (P)，低塑性 (L)，高塑性 (H)，沉泥質 (M)，黏土質 (C)。

⑴粗粒土壤一係指未通過#200 篩的份量在 50%以上者。

凡粗粒土壤內所含細粒部分通過#200 篩的少於 5%者。視所含的礫，及砂之百分比及顆粒之級配一共分成四個細目計：GW 類，SW 類，GP 類，及 SP 類，W 類，SW 類，GP 類，及 SP 類。

粗粒部份留於#4 篩的 50%以上，稱礫石。通過#4 篩多於 50%者為砂。

粗粒土壤內所含細粒（即通過#200 篩）的部分超過 12%，或介 5～12%而具有塑性者，另按機械分析及塑性試驗結果，一共分成四個細目計：GM 類，GC 類，SM 類與 SC 類。

沉泥與黏土的區別，可依其塑性定之。將土樣內通過#40 篩的部份分別測定其液性限度及塑性指數，用塑性圖 (Plasticity Chart) 定之。凡點定之位置在 A 線上側稱為黏土，在 A 線下側者稱為沉泥。

⑵細粒土壤一係通過#200 篩的份量在 50%以上者。

凡細粒土壤的液性限度小於 50 者，一共分成三個細目，計CL類，ML 類及 OL 類。

凡細粒土壤的液性限度大於 50 者，一共分成三個細目，計CH類，MH 類及 OH 類。

2.2 分類方法

(a)分類所需的資料

⑴粒徑分佈曲線。

⑵阿太堡限度與指數。

⑶ Casagrande 塑性圖表，用於細粒土壤分類。

(b)分類法流程圖

統一土壤分類法，以塑性圖與流程配合，即可迅速而清楚將各類土壤加以分類。

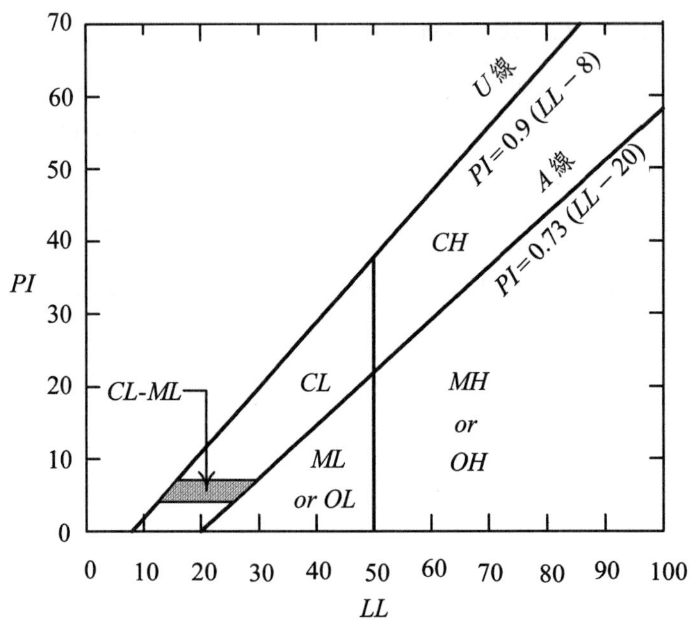

圖 2-1 統一土壤分類系統之細顆粒土壤分類結果

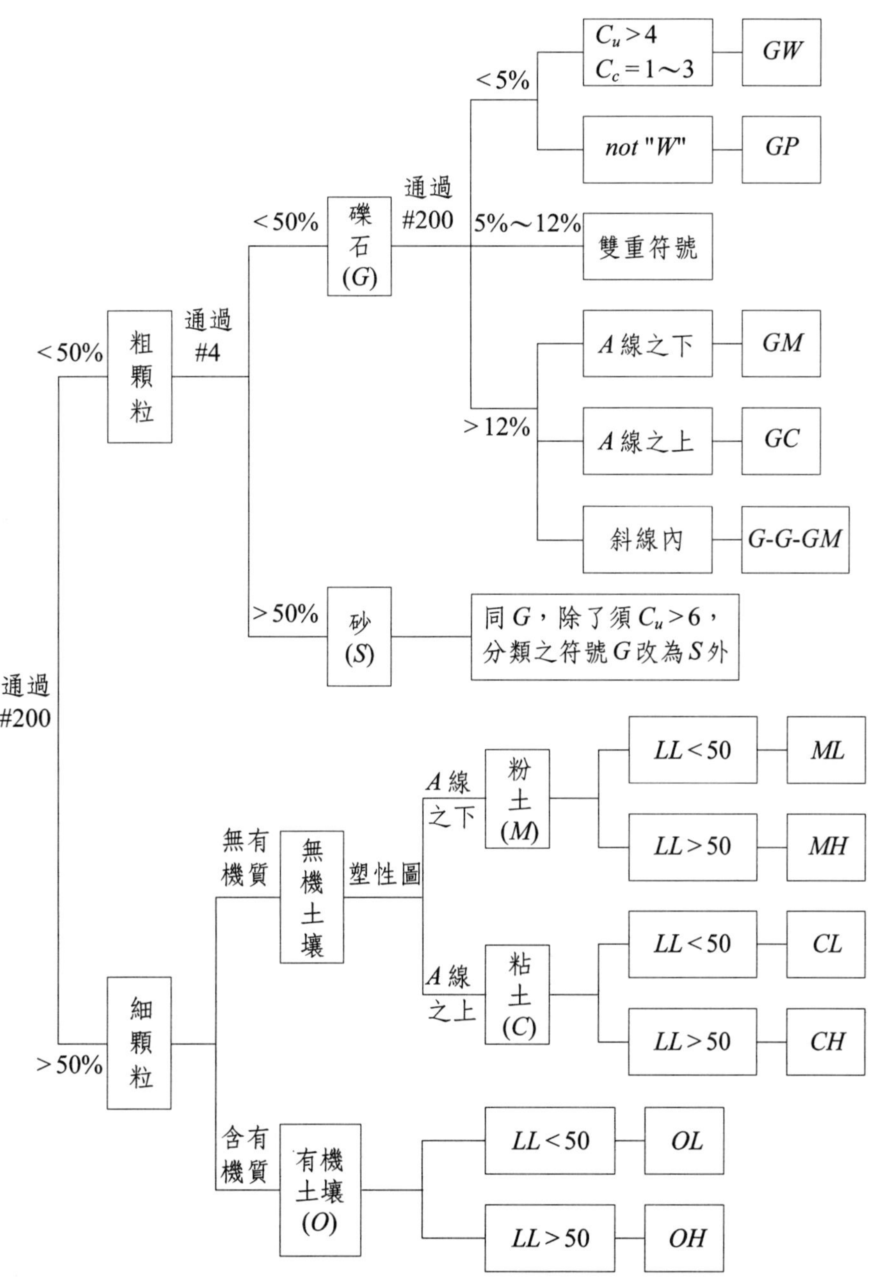

圖 2-2 統一土壤分類系統流程圖

試題 2.1

試述土壤統一分類法之基本原則及分類法

層次	深度 (m)	濕重 (g)	乾重 (g)	體積 (cm)	液限 (%)	塑限 (5)	粒徑 GSF	N 值
1	0～3	81	75	44	15	10	3 32 65	8
2	3～6	73	60	40	NP	NP	5 75 20	12
3	6～15	89	55	45	55	25	0 8 9 2	4
4	15～19	79	68	42	10	7	4 51 4 5	18
5	19～	85	80	40	NP	NP	60 20 20	40
求各層次之含水量 w，乾土單位重 γ_d，濕土單位重 γ_m，及土壤分類								

解：

統一土壤分類法係依據粒徑分部區線及阿太保限度與指數，其分類方法如下：

塑性圖：

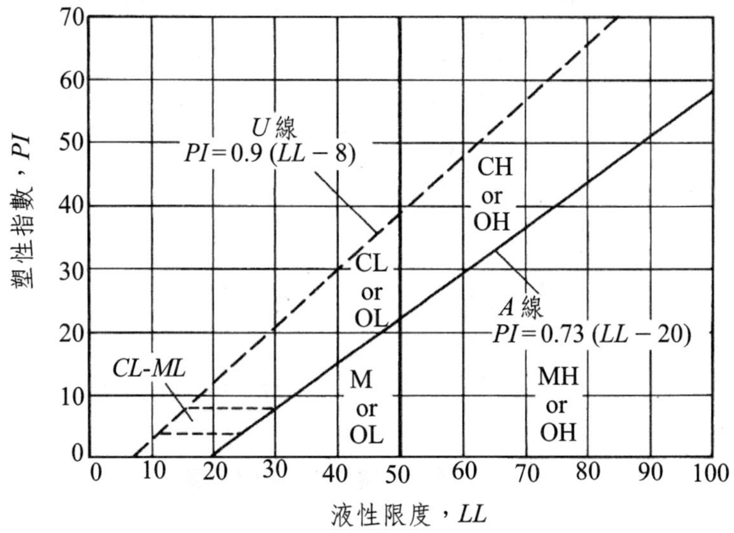

(a)通過 200#篩 50%以上，為細粒土，50%以下為粗粒土

(b)將粗粒土依通過 4#篩百分比而分成砂土與礫石兩類

(c)將細粒土壤依塑性圖表而分類

層次	含水量 $w=\frac{W-W_s}{W_s}(\%)$	乾土單位重 $\gamma_d=\frac{W_s}{V}(g/cm^3)$	濕土單位重 $\gamma_m=\frac{W}{V}(g/cm^3)$	分類
1	8.0	1.705	1.841	CL-ML
2	21.7	1.50	1.825	SM
3	61.8	1.222	1.618	CH
4	16.2	1.629	1.881	SM
5	6.2	2.0	2.125	GM

◆

試題 2.2

試以統一土壤分類法將土壤 A 至土壤 E 加以分類

篩號粒徑	累積通過百分比				
	A	B	C	D	E
No.4	91	60	85	100	100
No.10	68	50	72	95	100
No.20	25	42	64	90	94
No.40	10	36	46	83	89
No.60	8	32	30	75	82
No.100	6	28	18	68	75
No.200	4	25	10	60	68
0.01mm				53	63
0.002mm				44	56

D_{10}(mm)	0.425		0.075		
D_{30}(mm)	1.1		0.25		
D_{60}(mm)	1.8		0.75		
L.L	-	-	48	67	45
P.I		NP	25	30	21

解：

土壤 A：

1. 礫石含量 9%，砂含量 87%，細顆粒含量 4%　∴為 S
2. 細顆粒含量 4%＜5%，

$C_u=\dfrac{1.8}{0.425}=4.24<6$，$C_c=\dfrac{1.1^2}{0.425\times1.8}=1.58$　∴為 p

3. 分類結果為 SP（級配不良的砂）

土壤 B：

1. 礫石含量 40%，砂含量 35%，細顆粒含量 25%，∴為 G
2. 細顆粒含量 25%＞12%，細顆粒土壤沒有塑性 (NP)，∴為 M
3. 分類結果為 GM（粉土質的礫石）

土壤 C：

1. 礫石含量 15%，砂含量 75%，細顆粒含量 10%　∴為 S
2. 細顆粒含量 10%介於 5%～12%之間，應採雙重符號　∴為 W
   當 L.L＝48 所對應 A 線之 P.I＝0.73(48－20)＝20.44＜25，∴為 C
3. 分類結果為 SW-SC（含粘土之級配良好的砂）

土壤 D：

1. 砂含量 40%，細顆粒含量 60%，∴為細顆粒
2. 當 L.L＝67 所對應 A 線之 P.I＝0.73(67－20)＝34.31＞30，∴為 M
3. L.L＝67＞50，∴為 H
4. 分類結果為 MH（高塑性的粉土）

土壤 E：

1. 砂含量 32%，細顆粒含量 68%， ∴為細顆粒

2. 當 L.L = 45 所對應 A 線之 P.I = 0.73(45 − 20) = 18.25 < 21 ∴為 C

3. L.L = 45<50，∴為 L

4. 分類結果為 C.L（低塑性的粘土） ◆

試題 2.3

阿太堡限度 (Atterberg Limits) 中之液性限度試驗，一般要求取四點之含水量，以求流性曲線 (Flow Curve)，此四點之打擊次數 (N) 應以 40～30、30～25、25～20、20～10 次為理想，請說明理由。

解：

⑴液性限度定義為 $N=25$ 次所對應之含水量，即土壤液體與塑性體之分界點，此時為塑性體之最大含水量，土壤含水量愈低則打擊次數愈高，宜選用 30～25 次範圍，因可漸漸增高含水量，使打擊次數減少，而正確掌握接合長度 13mm 時之打擊次數 $N=25$。然而應取 20～30 為最理想。

⑵阿太堡限度之液性限度試驗，係將細顆粒土壤模擬成一邊坡破壞模式，根據Casagrande之結論每次打擊增加 1g/cm^2 之剪應力，而 $N=25$ 次時，則剪應力增加為 25g/cm^2，一般而言，此液性限度時細顆粒土壤之剪力強度約為 25g/cm^2，所以採用 $N=25$ 為土壤之液性限度。 ◆

試題 2.4

擬採使用比重瓶測定細砂含水量，比重瓶添加部份蒸餾水後，比重瓶重量及水量共為 724.3g，將 200.0g 濕砂，($G_s=2.66$) 放進比瓶內比

重瓶重量，水重量及濕砂重量共為 838.8g 時，試求細砂含水量。

解：

$w=\dfrac{W_w}{W_s}$，濕砂重 200g $=W_s+W_w$

砂之體積 $V_s=\dfrac{W_s}{2.66}$　水體積 $V_w=\dfrac{W_w}{1.0}$

土粒重扣除同體積之水重：$888.8-724.3=114.5$g

其值等於 $W_s-\dfrac{W_s}{2.66}$

$\because 114.5=W_s-\dfrac{W_s}{2.66}$，$\therefore W_s=183.48$g

$W_w=200-W_s=16.52$g

$W_w=\dfrac{16.52}{183.48}=90\%$……(Ans) ◆

試題 2.5

有一靈敏火山灰黏土，試驗結果如下：(a)$\gamma_m=1.28\text{t/m}^3$，(b)$e=9.0$，(c)$S=95\%$，(d)$\gamma_s=2.75\text{t/m}^3$，(e)$w=311\%$。在檢查上述值時，發現其中有一項與其他項不一致，求不一致之值為那一項，其正確為若干？

解：

利用下列關係式，檢查其試驗結果的正確性

$Se=wG_S$，$\gamma_d=\dfrac{\gamma_s}{1+e}=\dfrac{\gamma_m}{1+w}$

$0.95\times 9.0=3.11\times 2.75$　$\therefore Se=wG_S$，存在

$\gamma_d=\dfrac{2.75}{1+9.0}=0.275t/m^3$……①

$\gamma_d=\dfrac{\gamma_d}{1+w}=\dfrac{1.28}{1+3.11}=0.31\text{t/m}^3$……②

① ≠ ②式，又∵$Se=wG_S$已存在，∴$\gamma_m=1.28\text{t/m}^3$有錯誤。

正確 $\gamma_m=\gamma_s\times\dfrac{1+w}{1+e}=2.75\times\dfrac{1+3.11}{1+9.0}=1.13\text{t/m}^3$ ◆

試題 2.6

一不擾動土樣，其當地密度為 1770Kgf/m³，其含水量 39.4%經過試驗知其液限 LL＝50.4%，試求⑴土粒比重 G_s ⑵液限狀態下之孔隙比、孔隙率、乾土單位重、飽和單位重、浸水單位。

解：

由於題目未說明土樣飽和度為何，條件不足。

今假設 $S=100\%$

⑴由公式 $w=\dfrac{Se}{G_s}$ $\therefore G_s=\dfrac{Se}{w}$

$$\gamma_d=\frac{\gamma_m}{1+w}=\frac{1770}{1+0.394}=1269.7\text{kgf/m}^3$$

$$\gamma_d=\frac{\gamma_s}{1+e}=\frac{\gamma_w\times G_s}{1+w\times G_s}\quad\therefore 1269.7=\frac{1000\times G_s}{1+0.394\times G_s}\quad\therefore G_s=2.54$$

⑵在液限狀態下，$W=50.4\%$

$$e=wG_s=0.504\times2.54=1.28$$

$$n=\frac{e}{1+e}=\frac{1.28}{1+1.28}=0.56$$

$$\gamma_d=\frac{\gamma_m}{1+w}=\frac{\gamma_s}{1+e}=\frac{2.54\times1000}{1+1.28}=1{,}114\text{kg/m}^3$$ ◆

試題 2.7

一土樣從工地取回，其重量 1.8KN，體積為 0.1m³，而其含水量由實驗室得知為 12.6%，已知 Gs＝2.71

試求：⑴濕土單位重 γ_m

(2)乾土單位重 γ_d

(3)孔隙比 e

(4)飽和度 S

解：

$$\gamma_m=\frac{W}{V}=\frac{1.8\text{KN}}{0.1\text{m}^3}=18\text{KN/m}^3$$

$$\gamma_d=\frac{\gamma_m}{1+w}=\frac{18}{1+0.126}=16\text{KN/m}^3$$

$$\gamma_d=\frac{\gamma_s}{1+e}\text{，}\therefore e=\frac{\gamma_s}{\gamma_d}-1=\frac{2.71\times 9.81}{16}-1=0.66$$

$$w=\frac{S\times e}{G_s}\text{，}\therefore S=\frac{w\times G_s}{e}=\frac{0.126\times 2.71}{0.66}=51.7\%$$ ◆

試題 2.8

工地取回 48 公克的土壤直接放入比重瓶內加滿蒸餾水並煮沸法排除空氣冷卻後稱得重 130 公克，已知該比重瓶加滿蒸餾水在同一溫度之重量為 105 公克，試求此工地土壤的含水量為若干?

（已知土粒比重 2.68）

解：

土粒的體積　$V_s=23-V_w$

土粒的重量　$W_s=48-V_w\gamma_w=48-V_w$

$$\because\frac{W_s}{V_s}=G_s\quad\therefore 2.68=\frac{48-V_w}{23-V_m}$$

解得　$V_w=8.12\text{cm}^3$，$\therefore W_w=V_w\times\gamma_w=8.12\text{g}$

$W_s=48-8.12=39.88\text{g}$

含水量 $w=\dfrac{W_w}{W_s}=\dfrac{8.12}{39.88}=20.4\%$ ◆

試題 2.9

有一試驗為 15cm，直徑為 7cm，總重為 1100g，烘乾後為 850g，直徑縮小為 6.6cm，高度為 14.2cm，孔隙比為 0.52，試求試體烘乾前之含水量，飽和度，孔隙比，乾土單位重。

解：

試體體積 $V=\frac{\pi}{4}(7)^2\times 15=577.27\text{cm}^3$

烘乾後體積 $V'=\frac{\pi}{4}(6.6)^2\times 14.2=485.81\text{cm}^3$

土粒體積 $V_s=\frac{V'}{1+e}=\frac{485.81}{1+0.52}=319.61\text{cm}^3$

①含水量 $w=\frac{W_w}{W_s}=\frac{1100}{850}=29.4\%$

②飽和度 $S=\frac{V_w}{V_v}\times 100\%=\frac{250}{577.27-319.61}=97\%$

③孔隙比 $e=\frac{V_v}{V_s}=\frac{257.68}{319.61}=0.81$

④乾土單位重 $\gamma_d=\frac{\gamma_m}{1+w}=\frac{\left(\frac{1100}{577.27}\right)}{1+0.294}=1.47\text{g/cm}^3$ ◆

試題 2.10

用已知的土壤試體諸參數；γ_{sat}（飽和單位重），γ_d（乾土單位重），γ_w（水的單位重）等項。

試求 G_s（水粒比重）與 $\gamma_{sat}, \gamma_w, \gamma_d$ 的函數式。

解：

$w=\frac{S\times e}{G_s}$，$\gamma_{sat}=\gamma_d\times(1+w)$

$\therefore\gamma_{sat}=\gamma_d\times\left(1+\frac{S\times e}{G_s}\right)\cdots\cdots(a)$

$\therefore \gamma_d = \dfrac{\gamma_s}{1+e}$

$\therefore e = \dfrac{\gamma_s}{\gamma_d} - 1 = \dfrac{1}{\gamma_d}(\gamma_d - \gamma_d) = \dfrac{1}{\gamma_d}(G_s \times \gamma_w - \gamma_d) \cdots\cdots(b)$

(b)式代入(a)式得

$$\gamma_{sat} = \gamma_d\left[1 + \frac{1}{G_s} \times \frac{1}{\gamma_d}(G_s \times \gamma_w - \gamma_d)\right] = \gamma_d + \gamma_w - \frac{\gamma_{df}}{G_s}$$

整理後得　$G_s = \dfrac{\gamma_d}{\gamma_d + \gamma_w - \gamma_{sat}}$ ◆

試題 2.11

含水量 95%之火山灰 300kg 與含水量 11%之細砂 300kg 均勻混合土含水量。

解：

火山灰乾土重 $W_{S1} = \dfrac{W_1}{1+w_1} = \dfrac{300}{1+0.95} = 153.8\text{kg}$

水重 $W_{w1} = W_1 - W_{S1} = 300 - 153.8 = 146.2\text{kg}$

細砂乾砂重 $W_{S2} = \dfrac{W_2}{1+w_2} = \dfrac{300}{1+0.11} = 270.3\text{kg}$

水重 $W_{w2} = W_2 - W_{S2} = 300 - 270.3\text{kg} = 29.7\text{kg}$

混合土重 $W_S = W_{S1} + W_{S2} = 153.8 + 270.3 = 424.1\text{kg}$

水重 $W_W = W_{W1} + W_{W2} = 146.2 + 29.7 = 175.9\text{kg}$

混合土含水量 w

$w = \dfrac{W_w}{W_S} = \dfrac{175.9}{424.1} \times 100\% = 41.5\%$ ◆

試題 2.12

$A = \dfrac{V_a}{V}$，$w=$ 含水量，試導出 $\gamma_d = \dfrac{G_s \times (1-A)}{1 + w \times G_s} \times \gamma_w$

解：

$$\gamma_d=\frac{W_s}{V}=\frac{W_s}{V_s+V_v}=\frac{W_s/V_s}{V_s/V_s+V_v/V_s}=\frac{G_s\times\gamma_w}{1+e}=\frac{G_s\times\gamma_w}{1+\left(\dfrac{w\times G_s}{S}\right)}\cdots\cdots(1)$$

$$S=\frac{V_w}{V_v}=\frac{V_v-V_a}{V_v}=1-\frac{V_a}{V_v}\times\frac{V}{V}\times\frac{V_w}{V_w}\times\frac{W_s}{W_s}\times\frac{\gamma_w}{\gamma_w}=1-\left(A\times\frac{S\times\gamma_w}{\gamma_d\times w}\right)$$

$$\therefore S=\frac{\gamma_d\times w}{\gamma_d\times w+A\times\gamma_w}\cdots\cdots(2)$$

(2)代入(1)得

$$\because \gamma_d+G_s\times(\gamma_d\times w+A\times\gamma_w)=G_s\times\gamma_w,$$

$$\gamma_d\times(1+w\times G_s)=(1-A)G_s\times\gamma_w$$

$$\therefore \gamma_d=\frac{G_s\times(1-A)}{1+w\times G_s}\times\gamma_w$$

◆

2.3 土壤結構與黏土礦物

土壤是一種極為複雜的材料，非均質 (Nonhomogeneous) 且異向性 (Anisotropic) 土壤，經分類 (Classification) 之後，可大致得知是屬於黏性土壤或非黏性土壤。但為了滿足工程性質要求，必須對土壤的組成與結構做一分析，了解土壤的行為對工程的影響。

土壤顆粒之排列方式與組成稱為土壤結構 (Soil Structure) 一般土壤結構有(a)單粒結構 (Single Grain Structure) (b)分散結構 (Dispersed Structure) (c)絮凝結構 (Flocculated Structure)，前者屬於非黏性土壤，而後者屬於黏性土壤。

2.4 非黏性土壤結構

非黏性土壤如砂、礫石等粒徑較大之土壤，由於沒有凝聚力 $c=0$，所以在沉積的過程其重力影響遠大於粒子表面間的電化之作用。因此常形成單粒結構，而單粒結構若顆粒均勻或過大時，則結構內將有很多的孔隙則較疏鬆，若是粒徑分佈優良，級配良好時，則形成孔隙較小，那麼結構較緊密。

土壤緊密度高則單位重量較重，孔隙比小，其剪力強度越高，滲透性較小，壓縮性低，其工程性質佳；反之，疏鬆情況，則孔隙比大，剪力強度低，滲透性較大，而壓縮性高，容易造成沉陷，對於工程有負面影響，則必須加以土壤改良，以提高工程性質。

(a)單位結構

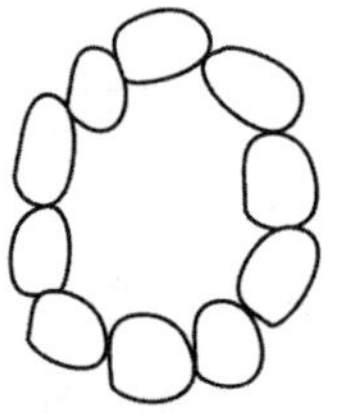

(b)蜂巢狀結構

2.4.1 粗粒土壤之工程性質之判定

粗粒土壤之工程性質良惡以緊密程度來判定，而測定緊密程度之方法，一般皆以室外現場試驗，蓋因砂性土壤欲取得原狀土樣甚為困難，若受擾動則實驗結果必然無法代表現場土壤性質。

現場試驗：

(a)標準貫入試驗 (Standard Penetration Test, SPT) 所得 N 值來判定工程性質。

(b)荷氏貫入錐試驗（Dutch Cone Penetration Test 簡 DPT），求得土壤承載力。

(c)相對密度（Relative Density 又稱密度指數 Density Index）以 D_r 表之。

$$D_r = \frac{e_{\max} - e}{e_{\max} - e_{\min}}$$

式中 e = 現場土壤之孔隙比

$e_{\max}$ = 在試驗室中所得同樣材料之最大孔隙比。

$e_{\min}$ = 在試驗室中所得同樣材料之最小孔隙比。

2.4.2 工地密度試驗 (Field Density Test) 以砂錐 (Sand Cone) 來求得乾土單位重 γ_d

以密度來表示粗粒土壤之緊密程度

$$D_r = \frac{\gamma_{d\max}}{\gamma_d} \times \frac{\gamma_d - \gamma_{d\min}}{\gamma_{d\max} - \gamma_{d\min}}$$

式中 γ_d = 現場土壤乾密度。

$\gamma_{d\max}$ = 在試驗室中所得同樣材料之最大乾密度。

$\gamma_{d\min}$ = 在試驗室中所得同樣材料之最小乾密度。

粗粒土壤一般無法在室內試驗，大部份在現場試驗，以緊密程度來表示其工程性質如下表所示。

緊密程度	相對密度
很疏鬆	0～15
疏鬆	15～35
中等緊密	35～65
緊密	65～85
很緊密	85～100

試題 2.13

填土砂土取樣試驗濕土單位重 $\gamma_{wet}=18.64\text{KN/m}^3$，含水量 $w=10\%$，土粒比重 $G_s=2.66$，最大孔隙比 $e_{max}=0.62$，最小孔隙比 $e_{min}=0.44$，(a)求相對密度與工程特性，(b)自判品質是否良好且說明理由給予適當建議。

解：

(a)$\gamma_d=\dfrac{\gamma_s}{1+e}=\dfrac{\gamma_m}{1+w}=\dfrac{18.64}{1+0.1}=16.95\text{KN/m}^3$

$$e=\frac{\gamma_s}{\gamma_d}-1=\frac{2.66\times 9.81}{16.95}-1=0.54$$

相對密度 (Relative Density)

$$D_r=\frac{e_{max}-e}{e_{max}-e_{min}}\times\frac{0.62-0.54}{0.62-0.44}=44.4\%$$

$D_r=44.4\%$為中等緊密，其工程性質並非良好。

(b)相對密度為 44%，接近疏鬆砂土，一受振動可能即有沉落，倘若在地下水位下，更有液化可能，因有必要加強滾壓或置換土壤。 ◆

2.4.3 黏土礦物

礦物 (Minerals) 具有天然的、無機的，而且有一定原子或離子排列以外應其結晶構造。

岩石 (Rock)，由礦物結合而成，而其結合是物理性，主要是礦物晶體的互鎖 (Interlocking) 或礦物顆粒受天然膠結材料 (Cementing Materials) 的膠結作用而成。

礦物與岩石最大的不同在於，礦物是單一原素或無機化合物所組成，可以寫出一定的化學分子式；而岩石，即使是同一種類的岩石，也沒有化學分子式可寫。

(a)黏土礦物係指土壤中粒徑小於 2um (0.002mm) 超過 50%，具有電化活性 (Electrochemically Active)，表面帶負電荷，所以對水有親和力而具有塑性者。黏土礦物由於粒徑很小，無法以肉眼觀察，必須用顯微鏡。而其形狀呈扁平，所以具有很大的表面積 (Specific Surface)，亦即單位質量或體積內顆粒的表面積。顆粒粒逕愈小則比表面積愈大。例如 1×1×1mm之立方體之比表面積為 1×1×1cm之立方體的 10 倍。因此黏土比表面積相當大，電化力影響遠大於重力影響。

(b)黏土礦物基本結構單元

黏土礦物之基本結構單元為矽四面體 (Silica Tetrahedron) 及鋁八面體 (Alumina Octachedron) 或鎂八面體 (Magnesia Octachedron) 符號說明如下表

基本結構單元	符號	名稱	說明
矽四面體	Si	二氧化矽頁 (Silica Sheet)	由矽四面體堆接而成
鎂八面體	B	氫氧化鎂頁 (Brucite heet)	由鎂八面體堆接而成
鋁八面體	G	氫氧化鋁 (GibbsiteSheet)	由鋁八面體積推接而成

2.4.4 水與黏土礦物間之互制行為

表面帶負電荷，因此能吸引陽離子，對水有親和力。

(a)雙重水層 (Double Layer)：聚集於黏土顆粒表面之陽離子群，此屬水份被黏土顆粒所吸引。

(b)自由水 (Free Water)：當雙重水層向外擴張至某距離，則黏土對水的吸引力漸小，而水份受重力影響較大時，稱為自由水。

2.4.5 黏土結構

(a)黏土因表面帶電常吸著水中離子形成雙重水層 (Double Layer)，因此互相排斥，但雙重水層較薄時則受凡得瓦爾力 (Vander Wall's Forces) 而互相吸引，由這二種反引力之大小

不同形成二種不同構造。絮凝結構 (Flocculated Structure) 其黏土顆粒間雙重水層較薄，吸引力大於排斥力形成面角 (Face to Edge) 之吸引或海底黏土之面面接觸 (Face to Face) 之吸引。亦即靜電力 (Net Electrical Force) 為吸引力。

分散結構 (Dispersed Structure)，若雙重水層較厚時，其排斥力大於吸引力，所以形成面面接觸。亦即淨電力為排斥力。

(b)絮凝結構與分散結構性質比較

黏土結構不同，因此其物理性質，如單位重含水量等也隨之而變。而其工程性質，如剪力強度、滲透性等亦有顯著的差別，如下表所示。

性質	絮凝結構	分散結構
單位重，γ	小	大
滲透性，K	大	小
凝聚力，C	小	大
縮性限度，SL	大	小
體積變化	小	大
回賬性	大	小
液性限度，L.L	低	高
塑性限度，P.L	高	低
塑性指數，P.I	低	高
內摩擦角，ϕ	大	小

2.4.6 黏土礦物對工程性質之影響

黏土顆粒所帶電荷之電化力，對於黏土工程性質影響很大，以下依剪力強度、壓縮性、滲透性來分別討論之。

(a)剪力強度 (Shear Strength)

使顆粒更緊密，則吸著水層干擾增加，並引起更多的顆粒接觸，因此土壤的剪力抵抗，隨孔隙比減少而增大。

若材料本身內部受到擾動，則顆粒接觸的結構排列及鍵均被破壞，此項破壞導致某些剪力強度的喪失，不久以後一些被破壞之鍵重行建立，並漸次還原其強度，此項性質稱為復原性 (Thixotropy)，然而起因於土粒重行走向之強度損失是不能恢復的，因此經過一段長時間後，亦不能恢復其全強度。

(b)壓縮性 (Compressibility) 與膨脹性 (Swelling) 壓縮性與膨賬性決定於：

(b-1)黏土礦物的性質：黏土內若含有任何相當量之蒙脫土，由於晶體內水層厚度變化的結果，大體積變化將伴隨著應力變化而發生。

(b-2)吸著水層內陽離子的性質及濃度：離子性質及濃度，影響吸著水層之厚度，因此而影響其壓縮性及膨脹性，吸著水層內，具鈉陽離子佔優勢的土壤，較以鈣陽離子為主的土壤更具壓縮性及膨脹性，蒙脫土之情形，晶體的膨脹性質亦受吸著離子之影響，鈉蒙脫土可因吸水而膨脹，直至晶體內的各片幾乎分離為止。

(c)滲透性 (Permeability)

滲透性係指水通過介質時之難易度。介質中孔隙大，且未被吸附水層 (Adsorb Water) 所填塞，那麼滲透性佳；反之若吸水層之厚度大，則滲透性則不容易。

試題 2.14

試計算下列各立方體之比表面積？分別以面積與m^2/kg單位表示，土粒比重為 2.65。

⑴邊長為 10mm ⑵邊長為 1mm ⑶邊長為 1um。

解：

⑴比表面積＝總表面積／總體積

$$=\frac{6\times(0.01\times0.01)}{(0.01)^3}=600/m$$

$G_s=2.65$，$\gamma_s=2650kg/m^3$

比表面積 $\frac{A}{W}=\frac{6\times(0.01\times0.01)}{(0.01)^3\times3650}=0.226m^2/kg$

⑵比表面積 $=\frac{6\times(0.01)^2}{(0.001)^3}=600/m$

$$=\frac{6\times(0.01)^2}{(0.001)^3\times2650}=2.26m^2/kg$$

⑶比表面積 $=\dfrac{6\times(10^{-6})^2}{(10^{-6})^3}=6000000/\text{m}=\dfrac{6\times(10^{-6})^2}{(10^{-6})^3\times 2650}=2264\text{m}^2/\text{kg}$ ◆

試題 2.15

砂之最大孔隙比 $e_{max}=0.66$，最小孔隙比為 $e_{min}=0.46$，比重為 2.65。試求：

⑴其乾砂單位重的範圍？

⑵若現場之孔隙比為 $e=0.63$ 時，則相對密度為若干？

解：

⑴ $\gamma_d=\dfrac{\gamma_s}{1+e}$

$$\gamma_{d\max}=\frac{\gamma_s}{1+e_{\min}}=\frac{2.65\times 1}{1+0.46}=1.82\text{t/m}^3$$

$$\gamma_{d\min}=\frac{\gamma_s}{1+e_{\max}}=\frac{2.65\times 1}{1+0.66}=1.60\text{t/m}^3$$

$$\therefore 1.60\leq\gamma_d\leq 1.82$$

⑵ $G_r=\dfrac{e_{\max}-1}{e_{\max}-e_{\min}}=\dfrac{0.66-0.63}{0.66-0.46}=0.15$

屬於非常疏鬆砂土。 ◆

試題 2.16

一砂土層厚 6m，其上層為黏土層厚 5m，砂土層下為不透水層之板岩；水井直接鈷到板岩，而兩觀測井距水井分別 15m，30m。抽出流量 $Q=10\times 10^{-3}\text{m}^3/\text{sec}$ 達穩定流，測得兩觀測井之水位為地表下 3m，2.5m，試求此砂土層的滲透係數？

解：

為有側限之水流 (Confined Flow)

$D=6\text{m}$，$q=10\times 10^{-3}\text{m}^3/\text{sec}$，$r_2=30\text{m}$，$r_1=15\text{m}$

$h_2=11-2.5=8.5\text{m}$，$h_1=11-3=8\text{m}$

$$k=\frac{q\times\ln\left(\dfrac{r_2}{r_1}\right)}{2\pi\times D\times(h_2-h_1)}=\frac{10\times 10^{-3}\times\ln\left(\dfrac{30}{15}\right)}{2\pi\times 6(8.5-8)}=3.67\times 10^{-4}\text{m/sec}$$ ◆

2.5 土壤夯實

夯實是以人為的、機械的能量將土壤孔隙中之空氣排除以減少孔隙比使土壤達到更緊密的效果

2.5.1 夯實目的：

(1)減少土壤的沉陷量

(2)增加土壤的強度

(3)降低土壤的滲透性

(4)控制土壤有害的體積變化，如膨脹、收縮等

利用土壤夯實試驗設備，探討回填級配料之夯實特性，以求得土樣於改良夯壓能量下之最大乾密度 ($\gamma_{d\max}$) 及最佳含水量 (OMC)，作為設計及施工品質控制之參考

(5)試驗方法：

a.現地取回之級配料充份氣乾後，利用橡膠錘輕輕敲散土樣。

b.量測敲散後土樣總重，並將其分別通過3/4"篩、3/8"篩及#4篩，

同時記錄停留於各篩網上之粒料重量。

c.當土樣中停留於#4 篩以上重量比例小於 20%時，則取通過#4 篩之土樣經充份混合後分為六等份。

d.取一份土樣依其初始含水狀況加入適量清水，並於拌合筒中充份拌勻，再將土樣分為三層，以每層 25 次之夯擊數依序將土樣夯入金屬模中。惟於每層分界位置必須用藥刀刮毛土體表面，又每層填入土量須儘量接近，且於最後一層夯實完畢後，土樣不得超過模具頂端 0.5 公分，否則應予廢棄重做。

e.夯實完畢之土樣去除延伸環並刮平土體表面後，連同模具一起稱重。

f.將土樣自模具中頂出，分上、中、下三部份分別採取部份土樣一併進行含水量測定。

g.改變添加水量，重複 e 到 g 步驟至夯實後土重下降至少兩組為止。

⑹試驗結果：

藉由試體重量及模具體積，配合所得含水量即可求得各階段夯實後試體之乾密度。再由夯實試體乾密度及其所對應含水量關係，可迴歸求得該土樣於指定夯壓能量下之夯實曲線。若取得土樣中大於#4 篩以上顆粒重量比超過 5%以上，則此曲線最高點所對應之數值經 ASTM D4718-87 粗顆粒含量修正法修正後，即可獲得此夯實條件下該土樣之修正最大乾密度 (rdmax) 及最佳含水量 (OMC)。

⑺零空氣孔隙曲線（飽和曲線，S＝100%）

一已知含水量下，理論上可得乾單位重的最大值，夯實的結果不可能超過該線，夯實曲線不可能越過零空氣孔隙曲線之右邊

$$\gamma_d=\frac{G_s\times\gamma_w}{1+e}=\frac{G_s\times\gamma_w}{1+(\varpi\times G_s)}$$

Proctor 設定夯實為下列四個變數的函數：

⑴乾密度，⑵含水量，⑶夯實能量，⑷土壤型式

2.5.2 土樣夯實後乾單位重計算：

⑴夯實前秤夯模重 W_c

⑵夯實後秤模和土共重 W_1

⑶求土壤之含水量 w

⑷計算模中土壤之總體單位重

$$\gamma_t=\frac{W_1-W_c}{V}\text{，}\gamma_d=\frac{\gamma_t}{1+\varpi}$$

OMC＝最佳含水量，在已知水量下，理論上可得乾單位重的最大值。

試題 2.17

某夯實土壤土顆粒比重為 2.68，OMC 為 14%，對應之最大乾單位重為 17.5kN/m^3，

試求：

(a)OMC 時之飽和度，

(b)含水量為 14%時，理論上夯實可得之乾單位重最大值。

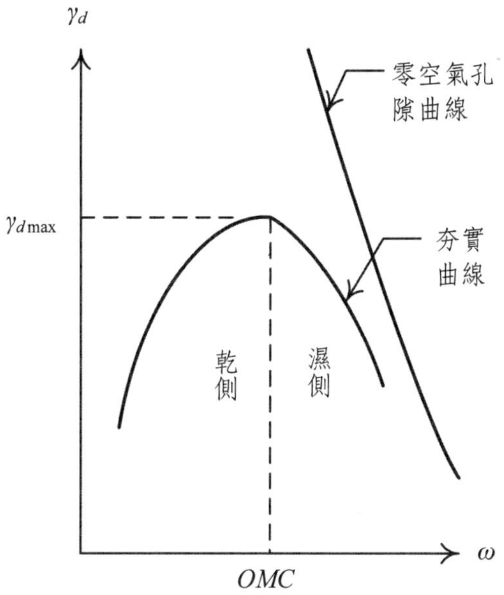

夯實試驗所得之夯實曲線

解：

$$(a\text{-}1)\ e=\frac{G_s\times\gamma_w}{\gamma_d}-1=\frac{2.68\times9.81}{17.5}-1=0.50$$

$$(a\text{-}2)\ s=\frac{0.14\times2.68}{0.5}=75\%$$

$$(b)\ \gamma_d=\frac{G_s\times\gamma_w}{1+(\varpi\times G_s)}=\frac{2.68\times9.81}{1+0.14\times2.68}=19.1\text{kn/m}^3$$

◆

2.5.3 凝聚性夯實土壤之結構與性質

(1)一般夯實程序

(1-1)夯實土壤之含水量已符合要求（接近 OMC），則可進行夯實，否則應再加水或風乾

(1-2)土方運至填方區後，以推土機加以舖展，堆高厚度依滾壓

機的性能而定，一般約為 15cm～50cm。

(1-3)根據土壤的種類，選擇適合的滾壓機進行滾壓的工作。

⑵凝聚性夯實土壤之性質

性質	乾側夯實土	濕側夯實土
組織、結構	較散亂、膠凝結構	較定向、分散結構
強度	較高	較低
滲透性	較高	較低
低應力時壓縮性	較低	較高
高應力時壓縮性	較高	較低
膨脹性	較高	較低
收縮性	較低	較高

試題 2.18

試用凝聚性夯實土之組織和工程性質，說明濕側夯實和乾側夯實，那一種夯實條件較適合下列的夯實工程？

(a)路基夯實，(b)壩心夯實。

解：

(a)路基夯實應採乾側夯實，原因為乾側為膠凝結構，其有較佳的強度和透水性，在一般的應力條件下有較小的壓縮性。

(b)壩心夯實應採濕側夯實，原因為濕側為分散結構，其有較小的滲透性。 ◆

2.5.4 用於填土工程之品質控制規範有二種：

⑴方法規範

由工程師訂定滾壓機之種類及重量、滾壓次數、堆高厚度、材料等承包商僅需依規範施作即可，最後工程的品質由業主或業主之工程師負責，一般用於大壩、機場等品質要求嚴格之大工程。

⑵最終產品規範

由業主訂定要求之相對夯實度及含水量作為最終產品驗收的標準，承包商所用的夯實機具及方法，並無嚴格的規定。

⑶相對夯實度 (relative compaction, R.C)

或稱夯實百分比 (percent compaction)

$$R.C=\frac{\gamma_{d,\,field}}{\gamma_{d\max}}\times 100\%$$

$\gamma_{d,\,field}$ 為現場填土夯實後之乾單位重

$\gamma_{d\max}$ 為實驗室夯實試驗之最大乾單位重

(3-1)承載主要結構物，一般要求的 RC>95%

(3-2)承載次要結構物，一般要求 RC>90%

(3-3)含水量一般要求在 OMC 加減某百分比以內

⑷過度夯實 (over compaction)

有時承包商為達到規範所要求之相對夯實度，使用較重型的滾壓機或較多的滾壓次數以施加較多的夯實能量，則在較高的含水量下亦可達到所要的乾單位重，但在較高含水量下，高夯實能量的濕側土所得強度極低，此效果稱為過度夯實。

試題 2.19

一黏土質粉土實驗室夯實試驗之結果如下：

含水量 (%)	6	8	10	12	14	16
乾單位重 (kN/m³)	14.68	17.36	18.72	18.40	16.74	13.98

以該黏土質粉土進行現場填土後，利用砂錐法檢測成效，試驗結果如下：

現場取樣，土重 2.795kg，含水量 11.2%，試驗砂單位重為 14.7(kN/m³)，試驗砂和砂錐儀試驗前共重 7.554kg，試驗砂和砂錐儀試驗後剩重 4.863kg，砂錐儀之錐部裝滿之試驗砂重 0.568kg，試求：

(a)該黏土質粉土之最大乾單位重，(b)現場之相對夯實度。

(c)若規範要求相對夯實度大於等於 95%，含水量的範圍為 OMC±2%，則現場夯實是否符合規範要求，若不符合要求應如何改善。

解：

(a)根據實驗室夯實試驗的成果可繪得夯實曲線如下圖所示

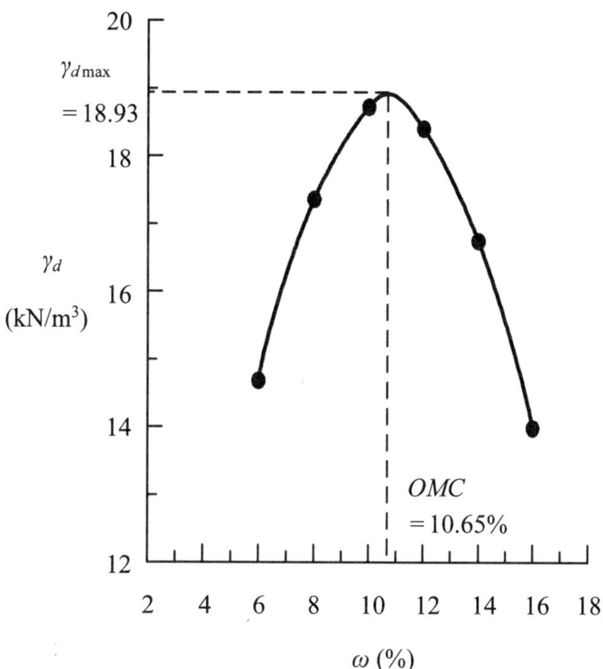

(b-1)樣品之試驗砂重

$$W_c=(7.554-4.863-0.568)\times 10^{-3}\times 9.81=20.83\times 10^{-3}(\text{kN})$$

(b-2)樣品之體積

$$V=\frac{W_c}{\gamma_c}=\frac{20.83\times 10^{-3}}{14.7}=14.7\times 10^{-4}(\text{m}^3)$$

(b-3)現場總體濕土單位重

$$\gamma_{d,\,field}=\frac{W}{V}=\frac{2.795\times 10^{-3}\times 9.81}{14.17\times 10^{-4}}=19.35(\text{kN/m}^3)$$

(b-4)現場總體乾土單位重

$$\gamma_{d,\,field}=\frac{\gamma_{t,\,field}}{1+\varpi}=\frac{19.35}{1+0.112}=17.40(\text{kN/m}^3)$$

(b-5)相對夯實度

$$R.C=\frac{\gamma_{d,field}}{\gamma_{d\max}}\times 100\%=\frac{17.40}{18.93}\times 100\%=92.0\%$$

(c-1)雖然現場 w = 11.2%之介於 OMC±2% (12.65%～8.65%) 之間，但 RC = 92% < 95%，因此現場夯實結果不合格。

(c-2)因現場含水量已接近，所以不合格的原因應為夯實能量不足，若滾壓機的種類是適當的，則可能為滾壓次數不足，應補足缺少的滾壓次數。◆

2.5.5 砂土的夯實和相對密度

ASTM (1980) 設計規範中建議，當土壤中之細顆粒含量（通過 200 號篩之重量百分比）小於 12%時，可用相對密度，否則應使用夯實試驗做為現場施工控制的標準。

相對密度之一 (relative density, Dr) $D_r=\dfrac{e_{\max}-e}{e_{\max}-e_{\min}}\times 100\%$

e = 土壤之孔隙比

$e_{\max}$ = 實驗室所得土壤最大孔隙比

$e_{\min}$ = 實驗室所得土壤最小孔隙比

相對密度之二 (relative density, Dr) $D_r=\dfrac{\left(\dfrac{1}{\gamma_{d\min}}-\dfrac{1}{\gamma_d}\right)}{\left(\dfrac{1}{\gamma_{d\min}}-\dfrac{1}{\gamma_{d\max}}\right)}\times 100\%$

γ_d = 土壤之乾單位重

$\gamma_{d\min}$ = $e_{\max}$ 相對應之最小乾單位重

$\gamma_{d\max}$ = $e_{\min}$ 相對應之最大乾單位重

2.5.6 相對密度和粒狀土壤緊密度關係

相對密度 (%)	緊密程度
0～1/3	疏鬆
1/3～2/3	中等緊密
2/3～1	緊密

試題 2.20

某砂土之顆粒比重為2.66，最大孔隙比為0.85，最小孔隙比為0.46，若現地之乾單位重為16.3kN/m³，則相對密度為何？

解：

1. 現地孔隙比

$$\gamma_d = \frac{G_s \times \gamma_w}{1+e} \quad \therefore e = \frac{2.66 \times 9.81}{16.3} - 1 = 0.60$$

2. 相對密度

$$D_r = \frac{0.85 - 0.6}{0.85 - 0.46} \times 100\% = 64.1\%$$

◆

試題 2.21

某填方砂土之總體單位濕土重為18.70kN/m³，含水量為10%，土顆粒比重為2.70，該砂土之最大孔隙比為0.72，最小孔隙比為0.43，則相對密度為何？

1. 現地孔隙比

$$\gamma_d = \frac{\gamma_t}{1+\varpi} = \frac{18.7}{1+0.1} = 17.0(\text{kN/m}^3)，e = \frac{2.7 \times 9.81}{17.0} - 1 = 0.56$$

2. 相對密度

$$D_r = \frac{0.72 - 0.56}{0.72 - 0.43} \times 100\% = 55.2\%$$ ◆

試題 2.22

有A、B兩種土壤，土壤A之最大乾單位重及最小乾單位重分別為 18.0kN/m³ 及 14.7kN/m³，土壤 B 之最大乾單位重及最小乾單位重分別為 20.8kN/m³ 及 13.5kN/m³，若 A、B 兩種土壤之乾單位重同為 17.0kN/m³，則何者之緊密度較佳？

解：

1. 土壤 A 之相對密度

$$D_r = \frac{\left(\dfrac{1}{\gamma_{d\min}} - \dfrac{1}{\gamma_d}\right)}{\left(\dfrac{1}{\gamma_{d\min}} - \dfrac{1}{\gamma_{d\max}}\right)} \times 100\% = \frac{\left(\dfrac{1}{14.7} - \dfrac{1}{17.0}\right)}{\left(\dfrac{1}{14.7} - \dfrac{1}{18.0}\right)} \times 100\% = 73.8\%$$

2. 土壤 B 之相對密度

$$D_r = \frac{\left(\dfrac{1}{\gamma_{d\min}} - \dfrac{1}{\gamma_d}\right)}{\left(\dfrac{1}{\gamma_{d\min}} - \dfrac{1}{\gamma_{d\max}}\right)} \times 100\% = \frac{\left(\dfrac{1}{13.5} - \dfrac{1}{17.0}\right)}{\left(\dfrac{1}{13.5} - \dfrac{1}{18.0}\right)} \times 100\% = 58.7\%$$

3. 土壤 A 之相對密度大於土壤 B，所以土壤 A 之緊密度較佳 ◆

2.5.7 加州載重比試驗

加州載重比 (California bearing ratio) 試驗簡稱 CBR 試驗

CBR 值係用以表示路基土壤的強度，作為設計柔性舖面的依據。

CBR 試驗說明：

⑴圓柱貫入棒：面積 19.35cm^2，速率：1.2mm/sec 貫入試驗的土壤中

⑵記錄：貫入 2.5mm、5.0mm、7.5mm、10.0mm、12.5mm 所需之壓力，即承載力

⑶各貫入度的承載力與美國加州標準碎石在相應貫入度下承載力相比，其比值之百分比中最大者即為 CBR 值。

CBR 值最常發生在貫入度為 2.5mm 之處

美國加州標準碎石之承載力表

貫入度	mm	2.5	5.0	7.5	10.0	12.5
	in	0.1	0.2	0.3	0.4	0.5
承載力	kg/cm^2	70	105	134	162	183
	Psi	1000	1500	1900	2300	2600

chapter 3

土壤的滲透性與滲透分析

3.1 水在土壤中之行為

土壤中的水份為影響土壤的重要性，僅次於土壤結構 (Soil Structure)。土壤之工程性質如滲透性、壓縮性、剪力強度均為含水量之函數，隨其變化而改變。

3.1.1

土壤中的水分可依土粒與水之凝結 (Concentration) 情形分為五類，

1. 吸附水 (Adsorbed Water)，包圍在土粒表面，厚度很薄 (0.005 um) 由強而有力的電子吸引，不能由烘乾 (110℃) 去除，可視為土粒的一部份。
2. 能由烘乾去除，不能由氣乾 (Air Drying) 去除。
3. 毛細管水 (Capillary Water) 由表面張力所形成。
4. 重力水 (Gravitational Water) 存於土壤空隙中，可由排水去除。
5. 化學結合水 (Chemically Combined Water)，結晶內之水化水，一般不能由烘乾去除。

3.1.2 毛細管的現象

水能因表面張力 (Surface Tension) 及附著力的相互作用，在毛細玻璃管內上昇，此種現象稱為毛細管現象 (Capillarity) 土壤顆粒間的孔隙形成一種天然的毛細管 (Capillary Tube) 故水分能自地下水位上升至某一高度這一帶土壤即稱為毛細管帶 (Copillary Zone)，該帶土壤常呈部

分飽和 (Partial Saturation) 以至飽和。

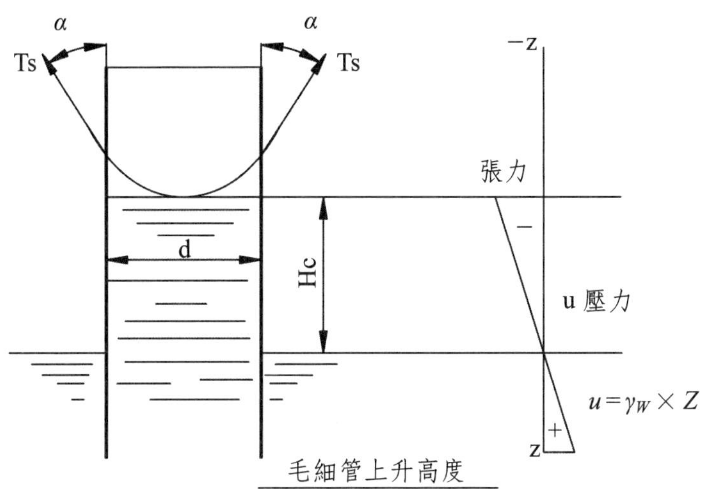

毛細管上升高度

下列公式中：

T_s：為水之表面張力 (kg/cm)。

d：為毛細管徑，亦即土壤內的孔隙直徑 (cm)。

γ_w：為水的單位重。

α：為毛細管壁與毛管水面的接觸角，可視為 0°。

F：為沿毛細管水面四周之總表面張力 (kg)。

$F=\pi d T_s \cos\alpha$

毛細管作用應力 $u_w=\dfrac{F}{A}=\dfrac{\pi \times d \times T_s \times \cos\alpha}{\left(\dfrac{\pi}{4} \times d^2\right)}=\dfrac{4 \times T_s \times \cos\alpha}{d}$

理論上毛細管上升高度 h_c 時

$$\gamma_w \times h_c = u_w \times \frac{4 \times T_s \times \cos\alpha}{d}，h_c=\frac{4 \times T_s \times \cos\alpha}{r_w \times d}$$

上式中 T_s 為負號，故 h_c 為負號，表示水受張力而高出水面。

一般土壤的毛細管上升高度可由赫曾 (Hazen) 建議近似公式

$$h_c = \frac{C}{e \times D_{10}}$$

式中 C 為經驗常數介於 0.1～0.5cm^2 之間

e：土壤的孔隙比，D_{10}：有效粒徑 (cm)

毛細管現象對工程之影響：

(a)提高剪力強度

(b)土壤產生收縮裂縫

(c)土壤可能吸水膨脹

(d)砂蜂巢結構 (Bulkig)

(e)毛細管壓密 (Capillary Consolidation) 作用

(f)虹吸作用 (Siphon Action)

試題 3.1

毛細管 A，B 直徑分別為 0.10mm，0.01mm。假設 $T = 75$dyn/cm，試求 A，B 兩管中之 h_A，h_B。

解：

$T = 75\text{dyn/cm} = 75 \times 10^{-8}\text{KN/cm}$

$$h = \frac{4 \times T}{\gamma_w \times d} = \frac{4 \times 75 \times 10^{-8}(\text{KN/cm})}{9.81\text{KN/m}^3 \times d(\text{cm})} = \frac{4 \times 75 \times 10^{-8} \times 10^6}{9.8 \times d} = \frac{0.306}{d}(\text{cm})$$

$$\therefore h_A = \frac{0.306}{0.01} = 30.6\text{cm}，h_B = \frac{0.306}{0.001} = 306\text{cm}$$ ◆

試題 3.2

砂質沉泥之有效粒逕為 0.04mm，而孔隙比 $e = 0.7$，求近似的毛細管高，假設 $C = 0.32$。

解：

以 Hazen 公式解之，$D_{10}=0.04\text{mm}=0.004\text{cm}$

$$h_C=\frac{C}{e\times D_{10}}=\frac{0.32}{0.7\times(0.004)}=114.3\text{cm}=1.14\text{m}$$ ◆

3.2 壓力水頭

柏努力能量方程式 (Bernoulli energy equation)：

$h=h_p+h_v+h_e$

h：總水頭

h_p：壓力水頭

h_v：速度水頭

h_e：位置水頭

壓力水頭：$h_p=\dfrac{u}{\gamma_w}$（u：水壓力，$u=h_p\times\gamma_w$）

速度水頭：$h_p=\dfrac{v^2}{2\times g}$（$v$：流速）

土壤中，$v\rightarrow 0$

總水頭 (h)：$h=h_p+h_e$

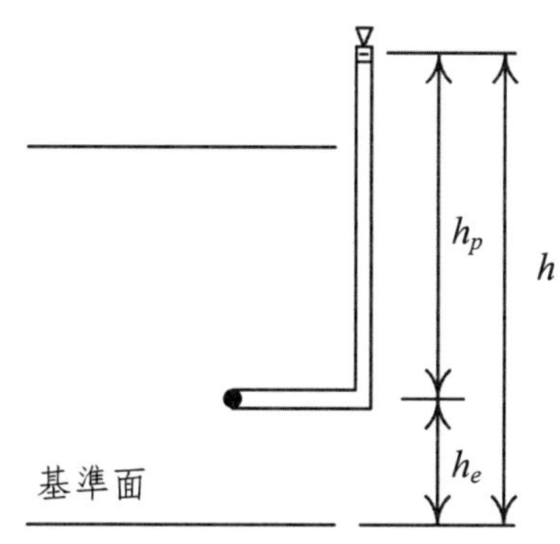

土壤中總水頭、壓力水頭及位置水頭之決定

在水沒有流動或流速很慢的水中

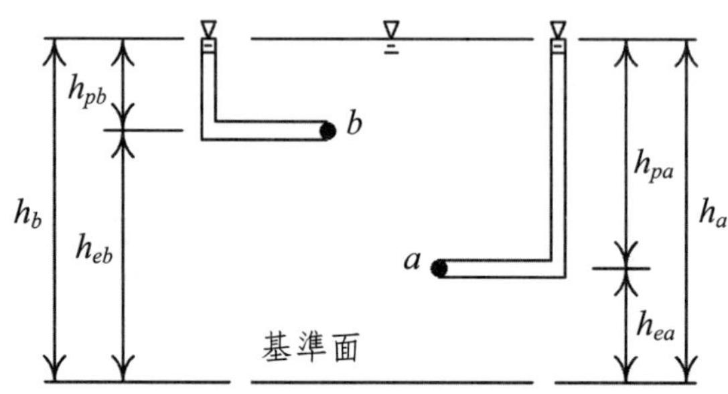

水中任一點總水頭、壓力水頭及位置水頭

達西定律

法國物理學家達西 (H. Darcy) 於 1856 年研究得知，流體流經孔隙材料其流速 V，與水力坡降 i 成正比，k 為比例常數（謂之滲透係數）由孔隙材料及流體決定。

則流量 $Q=VA$，$V=\dfrac{Q}{A}$ 為視流速 (Apparent Velocity)，土壤斷面積 A，即為土粒斷面積 A_S 與孔隙斷面積 A_V 之總和，$A=A_S+A_V$，水流經土壤孔隙內的流速 $V_S=Q/A_V$ 稱為滲流速度 (Seepage Velocity)，

$$V_S \times A_V = V \times A，n=\frac{V_V}{V}=\frac{A_V}{A \times L}$$

$$\therefore V_S=\frac{V}{n}$$

式中 n 為孔隙率

水力坡降 i，其定律若以下圖來說明，及 A，B 兩點總水頭之差與兩點間距離之比值。

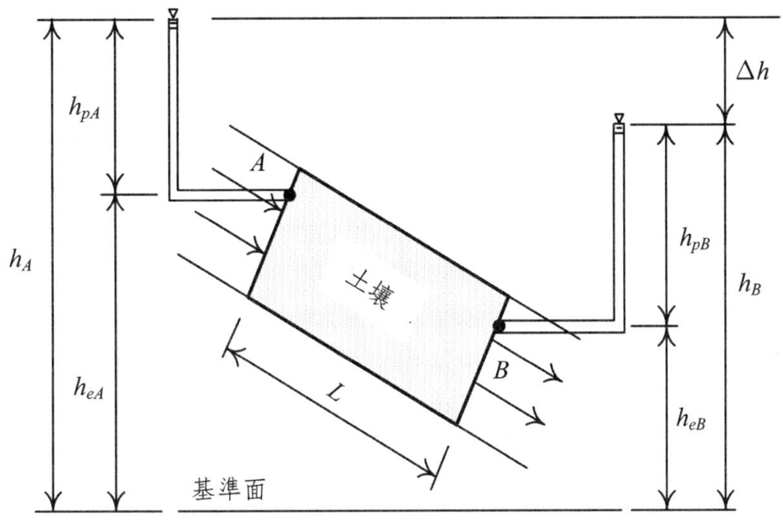

水流經土壤之水頭損失示意圖

$i=\dfrac{h_A-h_B}{L}$，土體任何一點的總水頭 (Total Head)，為位置水頭(Elenation Head)，壓力水頭 (Pressure Head)，速度水頭 (Velocity Head) 三項之總和。但因為水在土體內流速很慢，所以速度水頭略而不計。

試題 3.3

如下圖所示將孔隙比為 0.7 之中等緊密砂土樣置於水平滲透管中，土樣長 10cm，面積為 10cm^2，滲透係數為 5×10^{-3} cm/sec，假設基準面定在尾水高度，試求：

(a)A、B、C、D、E 各點之 h、h_p、h_e

(b)滲流速度 (cm/sec)

(c)一小時之滲流量 (cm^3)

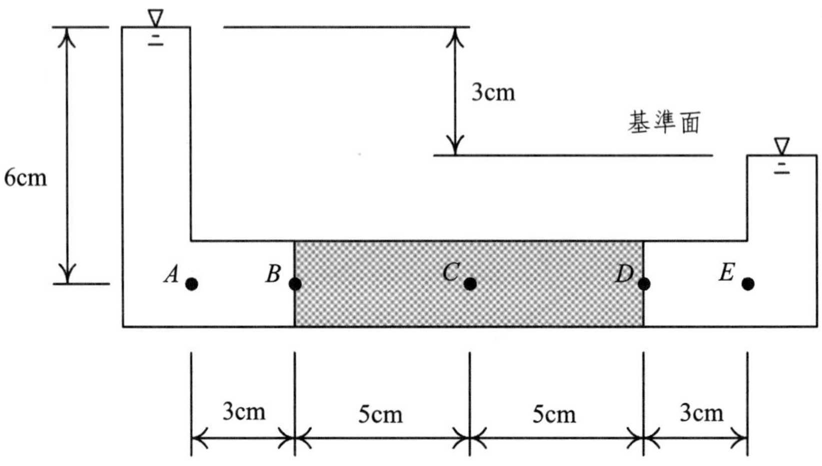

解：

(a)A、B、C、D、E 各點之 h、h_p、h_e＝如下表

點	h(cm)	h_p(cm)	h_e(cm)
A	3	6	−3
B	3	6	−3
C	1.5	4.5	−3
D	0	3	−3
E	0	3	−3

(b) 1. $v=k\times i=5\times 10^{-3}\times\frac{3}{10}=1.5\times 10^{-3}$(cm/sec)

2. $n=\frac{0.7}{1+0.7}=0.41$

3. $v_s=\frac{v}{n}=\frac{1.5\times 10^{-3}}{0.41}=3.66\times 10^{-3}$(cm/sec)

(c)$Q=k\times i\times A\times t=5\times 10^{-3}\times\frac{3}{10}\times 10\times(60\times 60)=54(\text{cm}^3)$ ◆

試題 3.4

如下圖所示位於兩不透水層間之透水層，滲透係數為 2×10^{-3} cm/sec，土層之傾角為 10°，垂直高度為 5m，水位保持在透水層表面，試求該透水層之流率 ($m^3/hr/m$)。

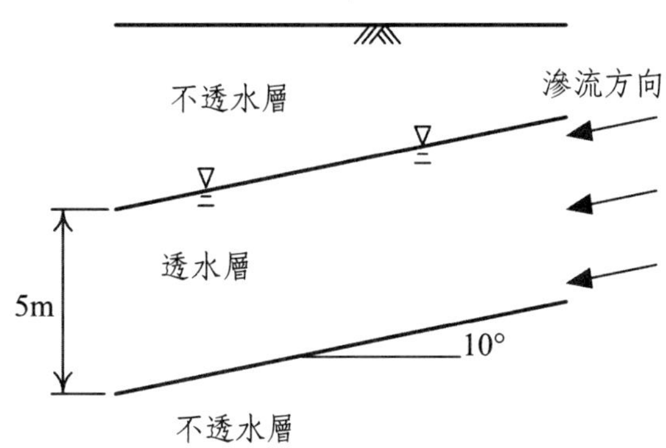

解：

1. $i = \dfrac{\Delta h}{L} = \sin 10° = 0.174$

2. $k = 2 \times 10^{-3} \text{cm/sec} = 2 \times 10^{-5} \text{m/sec}$

3. $q = k \times i \times A = 2 \times 10^{-5} \times 0.174 \times (5 \times \cos 10°)$

$= 1.714 \times 10^{-5} (\text{m}^3/\text{sec/m})$

$q = 1.714 \times 10^{-5} \text{m}^3/\text{sec/m} \times 3600 \text{sec/hr} = 0.062 \text{m}^3/\text{hr/m}$ ◆

3.3 滲透係數的測定

滲透性係數之測定法有下列三種：

(1)約估法

Hazen 氏建議，用下列的經驗式估計計濾砂 (Fillter Sand) 的滲透性

$k = C \times (D_{10})^2 (m/s)$

此處，D_{10} = 有效粒徑 (mm)

C = 0.01 至 0.015 的係數

上式只是一個近似式，尚能符合某種土質的情況，因該式中並不包含孔隙率的變化或土粒的形狀等因素。

⑵實驗室測定法

實驗室內測定土壤滲透性係數的方法：

(a)定水頭試驗

(b)變水頭試驗

(c)三軸透水試驗

(d)壓密試驗

說明：

(a)定水頭試驗

適用於 k 值低至 10^{-4}～m/s 之土壤，如砂、礫石等

其測定滲透係數，裝置如下圖所示

A：土壤斷面積

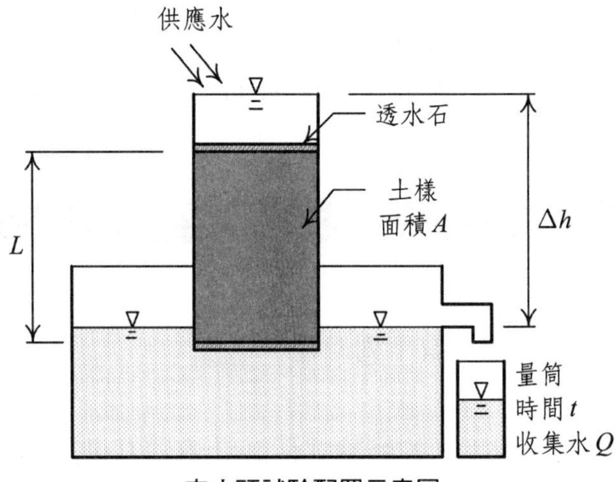

定水頭試驗配置示意圖

$$Q=k\times\frac{\Delta h}{L}\times A\times t，\left(k=\frac{Q\times L}{A\times t\times\Delta h}\right)$$

(b)變水頭試驗

適用 $k=10^{-4}\sim10^{-7}$cm/sec 之土壤

豎管中之流率：

$$q_p=-a\frac{d\times\Delta h}{dt}$$

土壤試樣中之流率

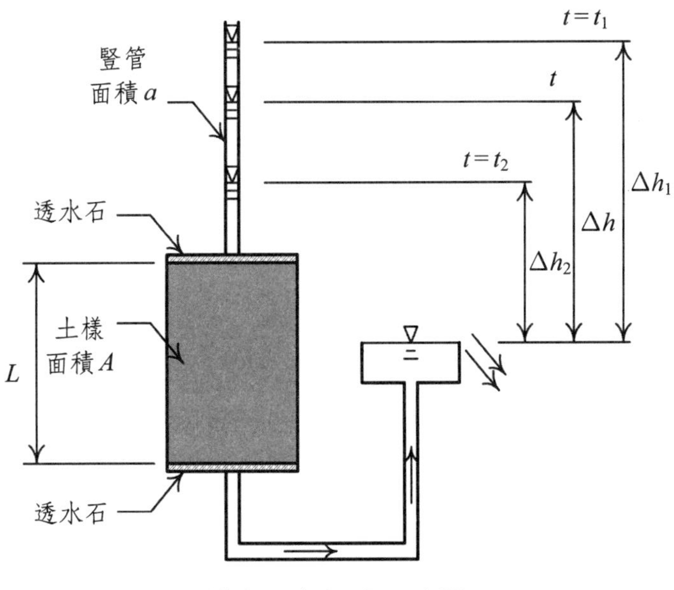

變水頭試驗配置示意圖

$$q=k\times\frac{\Delta h}{L}\times A$$

$$q=q_p$$

$$k=\frac{a\times L}{A\times\Delta t}\times\ln\left(\frac{\Delta h_1}{\Delta h_2}\right)$$

(c)壓密試驗測定滲透係數（三軸透水試驗）

用於砂礫石質材料之大型試樣

壓密試驗

適用滲透係數很小 ($k<10^{-7}$cm/sec) 之土壤，如黏土等

$$Q=k\left[\frac{\left(\frac{\Delta\sigma}{\gamma_w}\right)}{L}\right]A\times t，\Delta\sigma=\left[\frac{Q\times L}{A\times t\times\left(\frac{\Delta\sigma}{\gamma_w}\right)}\right]$$

試題 3.5

一定水頭滲透試驗之圓柱土樣，直徑為 6cm，長 15cm，試驗期間維持 45cm 之水頭差，試驗 3 分鐘後，收集到之水重為 534g，試驗時水溫為 20℃，試求：

(a)該土壤之滲透係數

(b)若試驗 5 分鐘收集到 1000cc 之水，求試驗時之定水頭差

解：

(a) *1.* 土樣面積 $A=\frac{\pi}{4}\times 6^2=28.27(\text{cm}^2)$

2. 水 534g 之體積為 534cm^3

3. $Q=k\times i\times A\times t$

$$534=k\times\frac{45}{15}\times 28.27\times(3\times 60)\quad\therefore k=0.035(\text{cm/sec})$$

(b) $Q=1000=0.035\times\frac{\Delta h\times q}{15}\times 28.27\times(5\times 60)$

$\therefore\Delta h=50.53(\text{cm})$ ◆

試題 3.6

一粉土質砂進行變水頭滲透試驗，土樣面積為 10cm^2，長度為 15cm，豎管面積為 1cm^2，試驗時間 240 秒，水頭差由 100cm 降為 90cm，試驗

時水溫為，試求：(a)該土壤之滲透係數(b)若試驗時間為 8 分鐘，則水頭差應降為多少？

解：

(a)$k=\dfrac{a\times l}{A\times \Delta t}\times \ln\left(\dfrac{\Delta h_1}{\Delta h_2}\right)$

$k=\dfrac{1\times 15}{10\times 240}\ln\dfrac{100}{90}=6.585\times 10^{-4}(\text{cm/sec})$

(b)$6.585\times 10^{-4}=\dfrac{1\times 15}{10\times (8\times 60)}\ln\left(\dfrac{100}{\Delta h_2}\right)$

$\Delta h=81(\text{cm})$ ◆

試題 3.7

一擬作為土石壩殼層 (shell) 材料之砂礫石質土樣，欲辦理室內三軸壓密透水試驗。壓密後，土樣之直徑為 30cm，高度 60cm，試驗所受之壓力大小如圖所示。假設該土樣於 1 小時內之透水量為 5000cm^3，試求該土樣之透水係數 (cm/sec)。

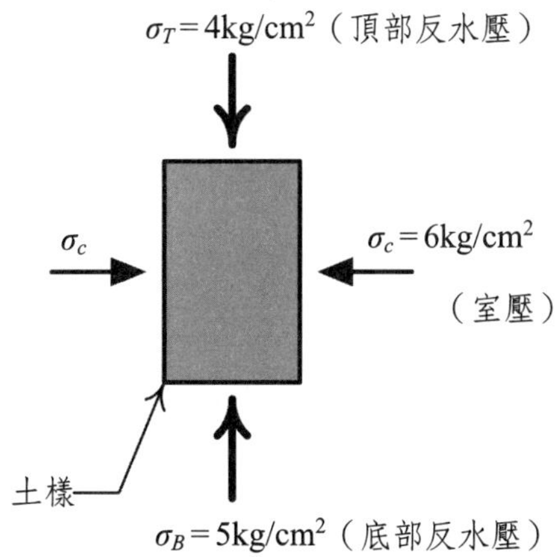

解：

1. $\Delta\sigma = 5 - 4 = 1(\text{kg/cm}^2)$，$A = \frac{\pi}{4} \times 30^2 = 706.86(\text{cm}^2)$

2. $$k = \frac{Q \times L}{A \times t \times \left(\frac{\Delta\sigma}{\gamma_w}\right)} = \frac{5000 \times 60}{706.86 \times (60 \times 60) \times \left(\frac{1}{0.001}\right)}$$
$$= 1.18 \times 10^{-4}(\text{cm/sec})$$ ◆

3.3.1 現場透水試驗 (Field Tests for Permeabilty)

a. 自由水面 (Free Surface) 為在無超額孔隙水壓 (Excess Porewater Pressure) 條件下，孔隙水壓力等於大氣壓力的位置，稱為自由水面或水面位 (Water Table)。

壓力水位 (Piezomeric Leve) 為與土壤內部某點孔隙壓力保持平衡所必須上升的水柱高度。

粗粒土壤之滲透性，用原地測定法通常要比室內試驗為可靠。但原地測定所需費用昂貴，因此僅適用於大工程之研究調查。

土層之滲透性，常在原地利用水井測定其流出量而推定之。水井深入土層內部，並依一定之流出量自水井中進行抽水，因抽水而降低水井鄰近區域內的壓力水位，結果由水力坡降而引起水流向該水井集合，在離開水井適當距離之處各設觀測井，俟水位呈穩定狀態時，測定各觀測井內之水位高度，並繪製水位圖。

b. 無側限之水流 (Unconfined Flow)

如圖所示，用實地抽水試驗時，先挖掘一深井，通過透水層達到不透水層，稱此井為常態完全井 (Ordinary Perfect Well)。然後利用抽水機抽水，並測定下水位變動的高程。

⑴水平的流動，因此壓力水位等於地下水位。

⑵穩定流 (Steady-state Flow)，流入水井之水量與自水井抽出量相等。

⑶所有半徑處都必須相同，$i=\dfrac{dh}{dr}$，因此在半徑 r 內 $Q=k\times i\times A=$

$k\times\left(\dfrac{dh}{dr}\right)\times(2\times\pi\times r\times h)$

變數分離　$Q\int_{r1}^{r2}\left(\dfrac{dr}{r}\right)=2\pi\times k\times\int_{h1}^{h2}(h\times dh)$

$Q\times\ln\left(\dfrac{r_2}{r_1}\right)\times\pi\times r\times\ (h_1{}^2-h_1{}^2)$，$\therefore r=\dfrac{Q\times\ln\left(\dfrac{r_2}{r_1}\right)}{\pi(h_1{}^2-h_1{}^2)}$

試題 3.8

如下圖所示，流量 $Q=189.6\times10^{-3}\text{m}^3/\text{min}$，$h_1=4.3\text{m}$，$h_2=4.5\text{m}$，而 $r_1=22\text{m}$，$r_2=40\text{m}$，試求滲透性係數。

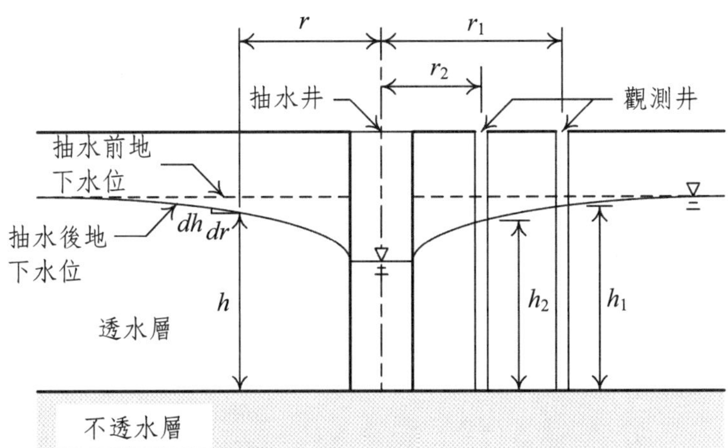

無側限水流之抽水試驗

c.有側限之水流 (Confined Flow)

下圖所示為一穿過透水層的水井，此透水層的頂面和底面均為不透水的土層所限制，此種情形沒有地下水位也沒有自由水面，而壓力水位處處位於頂面之透水層內，此水井稱為全貫式自流井 (Penetrating Artesian Well)

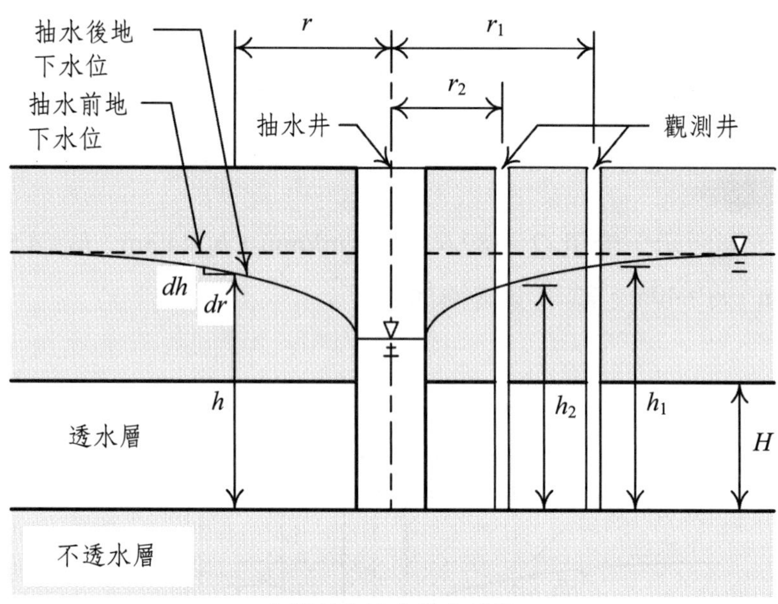

有側限水流之抽水試驗

因此在穩定流條件下，於半徑 r 內

$$q=A\times k\times i=2\times\pi\times r\times D\times\frac{dh}{dr}\text{，}\frac{dr}{r}=\frac{2\pi\times D}{q}k\times dh$$

積分得：$\ln\left(\frac{r_2}{r_1}\right)=\frac{2\pi\times D}{q}k\times\ (h_2-h_1)$

$$k=\frac{q}{2\pi\times D}\times\frac{\ln\left(\frac{r_2}{r_1}\right)}{(h_2-h_1)}$$

試題 3.9

一砂土層厚 6m，其上層為黏土層厚 5m，砂土層下為不透水層之板岩；水井直接鉆到板岩，而兩觀測井距水井分別 15m，30m。抽出流量 $Q=10\times10^{-3}\text{m}^3/\text{sec}$ 達穩定流，測得兩觀測井之水位為地表下 3m，2.5m，試求此砂土層的滲透係數？

解：

為有側限之水流 (Confined Flow)

$D=6\text{m}$，$q=10\times10^{-3}\text{m}^3/\text{sec}$，$r_2=30\text{m}$，$r_1=15\text{m}$

$h_2=11-2.5=8.5\text{m}$，$h_1=11-3=8\text{m}$

$$k=\frac{q\times\ln\left(\frac{r_2}{r_1}\right)}{2\pi\times D\times(h_2-h_1)}=\frac{10\times10^{-3}\ln\left(\frac{30}{15}\right)}{2\pi\times6\times(8.5-8)}=3.67\times10^{-4}\text{m/sec}$$ ◆

試題 3.10

一 4m 厚之受壓水層，上下皆為不透水層，在該受壓水層中進行抽水試驗，抽水速率為每分鐘 250litres/min，當達到穩定狀態時，距離抽水井 10m 之觀測井總水頭高 10m，已知該透水層之滲透係數為 2.5×10^{-3} cm/sec，則距離抽水井 20m 處之觀側井總水頭為何？

解：

公式：$$k=\frac{q\times\ln\left(\frac{r_1}{r_2}\right)}{2\times\pi\times H\times(h_1-h_2)}$$

$$k=2.5\times10^{-3}=\frac{0.250\times\ln\left(\frac{20}{10}\right)}{2\times\pi\times4\times(h_1-10)}\times\frac{10^2}{60}$$

$\therefore h_1=14.6(\text{m})$ ◆

3.3.3 經驗公式

(a)Hazen (1930)：相當均勻乾淨的砂

k(cm/sec)$=c\times D_{10}^2$，c為常數，$c=1.0\sim1.5$，D_{10}為有效粒徑 (mm)

(b)Casagrande (1937)：細至中等之乾淨砂

$k=1.4\times c^2\times k_{0.85}$，$k_{0.85}$為孔隙比為 0.85 時之滲透係數

(c)Kozeny-Carman 方程式：$k=C\times\dfrac{D_{10}^2\times\gamma_w}{u}\times\dfrac{e^3}{1+e}\times S^3$

C：形狀因素，D_{10}：有效粒徑，u：水的黏滯性，e：孔隙比

S：飽和度

(d)Taylor (1948)：$k_1：k_2=\dfrac{e_1^3}{1+e_1}：\dfrac{e_2^3}{1+e_2}$

3.4 層狀土壤之滲透理論

3.4.1 水流方向和土層層面平行

(1)無垂直土層層面之水流

(2)$q=q_1+q_2+\cdots\cdots+q_n$

(3)$i_{eq}=i_1=i_2=\cdots\cdots=i_n$

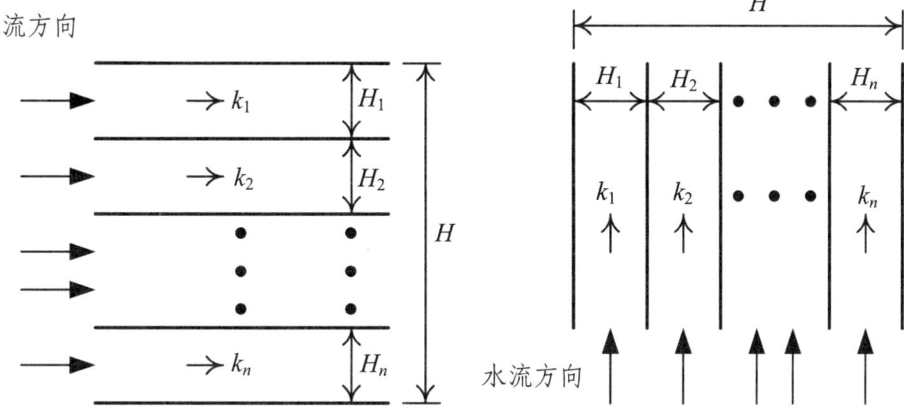

水流方向平行土層層面之示意圖

(4) $k_{eq}\, i_{eq}\, A = k_1 i_1 A_1 + k_2 i_2 A_2 + \cdots\cdots k_n i_n A_n$

(5) $k_{eq} = \dfrac{k_1 A_1 + k_2 A_2 + \cdots\cdots + k_n A_n}{H}$

各土層之寬度相等時：$k_{eq} = \dfrac{k_1 H_1 + k_2 H_2 + \cdots\cdots + k_n H_n}{H}$

3.4.2 水流方向和土層層面垂直

(1)無平行土層層面之水流

(2) $q = q_1 = q_2 = \cdots\cdots = q_n$

(3) $\Delta h = \Delta h_1 + \Delta h_2 + \cdots\cdots + \Delta h_n$

(4) $k_{eq}\, i_{eq}\, A = k_1 i_1 A_1 = k_2 i_2 A_2 = \cdots\cdots = k_n i_n A_n$

(5) $k_{eq} \dfrac{\Delta H}{H} A = k_1 \dfrac{\Delta h_1}{H_1} A_1 = k_2 \dfrac{\Delta h_2}{H_2} A_2 = \cdots\cdots = k_n \dfrac{\Delta h_n}{H_n} A_n$

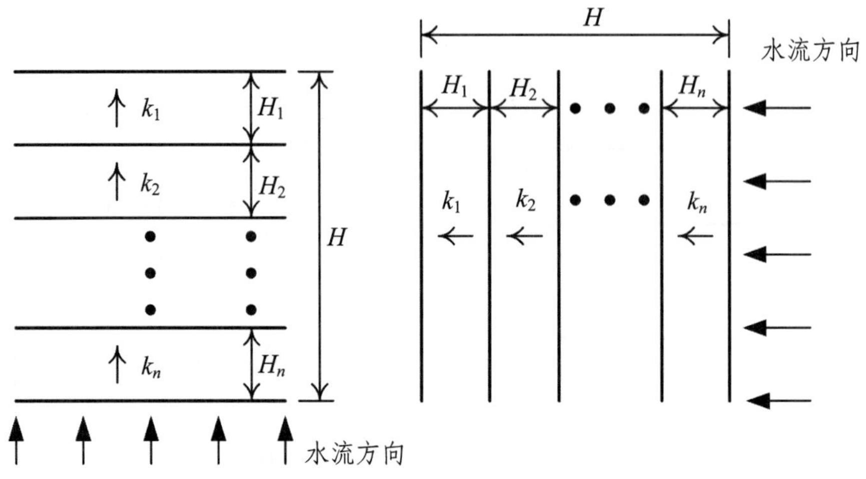

水流方向垂直上層層面之示意圖

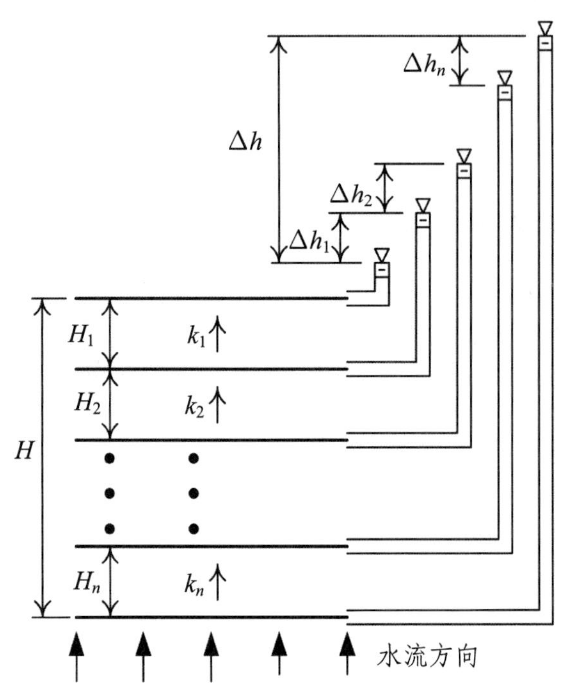

水流方向垂直土層層面之水頭損失

3.4.2 影響滲透係數之因素

D.H. Taylor 依 Poiseuille 定理導出滲透係數 k，與其他因素之方程式

$$k = D_S{}^2 \times \frac{\gamma_w}{\mu} \times \frac{L^3}{(1+e)} \times C$$

式中 D_S = 有效粒徑

μ = 水之黏滯係數

e = 孔隙比

C = 形狀因素，依孔隙形狀與排列而定

土壤滲透係數與孔隙比之關係，在求砂土或沉泥原狀土樣之滲透性時有很大的用途，砂土及沉泥之 k 值，一般皆由擾動土樣在試驗室中求出各種孔隙比與滲透性的關係，然後由 e 值，求 k 值。

Garcia-Bengochea 等 (1979) 做出夯實之沉泥和沉泥質黏土。之孔隙與滲透係數（對數尺度）之關係圖。

試題 3.11

清淨均勻之砂，其直徑為 d = 1mm，在自然狀態下其孔隙比 e = 0.58，而滲透係數 k = 4.0 × 10^{-2}cm/sec，試求其最緊密狀態，最鬆散狀態之下之滲透係數各為若干？

解：

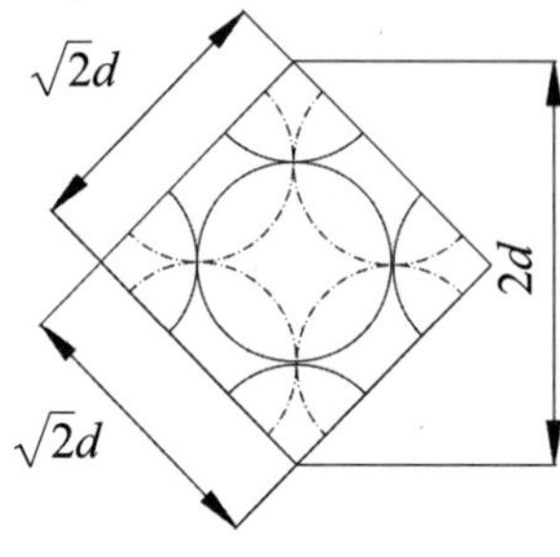

最緊密情況下 e_{min}

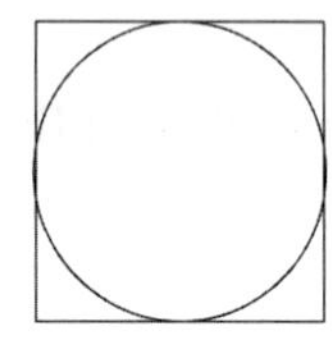

最鬆散情況下 e_{max}

最緊密狀態時砂 e_{min}

$$e=\frac{V-V_s}{V_s}=\frac{(\sqrt{2}\times d)^3-\frac{2}{3}\times\pi\times d^3}{\left(\frac{2}{3}\times\pi\times d\right)}=0.35$$

最鬆散狀況下 e_{max}

$$e=\frac{V-V_s}{V_s}=\frac{\left(d^3-\frac{\pi}{6}\times d^3\right)}{\left(\pi\times\frac{d^3}{6}\right)}=0.91$$

假設　$C_1=C_2$，$\mu_1=\mu_2$

以 Taylor 公式解之

$$k=\frac{{D_s}^2\times C\times\gamma_w}{\mu}\times\frac{e^3}{(1+e)}$$

$$\therefore\frac{k_1}{k_2}=\frac{\left(\frac{{e_1}^3}{1+e_1}\right)}{\left(\frac{{e_2}^3}{1+e_2}\right)}\quad\therefore k_2=\frac{\left(\frac{{e_2}^3}{1+e_2}\right)}{\left(\frac{{e_1}^3}{1+e_1}\right)}$$

最緊密時 $K=4.0\times10^{-2}\times\dfrac{\left(\dfrac{0.35^3}{1+0.35}\right)}{\left(\dfrac{0.58^3}{1+0.58}\right)}=1.0\times10^{-2}\text{cm/sec}$

最鬆散時 $K=4.0\times10^{-2}\times\dfrac{\left(\dfrac{0.91^3}{1+0.91}\right)}{\left(\dfrac{0.58^3}{1+0.58}\right)}=1.28\times10^{-1}\text{cm/sec}$ ◆

3.4.3 水流經之面積固定不變時：

$$k_{eq}\frac{\Delta h}{H}=k_1\frac{\Delta h_1}{H_1}=k_2\frac{\Delta h_2}{H_2}=\cdots\cdots=k_n\frac{\Delta h_n}{H_n}$$

$$\frac{H}{k_{eq}}=(\Delta h_1+\Delta h_2+\cdots\cdots+\Delta h_n)\cdot\frac{H_1}{k_1\Delta h_1}$$

$$\frac{H}{k_{eq}}=\frac{H_1}{k_1}+\frac{H_2}{k_2}+\cdots\cdots+\frac{H_n}{k_n}$$

$$k_{eq}=\frac{H}{\dfrac{H_1}{k_1}+\dfrac{H_2}{k_2}+\cdots\cdots+\dfrac{H_n}{k_n}}$$

試題 3.12

由三層水平土層所形成之層狀土壤，由上而下各層之厚度 (H) 及滲透係數 (k) 分別為：$H_1=2\text{m}$、$k_1=1\times10^{-1}\text{cm/sec}$，$H_2=0.5\text{m}$、$k_1=2\times10^{-4}\text{cm/sec}$，$H_3=1.5\text{m}$、$k_1=5\times10^{-2}\text{cm/sec}$，試求：

(a)該土層水平方向之等值滲透係數。

(b)該土層水平方向等值滲透係數和垂直方向等值滲透係數比值。

解：

(a)$k_{Heq}=\dfrac{k_1H_1+k_2H_2+\cdots\cdots+k_nH_n}{H}$

$$k_{Heq}=\frac{1\times10^{-1}\times2+2\times10^{-4}\times0.5+5\times10^{-2}\times1.5}{2+0.5+1.5}$$

$$=0.0688(\text{cm/sec})$$

$$\text{(b)}k_{Veq}=\frac{H}{\frac{H_1}{k_1}+\frac{H_2}{k_2}+\cdots\cdots+\frac{H_n}{k_n}}$$

$$k_{Veq}=\frac{2+0.5+1.5}{\frac{2}{1\times10^{-1}}+\frac{0.5}{2\times10^{-4}}+\frac{1.5}{5\times10^{-2}}}=1.57\times10^{-3}(\text{cm/sec})$$

$$\frac{k_{Heq}}{k_{Veq}}=\frac{0.0688}{1.57\times10^{-3}}=43.8$$

◆

試題 3.13

如圖所示土層，當穩定時水流經土壤 B 造成的水頭損失為何？

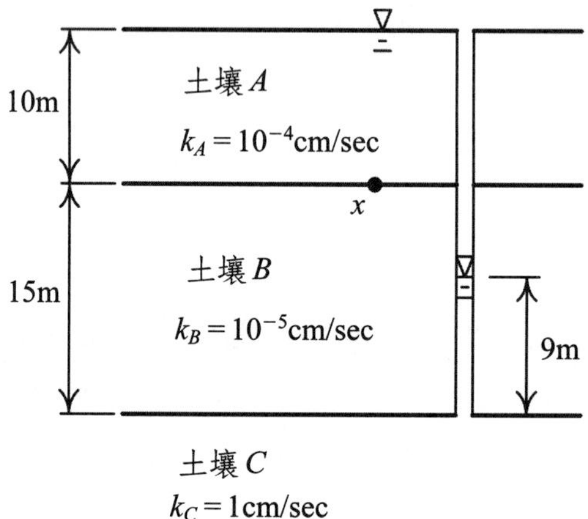

解：

(a) *1.* 水流經土層 A、B 之水頭損失分別為

Δh_A 及 Δh_B

$\Delta h_A+\Delta h_B=25-9=16$

2. $q_A = q_B \quad k_A \times i_A \times A = k_B \times i_B \times A$

$$10^{-4} \times \frac{\Delta h_A}{10} = 10^{-5} \times \frac{\Delta h_B}{15}$$

3. 聯立上述兩條件可得

$\Delta h_A = 1(\text{m})$，$\Delta h_B = 15(\text{m})$

(b) $h_{px} = 10 - \Delta h_A = 10 - 1 = 9(\text{m})$

$u_x = h_{px} \times \gamma_w = 9 \times +9.81 = 88.29(\text{kPa})$ ◆

3.5 二向度滲流

3.5.1 連續方程式

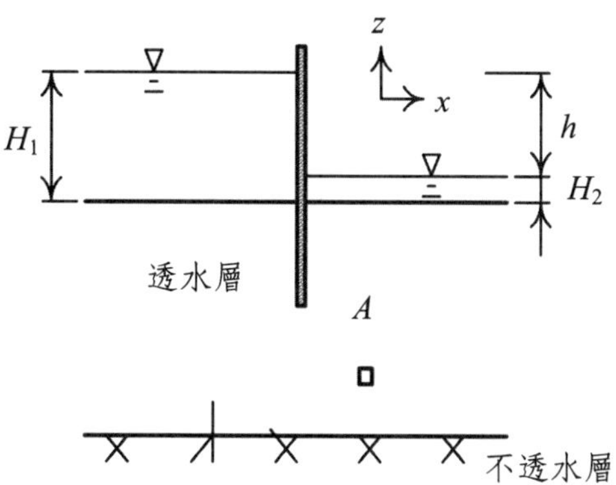

不透水版樁貫入透水層之滲流

(a)假設水為不可壓縮

(b)水流的過程土壤沒有體積變化

(c)利用流進 A 點之水量等於流出之水量

$$k_x\frac{\partial^2 h}{\partial x^2}+k_z\frac{\partial^2 h}{\partial z^2}=0$$

k_x 為土層 x 向之滲透係數

k_g 為土層 z 向之滲透係數

h 為總水頭

假設 $k_X=k_Z$，$\therefore\frac{\partial^2 h}{\partial x^2}+\frac{\partial^2 h}{\partial z^2}=0$

3.5.2 流線網

數學上代表兩組互相正交的線

(a)流線 (flow line)：水份子在透水層中由上游流至下游的流動路線

(b)等勢能線 (equipotential line)：總水頭相等各點之連線

(c)流線網 (flow net)：正交之流線和等勢能線所形成的正方形網格則稱為流線網

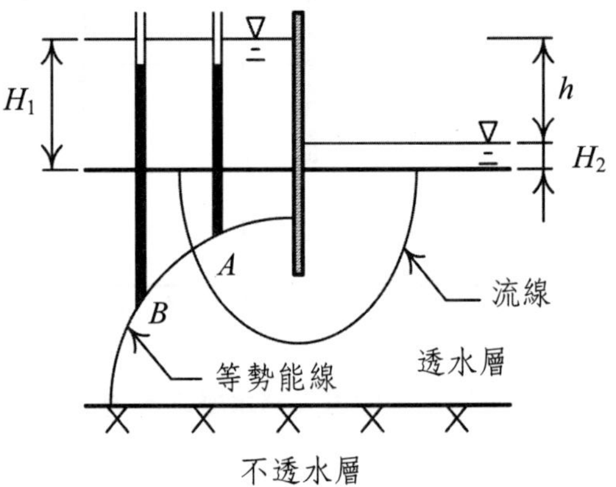

流線和等勢能線示意圖

3.5.3 流線網的繪製和計算

$$q = \Delta q \times N_f$$

每個流網單元之水頭損失：

$$\Delta h / N_d$$

$$\Delta q = k \times i \times A = k \times \frac{\frac{\Delta h}{N_d}}{y} x \times 1$$

分割成正方形：

$$\Delta q = k \frac{\Delta h}{N_d} \quad q = k \times \Delta h \times \frac{N_f}{N_d}$$

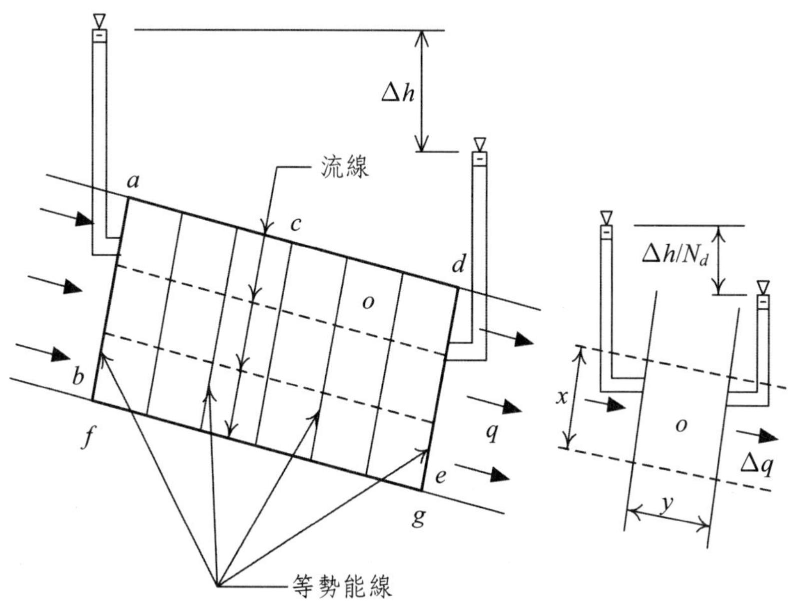

(a)單向度水流之流線網　　(b)一個流網單元之水頭損失

邊界條件為：

⑴流線的邊界為版樁之不透水表面 *acd* 及不透水層之界面 *fg*，所以所有的等勢能線應和 *acd* 和 *fg* 正交。

⑵等勢能線的邊界為透水層上游面 *ab* 及下游面 *de*，所以所有的流線應和 *db* 及 *de* 正交。

繪製流線網原則：

⑴流線和等勢能線垂直。

⑵每一流網單元應近似正方形（理論上應為正方形）。

$$q = k \times \Delta h \times \frac{N_f}{N_d}$$

3.5.4 異向性土壤之流線網

$k_X \neq k_Z$ 時，兩組線為非正交的曲線

$$k_x \frac{\partial^2 h}{\partial x^2} + k_z \frac{\partial^2 h}{\partial z^2} = 0$$

定義的兩組線為非正交的曲線

$$\frac{\partial^2 h}{\left(\frac{k_z}{k_x}\right) \times \partial x^2} + \frac{\partial^2 h}{\partial z^2} = 0$$

假設 $x' = \sqrt{\left(\frac{k_z}{k_x}\right)} \times x$

$$\frac{\partial^2 h}{\partial x'^2} + k_z \frac{\partial^2 h}{\partial z^2} = 0$$

對 $k_x \neq k_z$ 之土壤流線網的繪製步驟：

⑴決定垂直向（*z* 向）之比例尺

(2)水平向（x 向）之比例尺 $= \sqrt{\dfrac{k_z}{k_x}}$（垂直向比例尺）

(3)依垂直向及水平向比例尺繪製擋水結構斷面圖

(4)依 $k_x = k_z$ 時之流線網繪製原則繪製流線網

土層每單位寬度之流率

$$q = k_e \times \Delta h \times \frac{N_f}{N_d}$$

$$k_e = \sqrt{k_x \times k_z}\text{（等值的滲透係數）}$$

試題 3.14

如下圖所示，一透水層中之擋水版樁及流線網，已知透水層之滲透係數為 5×10^{-3}cm/sec，試求(a)流經每單位寬度透水層的流率 (m^3/day)；(b)若基準面在地表面，則透水層中 a, b, c 三點位置水頭、壓力水頭及總水頭分別為何？

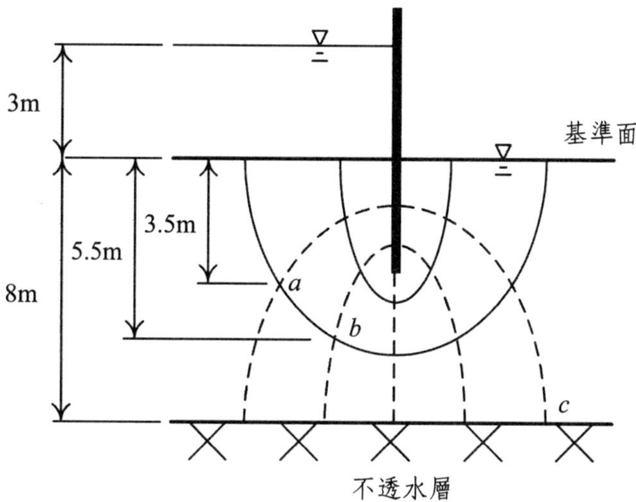

(a)$q=k\times\Delta h\times\frac{N_f}{N_d}=5\times10^{-3}\times3\times\frac{3}{6}=7.5\times10^{-5}(\text{m}^3/\text{sec})=$

$6.48(\text{m}^3/\text{day})$

(b)

點	h_e (m)	h_p (m)	h (m)
a	−3.5	(3.5+3)−1×0.5=6.0	3−1×0.5=2.5
b	−5.5	(5.5+3)−2×0.5=7.5	3−2×0.5=2.0
c	−8.0	(8+3)−5×0.5=8.5	3−5×0.5=0.5

◆

試題 3.15

一透水層中之擋水版樁，透水層之滲透係數為 $k_x=5\times10^{-2}$cm/sec、$k_z=5\times10^{-4}$cm/sec，經座標轉換後之流線網如下圖，試求流經每單位寬度透水層的流率。

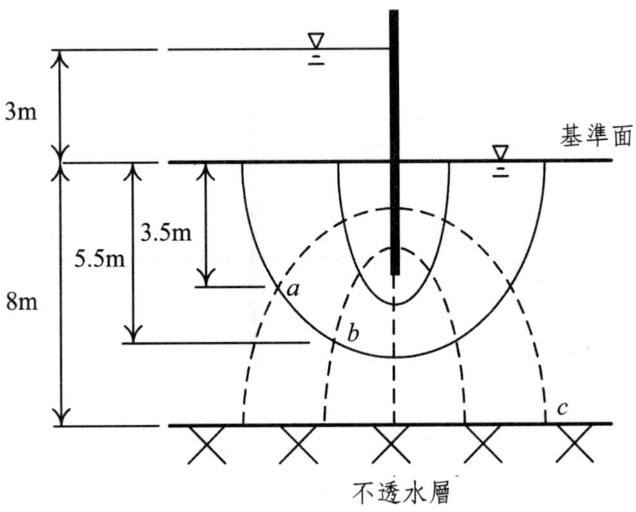

解：

1. $k_e=\sqrt{k_x\times k_z}=\sqrt{5\times10^{-3}\times5\times10^{-4}}$

$$=5\times10^{-3}(\text{cm/sec})=5\times10^{-5}(\text{m/sec})$$

2. $q=k_e\times\Delta h\times\dfrac{N_f}{N_d}=5\times10^{-5}\times3\times\dfrac{3}{6}$

$$=7.5\times10^{-5}(\text{m}^3/\text{sec})=6.48(\text{m}^3/\text{day})$$ ◆

3.6 管內之層流

流經管內之水流可能是層流或亂流 (Turbulent Flow)，層流水流路徑是互相平行而不相交；而亂流流向則不規則與不穩定。在流體力學裏我們可以用雷諾數 (Reynold's Number) 來相當精確區分兩者之分界，此雷諾數與土壤力學沒有直接關係，但是層流的觀念可以幫助我們去描述地下水流動的現象，一般而言土壤中之水流可視為層流或穩定流，除了粗粒土壤屬於亂流，我們可很清楚地由圖得知。

水流經土壤的路徑

3.6.1 管內之層流推導

管內之層流流速 $v=0$，變化至管中心處為最大。A，B 兩點距離為 L，水頭差為 h_A-h_B，因此兩點之壓力差 $\pi\times r^2\times\gamma_w\times\ (h_A-h_B)$，此壓力差由沿著以 r 為半徑之圓周之剪力來平衡，而剪應力 $\tau=\mu\times\left(-\dfrac{dv}{dr}\right)$

$$\therefore \pi\times r^2\times\gamma_w\times\ (h_A-h_B)=2\pi\times r\times L\times\mu\times\left(-\frac{dv}{dr}\right)$$

$$\int_v^0 dv=-\int_O^R\left[\frac{\gamma_w}{2\mu}\times\left(\frac{h_A-h_B}{\ell}\right)r\right]dr$$

$$\therefore v=\frac{\gamma_w}{4\mu}(R^2-r^2)\times i$$

流量 $Q=\int_0^R (v\times 2\pi\times r)dr=\dfrac{\pi\times\gamma_w}{2\mu}i\times\int_0^R[(R^2-r^2)\times r]dr$

$$Q=\frac{\pi\times\gamma_w}{8\times\mu}\times i\times R^4=\frac{\gamma_w}{8\times\mu}R^2\times i\times A$$

而平均流速 $v_a=\dfrac{Q}{A}$

$$\therefore v_a=\frac{\gamma_w}{8\mu}\times R^2\times i$$

3.6.2 水壩下之上舉壓力

壩體上舉安全係數 (FS) 可計算如下：

$$F.S=\frac{W}{U}$$

W：壩之重量　U：作用於壩底之上舉力

試題 3.16

如下頁圖所示之混凝土擋水壩及流線網，試求：

(a)壩底 a, b, c, d, e, f 各點之上舉壓力。

(b)若壩單位寬度之重量為 1275.4kN/m，壩底 a, b, c, d, e, f 各點之間距分別為 3.7m、4.1m、4.4m、4.1m 及 3.7m，則壩體抵抗上舉之安全係數為何？

解：

(a) *1.* 水流經一格流線網單位之水頭損失 $\Delta h/N_d = 3.5/7 = 0.5(\text{m})$

2. 各點之上舉壓力如下：

$u_a = (1.5 + 3.5 - 0.5 \times 1) \times 9.81 = 44.15(\text{kN/m}^2)$

$u_b = (1.5 + 3.5 - 0.5 \times 2) \times 9.81 = 39.24(\text{kN/m}^2)$

$u_c = (1.5 + 3.5 - 0.5 \times 3) \times 9.81 = 34.34(\text{kN/m}^2)$

$u_d = (1.5 + 3.5 - 0.5 \times 4) \times 9.81 = 29.43(\text{kN/m}^2)$

$u_e = (1.5 + 3.5 - 0.5 \times 5) \times 9.81 = 24.53(\text{kN/m}^2)$

(b-1)壩底上舉力

$$U = \frac{44.15 + 39.24}{2} \times 3.7 + \frac{39.24 + 34.34}{2} \times 4.1 + \frac{34.34 + 29.43}{2} \times 4.4 + \frac{29.43 + 24.53}{2} \times 4.1 + \frac{24.53 + 19.62}{2} \times 3.7 = 637.7(\text{kN/m})$$

(b-2)抵抗上舉之安全係數 $F.S = \frac{1275.4}{637.7} = 2.0$ ◆

試題 3.17

使用直徑 5cm，長度 16cm 之土壤滲透管進行 18cm 之定水頭式滲透試驗時，如 10 分鐘之滲流量為 32cm^3。(1)利用達西 (Darcy) 定律估算土壤之滲透係數。(2)假設滲透流為亂流，試述滲透性係數預估方法。

解：

(1) Darcy's Law

$Q = k \times i \times A$

$\frac{32}{10 \times 60} = k \times \frac{18}{16} \times \pi \times (2.5)^2$

$\therefore k = 2.41 \times 10^{-3} \text{cm}^3/\text{sec}$

(2) 若滲透流為亂流，Darcy's Law 可改為 $Q = k \times i^m \times A$，式中 $m \cong 0.65$ ◆

試題 3.18

如下圖所示流線網，請問：

(1)那幾條為流線，那幾條為等能線？

(2)何處流速最大？為什麼？

(3)單位版樁長流量 q 為何？

(4)設滲流率為 0.0005cm/sec 堰堤長 100^m 求流量 Q 為何？

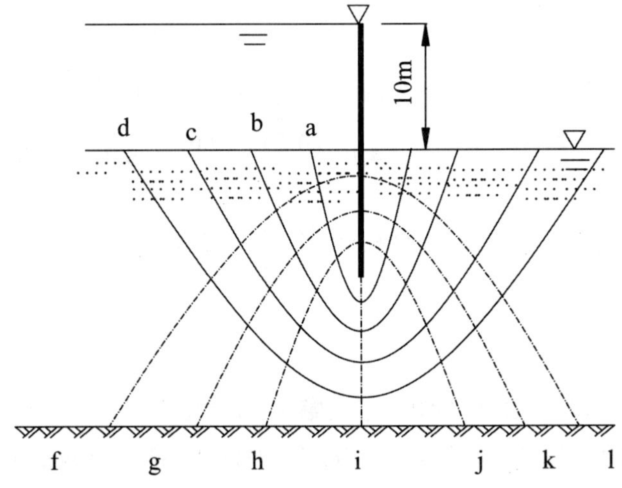

解：

(1) a, b, c, d 為流線；f, g, h, i, k, l 為等能線。

(2)板樁底部流速最大，因兩等能線間距離最短水力坡降 i 最大，由 $v=k\times i$ 可得該處視流速最大。

(3)單位版樁長流量 q

$$q=kh\frac{N_f}{N_q}=0.000005\times 10\times\frac{5}{8}=0.00003125\text{m}^3/\text{sec}=2.7\text{m}^3/\text{day/m}$$

(4)總流量 $Q=100\times 0.00003125=0.003125\text{m}^3/\text{sec}=270\text{m}^3/\text{day}$ ◆

試題 3.19

流量 $q=1.6\text{cm}^3/\text{min}$，$d=10\text{cm}$，$k_A=1\times 10^{-3}\text{cm/sec}$，$k_B=5\times 10^{-5}\text{cm/sec}$，若 $h_2=5\text{cm}$，試求 h_1, h_m 為若干？

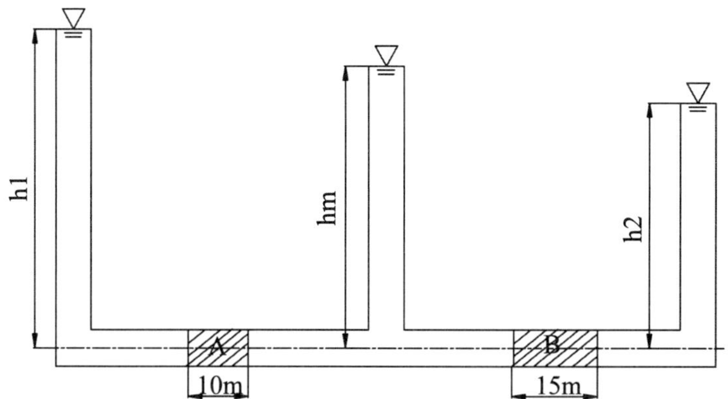

解：

圓管斷面 $A=\frac{\pi}{4}10^2=78.54\text{cm}^2$

由 $q=k\times i\times A$

$\therefore i_B = \dfrac{q_B}{k_B A} = \dfrac{1.6/60}{5 \times 10^{-5} \times 78.54} = 6.79$

$\Delta h_B = i_B \times L_B = 6.79 \times 15 = 101.9\text{cm}$

$h_m = h_2 + \Delta h_B = 5 + 101.9 = 106.9\text{cm}$

$\because q = k \times i \times A$

$\therefore i_A = \dfrac{q_A}{k_A \times A} = \dfrac{1.6/60}{1 \times 10^{-3} \times 78.54} = 0.34$

$\therefore \Delta h_A = i_A \times L_A = 0.34 \times 10 = 3.4\text{cm}$

$h_1 = h_m + \Delta h_A = 106.9 + 3.4 = 110.3\text{cm}$

Ans：$h_1 = 110.3\text{cm}$，$h_m = 106.9\text{cm}$ ◆

試題 3.20

試說明土壩滲流量之計算方法，請自行假設合理數字，並計算之。但不得使用計算機或計算尺。

$k_x = 5.8 \times 10^{-4}\text{mm/sec}$，$k_z = 2.3 \times 10^{-4}\text{mm/sec}$，$H = 12\text{m}$，土堤長 $= 300\text{m}$

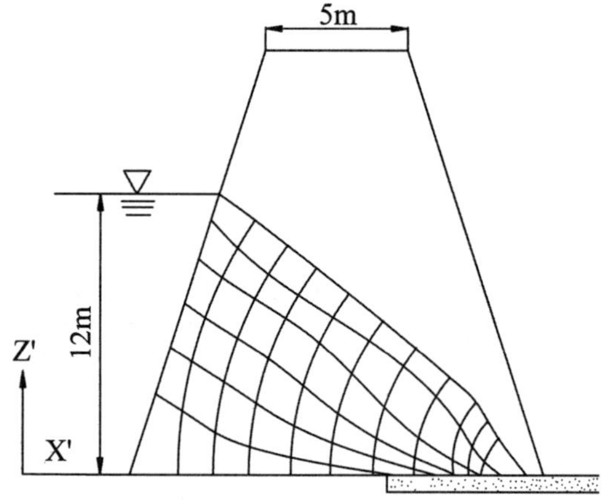

解：

(1)計算方法：

①依土壩土壤夯實試體之滲透試驗求出土壤之水平向及垂直向，滲透係數（即 k_s, k_x）。

② $X_T = \sqrt{\dfrac{k_s}{k_x}} \times x$，試繪土壩之剖面圖，已變成等向土壤，其有效滲透係數 $k_e = \sqrt{k_x k_x}$。

③繪製流線網

④求出 N_f (No. of Flow Channels)

N_q (No. of Potential Drops)

⑤ $Q = k_e \times H \times \dfrac{N_f}{N_q} \times L$

得每米長土壩每單位時間之滲流量。

(2)計算實例

$$N_f = 6，N_q = 11，k_e = \sqrt{k_x \times k_x} = 3.65 \times 10^{-4}\ \text{mm/sec}，L = 300\text{m}$$

$$\because Q = k_e \times H \times \frac{N_f}{N_q} \times L$$

$$= 3.65 \times 10^{-4} \times 10^{-3} \times 12 \times \frac{6}{11} \times 300 = 61.93\text{m}^3/\text{day}$$ ◆

試題 3.21

試求下圖中透水層之流量 q (m^3/sec)？

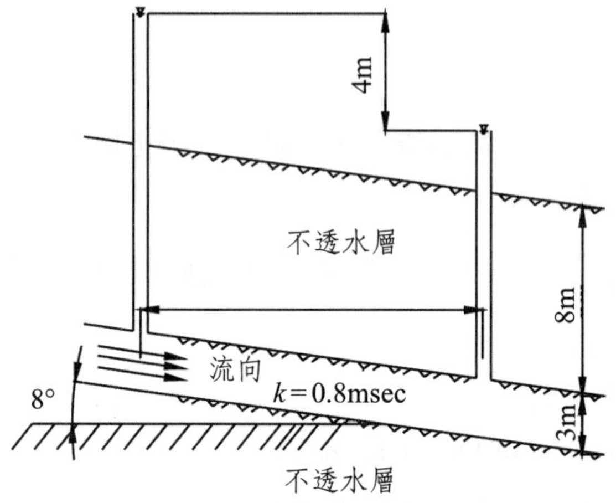

解：

水力坡降 $i=\dfrac{h}{\dfrac{L}{\cos 8^\circ}}=\dfrac{4}{\dfrac{50}{\cos 8^\circ}}=0.0792$，

取單位寬度來計算流量 q

$$
\begin{aligned}
q &= k \times i \times A \\
&= 0.8 \times 0.0792 \times (3\cos 8^\circ \times 1) = 0.19\text{m}^3/\text{sec/m}
\end{aligned}
$$

◆

試題 3.22

下圖中 $H_1=8.2$m，$H_3=6.5$m，$\Delta H=13.2$m 土壤飽和單位重 $\gamma_{sat}=1.9$t/m^3

(1)若土壤之滲透係數 $k_x=k_y=4\times10^{-2}$cm/sec，其流線網如圖所示，求(a)A，B 二點之有效應力及一天中每公尺 (m) 鈑樁寬之滲透量為何？(b)若 H_1 有所變動時，A 點將發生矽砂現象 (quick condition) 則 H_1 應為若干？

(2)若土壤之滲透係數 $k_x=16\times10^{-2}$cm/sec，$k_y=4\times10^{-2}$cm/sec

則(1)中各項值將為若干？

(3)於(1)及(2)中，土壤內任一點之水流方向是否與等勢能線垂直？試說明之。

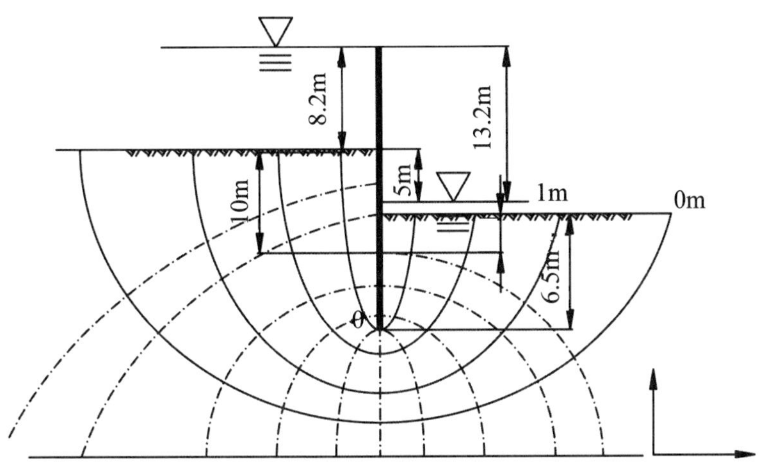

解：

(1)以 0 點為零位面

(a)水流至 A 點之水頭損失：$13.2\times\dfrac{10}{11}=12\text{m}$

A 點之總水頭 $=20.7-12=8.7\text{m}$

A 點之位置水頭 $=6.5-2=4.5\text{m}$

A 點之壓力水頭 $=8.7-4.5=4.2\text{m}$

$\therefore$A 點之有效應力 $=(1.9\times2+1\times1-4.2)=0.6\text{t/m}^2$

水流至 B 點之水頭損失：$13.2\times\dfrac{3}{11}=3.6\text{m}$

B 點之總水頭 $=20.7-3.6=17.1\text{m}$

B 點之位置水頭 $=20.7-10-8.2=2.5\text{m}$

壓力水頭 $=17.1-2.5=14.6\text{m}$

$\therefore$B 點之有效應力$=(1.9\times 10+8.2\times 1-14.6)=12.6\text{t/m}^2$

滲流量 $Q=k\times h\times \dfrac{N_f}{N_q}=(4\times 10^{-4})\times 13.2\times \dfrac{5}{11}$

$=0.024\text{m}^3\text{/sec/m}$

$=207\text{m}^3\text{/day/m}$

(b)A 點發生流砂現象時，$\sigma'_A=0$

假設水頭差為Δh

$\because(1.9-1)\times 2-\dfrac{1}{11}\times \Delta h=0 \quad \therefore\Delta h=19.8\text{m}$

$H_1=\Delta h-5\text{m}=19.8-5=14.8\text{m}$

(2)$k_e=\sqrt{k_x\times k_y}=\sqrt{(16\times 10^{-2})\times(4\times 10^{-2})}\,8\times 10^{-2}\text{cm/sec}$

異向土壤滲流量

$Q=k_e\times h\times \dfrac{N_f}{N_q}=8\times 10^{-4}\times 13.2\times \dfrac{5}{11}=0.0048\text{m}^3\text{/day/m}=414\text{m}$

異向性時應先轉換座標再繪流線網以求之。

(3)(a)在(1)情況 $k_x=k_y$，時由 $\dfrac{\partial^2 h}{\partial x^2}+\dfrac{\partial^2 h}{\partial y^2}=0$，（Laplace's 方程式），該方程式得以相互垂直之兩組表示之。一組曲線稱為流線 (Flow Line)，另一組曲線稱為等勢能線 (Equipotential Line)。

(b)在(2)情況 $k_x\neq k_y$ 時，經座標轉換

$X_T=\sqrt{\dfrac{k_y}{k_x}}\times x$，$\therefore k_x\times \dfrac{\partial^2 h}{\partial x^2}+k_y\times \dfrac{\partial^2 h}{\partial y^2}=0$

可轉換成 $\dfrac{\partial^2 h}{\partial x_{T^2}}+k_y\times \dfrac{\partial^2 h}{\partial y^2}=0$

即流線與等勢能線於轉換座標中垂直，故於正常座標中，異向性情況下，等勢能線與流線並不垂直。◆

chapter 4

孔隙水壓與有效應力

4.1 總應力，有效應力及孔隙壓力

土壤係由固體土粒、液體水份及氣體空氣等三相所組成的三相系，因此當土壤承受壓力時，必須由土粒、水份及空氣三者共同分擔。土粒為幾乎不能壓縮之物質，其所能承受者為垂直應力 (Normal Stress) 及剪應力 (Shear stress)；水份亦可視為不可壓縮之液體，能夠承受垂直應力，但不能承受剪應力。

a.孔隙水應力 (Porewater Pressure) (u_w)：

如上所述，土壤內孔隙水所承擔之壓力稱為孔隙水壓力，又稱為中和壓力 (Neutral Stress)，或稱靜水壓力 (Hydrostatic Pressure)。

b.有效應力 (Effective Stress) (σ')：

控制剪力強度與體積變化之壓力謂之有效應力，對土壤而言，有效應力可視為總應力扣除孔隙壓力之值。

c.孔隙壓力 (Pore Pressure)：

土壤孔隙內之壓力謂之孔隙應力；孔隙壓力等於孔隙水壓與孔隙氣壓之和，若材料為完全飽和則孔隙氣壓為零，此時孔隙壓力即等於孔隙水壓。

d.總應力 (Total Stress) (σ)：

土壤內部總應力為上述有效應力與孔隙壓力之總和。

(d-1)垂直總應力：該點以上所有土層的壓力和載重相加而得

$$\sigma=\sum_{i=1}^{n} Hi \times \gamma_i + q_0$$

H_i = 土壤第 i 層之厚度

γ_i = 土壤第 i 層之單位重

(d-2)孔隙水壓力：$u_w = h_p \times \gamma_w$

h_p=壓力水頭

總應力、有效應力及孔隙壓力三者關係為$\sigma = \sigma' + u_w$。

因有效應力不易測得，而總應力和孔隙應力較易測得，故常共測得總應力及孔隙壓力，再由$\sigma' = \sigma - u_w$得有效應力。

4.2 有效應力原理

垂直於土壤的任何平面上，有總應力σ及孔隙壓力u_w作用。

由上節之定義，則有效應力σ'等於總應力σ減去孔隙壓力u_w

(a)$\sigma' = \sigma - u_w$，$\sigma'_v = \sigma_v - u_w$，$\sigma'_h = \sigma_h - u_w$

上式稱為有效應力方程式 (Effective Stress Equation)。

(b)側向壓力係數 $k = \dfrac{\sigma'_h}{\sigma'_w}$

總應力σ作用於所論土壤單元A的全面積$=a^2$，而孔隙壓力則作用於所論總面積中與水接觸的部份，亦即，總面積減去礦物接觸面積。土壤骨架所承受的力，與總面積之商，即為有效應力的近似值。

Terzaghi (1936) 首先提出有效應力原理。

土壤的體積產生變化時，有效應力才會隨之變，當土壤內孔隙水壓升高體積膨脹時其強度減低，反之，土壤內孔隙水壓降低時，體積壓縮時，其強度則增加。

Case Ⅰ.最初的狀況

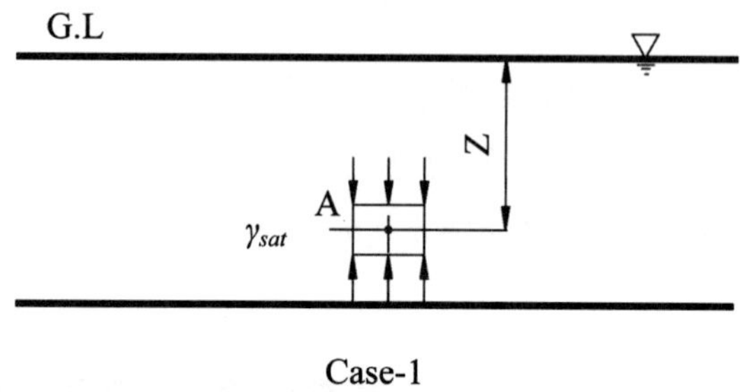

Case-1

$\sigma'_A = \sigma_A - u_w = \gamma_{sat} Z - \gamma_w Z = \gamma' Z$。

Case Ⅱ.當地下水位面高於地表面 h 時

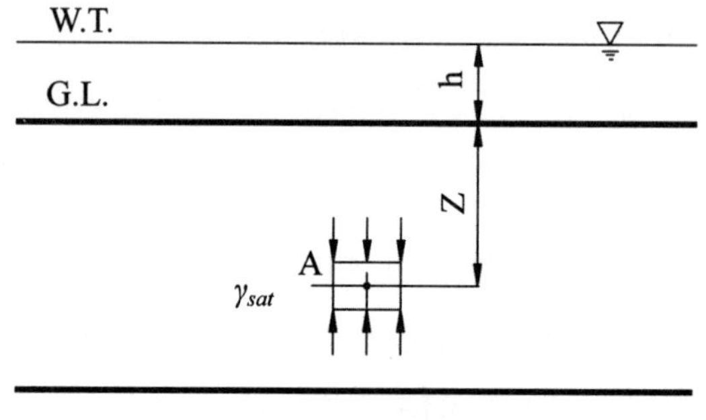

Case-2

$\sigma'_A = \sigma_A - u_w = (\gamma_w h + \gamma_{sat} Z) - (h + Z)\gamma_w = \gamma' Z$

Case Ⅲ.當地下水位面，下降至地表下 h 時

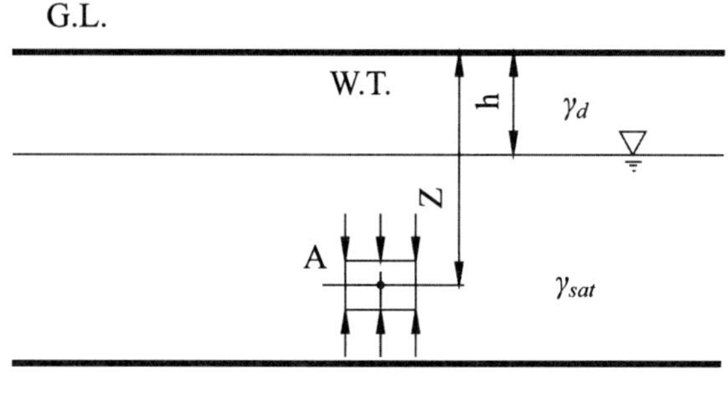

Case-3

$$\sigma'_A = \sigma_A - u_w$$
$$= [\gamma_d \times h + (Z-h) \times \gamma_{sat}] - (Z-h) \times \gamma_w$$
$$= \gamma_d \cdot h + \gamma'(Z-h) = \gamma' Z + (\gamma_d - \gamma')h$$

4.2.1 無滲流土壤之垂直有效應力

(a)地下水位以上且無毛細現象之土層

$\sigma_A = \gamma \times z$，$u_w = 0$，$\sigma'_A = \gamma \times z$

地下水位單位重γ，飽和單位重γ_{sat}

σ'_A為A點以上所有土層的壓力和載重的累加

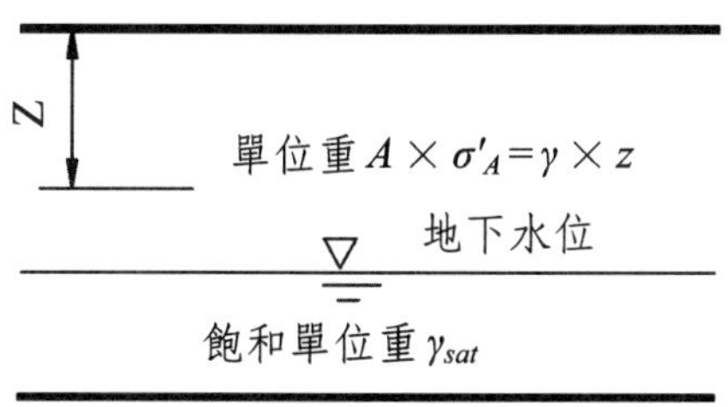

地下水位以上土層有效應力

(b)地下水位以下之土層，

垂直總應力為：$\sigma_A = \gamma_{sat} \times z$

無滲流時水壓力：$u_w = h_{PA} \times \gamma_w = \gamma_w \times z$

垂直有效應力為：$\sigma'_A = \gamma_{sat} \times z - \gamma_w \times z = \gamma' \times z$

地下水位以下之土層，土顆粒承受之有效應力為

$\gamma' \times$（地下水位至該點之距離）

4.2.2 向上滲流

垂直總應力 $\sigma_A = \gamma_{sat} \times z$

水壓力 $u_w = \gamma_w \times$ $[z + h -$ $(i \times D)] = \gamma_w \times$ $[z +$ $(i \times z)]$，$i =$ 水力坡降，$i = \dfrac{h}{H}$

垂直有效應力 $\sigma' =$ $[\gamma' -$ $(i \times \gamma_w)] \times z$

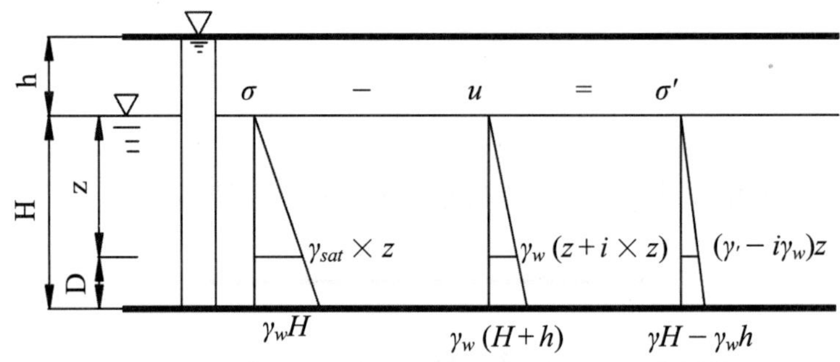

向上滲流之總應力，水壓力及有效應力隨深度變化圖

$i\gamma_w$ = 單位體積滲流力，方向和水流方向相同

iz = 推進水頭，因為在A點處有此水頭，因此水流至A點後仍會繼續往上流動

$i \times z \times \gamma_w =$ 滲流壓力

試題 4.1

如下圖之地層已知砂土層 $e = 0.4$，地下水位面上砂土 $S = 50\%$ 試繪深度與有效應力之關係圖。

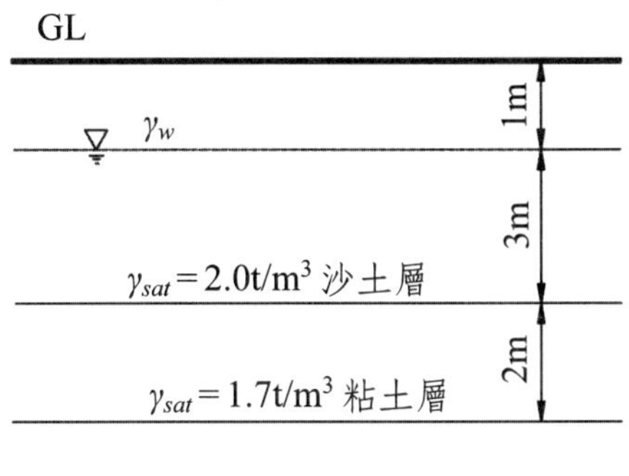

解：

(1)先求總應力一深度之關係圖

水位面上砂土，$S = 50\%$

由 $\gamma_m = \gamma_s \times \left(\dfrac{1+w}{1+e}\right) = G_s \times \left(\dfrac{1+w}{1+e}\right)$，$W = \dfrac{S \times e}{G_s}$

$\therefore 2 = G_s \dfrac{1+\left(\dfrac{0.4}{G_s}\right)}{1+0.4} \quad \therefore G_s = 2.4$

$(S = 50\%) \quad \gamma_m = 2.4 \times \dfrac{1+\left(\dfrac{0.5 \times 0.4}{2.4}\right)}{1+0.4} = 1.86\text{t/m}^3$

(2)求孔隙水壓一深度之關係圖

(3)求有效應力一深度之關係圖

地表下面 1m 處

總應力 $\sigma = \gamma_m \times h = 1.86 \times 1 = 1.86\text{tons/m}^2$

孔隙水壓力　$u_w = 0$

有效應力　$\sigma' = \sigma - u_w = 1.86 - 0 = 1.86 \text{tons/m}^2$

地表面下 4m 處

$\sigma = 1.86 + 2.0 \times 3 = 7.86 \text{t/m}^2$

$u_w = 1.0 \times 3 = 3 \text{t/m}^2$

$\sigma' = 7.86 - 3 = 4.86 \text{t/m}^2$

地表面下 6m 處

$\sigma = 7.86 + 1.7 \times 2 = 11.26 \text{t/m}^2$

$u_w = 5.0 \times 1 = 5.0 \text{t/m}^2$

$\sigma' = \sigma - u_w = 11.26 - 5.0 = 6.26 \text{t/m}^2$

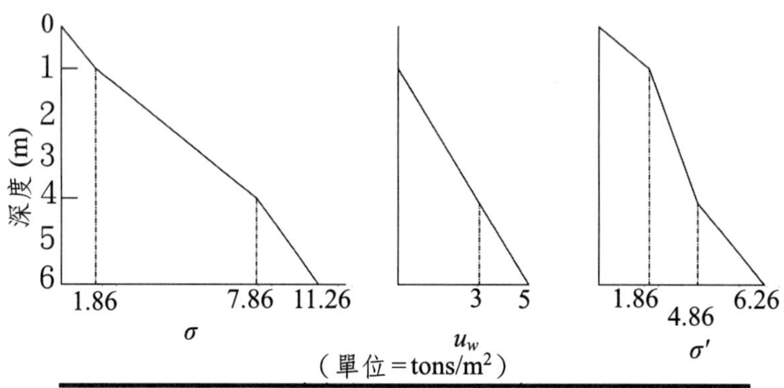

◆

試題 4.2

如下圖所示之土層，地下水位在地表面，土壤 C 之水位在地表下 12m 處，試繪穩定狀態時土層之 σ、u、σ' 隨深度變化的關係圖。

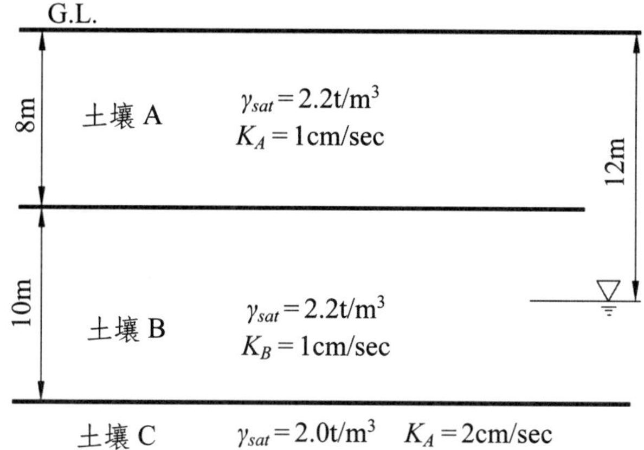

解：

1. 水流方向垂直土層層面假設水流經土壤 A、B 之水頭損失分別為 Δh_A 及 Δh_B，$\Delta h_A+\Delta h_B=12$，
2. $q_A=q_B$，$\therefore K_A\times i_A\times A=K_B\times i_B\times A$，$1\times\dfrac{\Delta h_A}{8}=1\times 10^{-2}\times\dfrac{\Delta h_B}{10}$

   $\therefore \Delta\times h_B=125\times\Delta\times h=125\times(12-\Delta h_B)$
3. 解聯立方程式，得：$\Delta h_B=11.9(\text{m})$，$\Delta h_A=0.1(\text{m})$
4. A 點之壓力水頭：$h_{PA}=8-0.1=7.9(\text{m})$ ◆

例題 4.3

若已知砂土層與黏土層之滲透係數比 100 ： 1則又如何？

解：

$\Delta h=7-5=2\text{m}$，$q=V_AV=V_BA$

$\therefore K_A\times i_A=K_B\times i_B$，$\therefore\dfrac{K_A}{K_B}=\dfrac{i_B}{i_A}=100$，

$\Delta h=i_A\times h_A+i_B\times h_B=i_A\times 3+i_B\times 2$

$\therefore 2 = 3i_A + 2(100i_A)$

$\therefore i_A = 0.01$，$i_B = 0.99$，$\Delta h_1 = 0.01 \times 3 = 0.03\text{m}$，$\Delta h_2 = 0.99 \times 2 = 1.97\text{m}$

總應力　$\sigma = 9.56\text{t/m}^2$

孔隙水壓力　$u_w = 4 + (2 - \frac{1.97}{2}) = 5.015$，$\sigma' = 9.56 - 5.015 = 4.54\text{tons/m}^2$

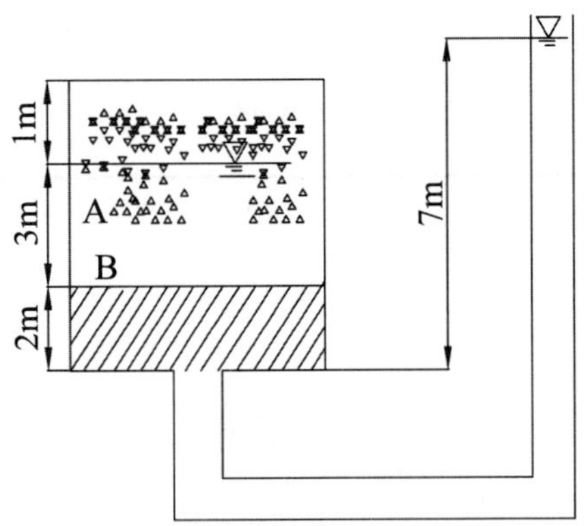

◆

例題 4.4

在如下圖所示之黏土層開挖，試求：

(a)不產生上舉之最大開挖深度。

(b)開挖深度 Df 為 6m 時，上舉安全係數。

(c)開挖深度Df為 6m，砂土層水位上升多少時，將產生上舉破壞。

解：

(a)在黏土層及砂土層界面上

(a-1)$\sigma = 18(12 - D_f)$，$u = 7 \times 9.81 = 68.67(\text{kpa})$

(a-2)$\sigma = u$，$\therefore D_f = 8.19\text{m}$

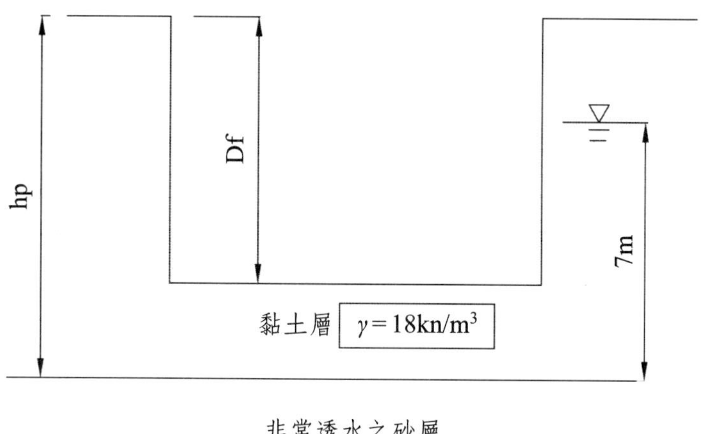

(b)$D_f = 6m$ 時，在黏土層及砂土層界面上

(b-1)$\sigma = 18(12-6) = 108(kpa)$

(b-2)$F.S = \dfrac{108}{68.67} = 1.57$

(c)$u = 9.81h_p = 108$，$\therefore h_p = 11m$

(c-1)$\Delta h_p = 11 - 7 = 4m$ ◆

4.2.3 砂湧之檢核

檢核出水口之流網單元

單元 a 水力坡降 $i = \dfrac{\left(\dfrac{\Delta h}{N_d}\right)}{L}$

砂湧安全係數 $F.S = \dfrac{i_{cr}}{i}$

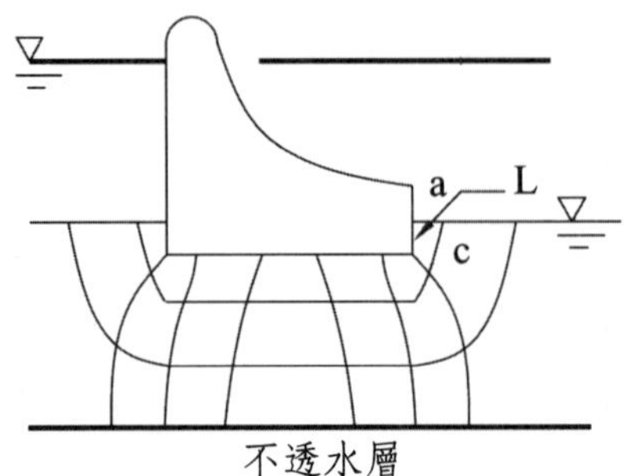

出水口流網單元檢核砂湧

4.3 黏土層壓密之原理及觀念

超額孔隙水壓力 (Excess Pore Water Pressure)：由載重或抽水等外加動作所激發的水壓力。若允許排水，則超額孔隙水壓將隨著排水而逐漸消散，消散掉的超額孔隙水壓則轉移給土顆粒承受，而排除掉的水則造成沉陷。超額孔隙水壓之存在產生水力坡降，水流動之結果造成另一新的自由水面 (Nate) 孔隙水壓即自由水面產生之靜態水壓。黏土透水性小，須經很長的時間才能達成新的平衡，故其沉陷有長期、短期之分，砂土則無，承載力作用之瞬間有效應力不變，孔隙壓力改變。

土體承受外力加載重後，所激發的超額孔隙水壓力，雖然將之分成長期、短期效應，其與孔隙水壓力消散速率有關。

一般而言，若沒有特別註明長期或短期時，都以長期效應來分析。

試題 4.5

如下圖所示地層，試求：

(1)總應力，有效應力，孔隙水壓力與深度之關係。

(2)在地面有 50KN/m² 之地表載重作用時總應力，有效應力，

(3)孔隙水壓與深度之關係。

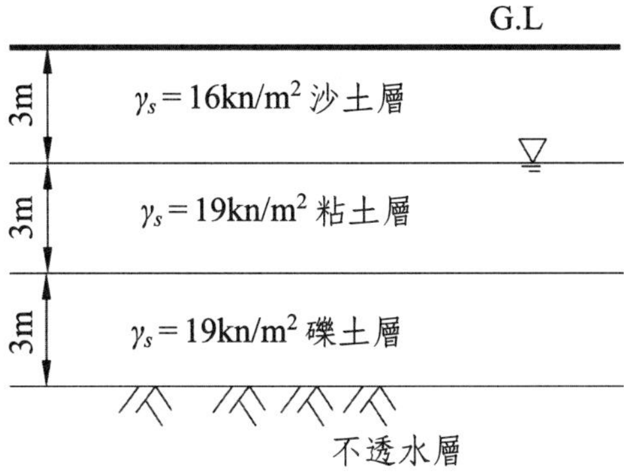

解：

(1)如下圖

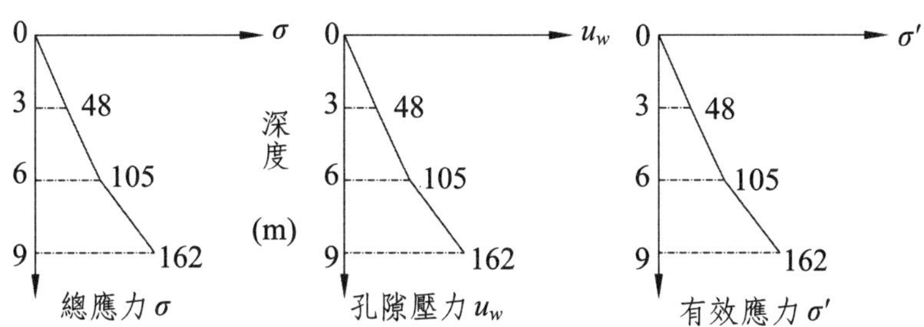

(2)當地面有 50KN/m² 之地表載重時，短期黏土層之有效應力並未增加，而直接由孔隙壓力來承受，俟超額孔隙水壓力消散後，則轉變成長期的有效應力增加。

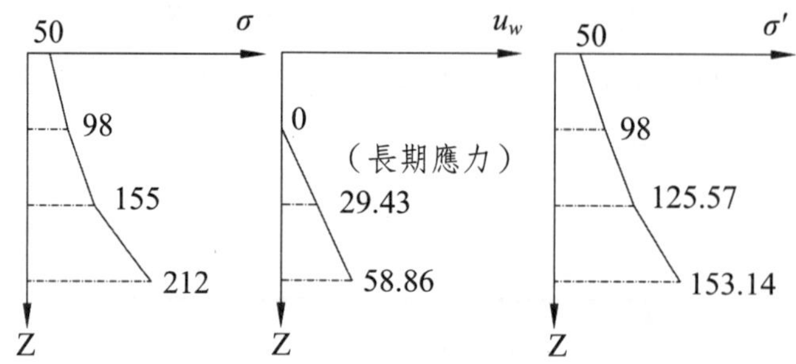

◆

4.4 臨界水力坡降與土壤液化

4.4.1 臨界水力坡降 (Critical Hydraulic Gradient)

當土壤所受之滲流壓力大到使得有效應力降至0，則土壤處在一臨界狀態。

$$0=z\times\gamma_{sub}-i\times z\times\gamma_w\quad i=\frac{\gamma_{sub}}{\gamma_w}$$

此時之水力坡降稱為臨界水力坡降(Critical Hydraulic Gradient)，

$$i_c=\frac{\gamma_{sub}}{\gamma_w}=\frac{\left(\dfrac{G_s-1}{1+e}\right)}{\gamma_w}=\frac{G_s}{1+e}$$

4.4.2 流砂 (Quick Sand)（或稱砂湧）

當砂質土壤受向上水流大於等於臨界水力坡降時，產生砂和水向上噴出的現象，這種現象稱為流砂 (Quick Sand)，或稱砂湧 (Boiling)。因其自地下往上延伸，常常形成地下流槽，視之若管狀水流往上噴出，故又稱砂湧 (Piping)。

砂湧之安全係數 FS＝靜水壓時之有效應力／滲流壓力

$$\text{對單一土層 } F.S = \frac{\gamma' \times z}{i \times \gamma_w \times z} = \frac{i_{cr}}{i}$$

無凝聚性土壤，若受到向上之滲流壓力導致，則土壤將失去剪力強度，呈浮動的狀態

$$\sigma' = (\gamma' - i_{cr} \times \gamma_w)z < 0 \text{，} (i > i_w)$$

無凝聚性土壤的剪力強度與有效應力成正比。當非凝聚性土壤中的有效應力為零時，它的剪力強度也就等於零。此時會發生流砂現象。換句話說，流砂現象就是土壤因為有效應力等於零而喪失了它的剪力強度。如果是凝聚性土壤，即使其中有效應力等於零，它還是不致喪失它的強度。因此，即使凝聚土壤中的有效應力等於零，並不一定會使它發生流砂現象。

當孔隙壓力等於總應力時，顯然有效應力是等於零。在土壤力學中有兩種可能，會使有效應力等於零：

⑴當土壤上沒有荷重，其中若有流體向上流動而其作用力等於土壤的總重量，例如，滲流等於浸水土壤重量。

⑵某些鬆散的土壤受到震動之後，土壤構架的體積減小，使有效壓力轉移到孔隙水壓力。

4.4.3 土壤液化 (Liquefaction of Soil)

當鬆散的飽和砂土或流砂黏土，受地震或人為的振動時，其孔隙

比減小而產生體積縮小的現象，當土壤體積縮小而無法排水時而產生超額孔隙水壓力，若累積增加之孔隙水壓力大於或等於總應力時，則振動後之有效壓力等於零或負值，此時土壤之抗剪強度完全消失而呈現液態，此種現象稱為液化現象。在構造物基礎附近之土壤若發現液化現象時，土壤承載力將造成構造物急速沉落或傾斜。

影響砂土液化的因素有下列數點：

⑴土壤種類：

均勻級配之細砂土或細粒沉泥質砂土最容易產生液化現象，級配優良之砂土或粗粒而帶有菱角狀的砂土則較不易產生液化現象。

⑵砂土相對密度 D_r：

砂土之承載力及沉陷量與相對密度 D_r 有關，若相對密度較小，則由於震動產生的沉陷量必較大，且承載力減小至為迅速，因此較易產生液化現象。若砂土為緊密砂土，則產生液化現象的情況將較少。

⑶土壤的排水狀況：

液化現象的產生係由於超額孔隙水壓力無法迅速消散而致。土壤有效應力為零，無法承載結構荷重。因此滲透性較低的砂土，超額孔隙壓力較不易排除，容易產生液化現象。

⑷有效覆土壓力：

土壤之承載力及剪力強度和有效覆土壓力有關，若有效覆土壓力愈高，則其承載力及剪力強度亦較大，則較不易產生液化，故地震時，底層的土壤幾不產生液化。

⑸震動強度與時間：

震動的強度越大，時間愈長，則砂土沉陷量及超額孔隙水壓亦越大，故較易產生液化現象。

4.4.4 減少土壤液化的方法

砂土層欲減少其產生液化現象，可採取以下之措施：

(1)增加砂土相對密度：

淺層的土壤，可以採用震動法夯實，深層土壤則可以使用浮震法夯實，以增加砂土的之相對密度，增加其承載力、剪力強度及減少因震動所產生之沉陷。

(2)降低地下水位：

降低地下水位，減少土壤之飽度，因此可以減低突然增加的超額孔隙壓力。

(3)改善土壤排水之條件：

改善土壤排水條件，使超額孔隙壓力較易排除及消散，避免引起上層土壤之液化。

(4)預壓法：

使用預加荷重，使土壤疏鬆結構破壞，減少其孔隙比，增加土壤密度。

(5)結構使用深基礎：

結構使用深基礎，如基樁等傳達荷重至堅硬土層，減少砂層荷重，避免液化現象影響。

4.4.5 鈑樁周圍土體隆起問題

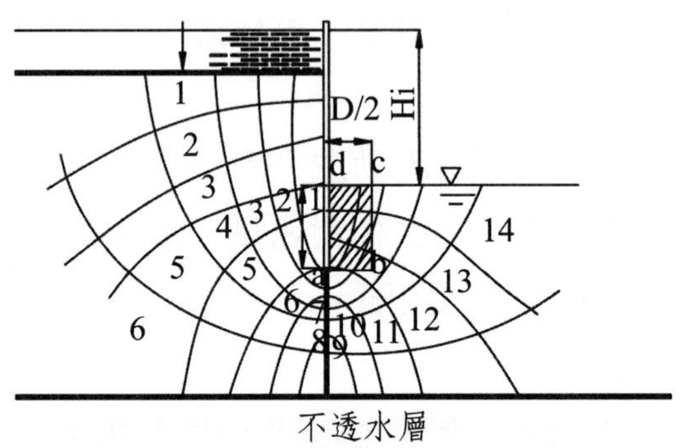

鈑樁周圍之隆起

如上圖所示，鈑樁結構，其上游面水深 H_1，打入土深為 D，由前面所提，可利用流線求出其滲流壓力，Terzaghi (1922)年提出鈑樁 $\frac{D}{2}$ 寬度內，為隆起區。

所以隆起安全係數 $F.S = \frac{W'}{U}$

W'：為隆起區土的浸水重，$W' = D \times \left(\frac{D}{2}\right) \times (\gamma_{sat} - \gamma_w) = \frac{1}{2}(D^2 \times \gamma')$

U：為作用於隆起區之向上滲流力

U 等於土體積乘以平均水力坡降 $= \left(\frac{D}{2}\right) \times D \times i_{ev} \times \gamma_w = \frac{1}{2}(D^2 \times \gamma')$

$$\therefore F.S = \frac{\frac{1}{2}(D^2 \times \gamma')}{\frac{1}{2}(D^2 \times i_{ev} \times \gamma_w)} = \frac{\gamma'}{i_{ev} \times \gamma_w}$$

例題 4.6

如圖 4.5 所示，$H_1 = 3.75$m，$D = 1.88$m，土壤單位重 $\gamma_{sat} = 1.85$t/m^3，

試探討土壤之隆起問題？

解：

土體之浸水重 W'（取單位寬度 1m 分析）

$$W' = (\gamma_{sat} - \gamma_w) \cdot D \cdot \frac{D}{2} = (1.8 - 1) \times 1.88 \times \frac{1.88}{2} = 1.5\text{t}$$

$$U = \frac{1}{2}(P_a + P_b) \times 0.94$$

$$P_a = \frac{5}{14} \times 3.75 \times 1 = 1.34$$

$$P_b = \frac{3}{14} \times 3.75 \times 1 = 0.80$$

$$\therefore U = \frac{1}{2}(1.34 + 0.80) \times 0.94 = 1.01\text{t}$$

安全係數 $FS = \dfrac{W'}{U} = \dfrac{1.5}{1.01} = 1.5$ ◆

4.4.6 湧起現象

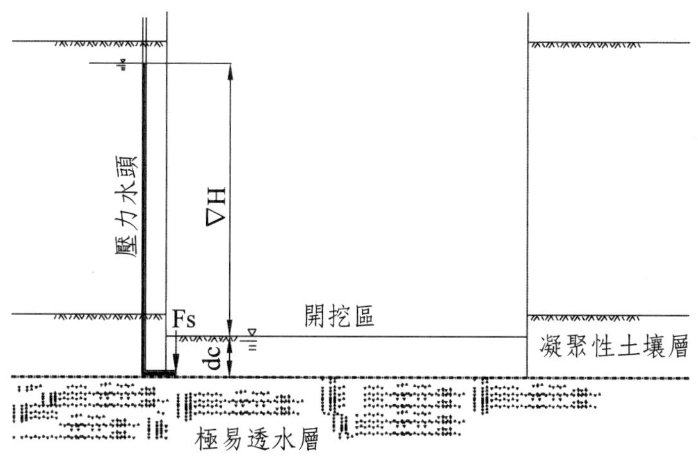

黏土層開挖後湧起現象說明

如上圖所示在圍堰內所作之開挖，在開挖過程中保持開挖內部之乾燥，當開挖至某一深度時，黏土層底部透水層之孔隙水壓力大於覆土層之總應力時，將使得整個土塊向上湧起，不考慮鈑樁與土壤之摩擦力 F_s，則產生底部湧起現象之條件為：

$$d_c \cdot \gamma = (\Delta H + d_c)\gamma_w \quad \therefore d_c = \frac{\Delta H \cdot \gamma_w}{(\gamma - \gamma_w)}$$

試題 4.7

有一施工計劃擬開挖黏土層，如圖所示，試求：

⑴湧起的安全係數？

⑵當土塊發生湧起現象時，其河面高程為何？

解：

⑴ $W = \gamma \times d = 2000 \times 10 = 20\text{t/m}^2$

$U = \gamma_w \cdot h = 1000 \times 18 = 18\text{t/m}^2$

$\therefore$ 湧起安全係數 $F.S. = \dfrac{W}{U} = \dfrac{20}{1.8} = 1.11$

⑵湧起現象發生時，假設河面高程為 H

$\therefore W = U$，$20 = 1.0 \times H \quad \therefore H = 20\text{m}$ ◆

4.5 土壤應力

由於土壤自重產生之覆土壓力或外加荷重使得地表下方土壤產生應力，其中自重對土體產生之垂直應力可以表示，至於外加荷重所增加之垂直應力則須由應力傳播原理計算，目前常用的計算方法有簡易的 2：1 或 300 應力擴散法，Newmark 應力影響圖法，Fadum (1948) 矩形均佈載重角隅應力增量公式法等等。

4.5.1 覆土壓力產生之垂直應力增量

覆土壓力之計算需考慮土壤單位重，土壤單位重則需考慮地下水所造成之效應，此一部份之計算包含總應力有效應力及孔隙水壓，相關計算在後幾章將詳細說明

4.5.2 外加荷重產生之垂直應力增量

(a)Boussinesq 公式：表面受一個集中力 P 作用，距離中心線 r 深度 z 之 M 點其垂直應力增量

$$\Delta q_z = \frac{3 \times P}{2 \times r \times z^2} \times \frac{1}{\left[1+\left(\frac{r}{z}\right)^2\right]^{\frac{5}{2}}}$$

(b)圓形均佈載重面下圓心下方之應力增量

$$\Delta q = q \times \left\{1 - \frac{1}{\left[1+\left(\frac{r}{z}\right)^2\right]^{\frac{3}{2}}}\right\}$$

(c)Fadum (1948) 矩形均佈載重角隅下方應力增量

$$\Delta q_z = q \times I_z，$$

$$I_z = \frac{1}{2\pi} \times \left[\frac{m \times n \times (m^2+n^2+2)}{(m^2+1)(n^2+1)\sqrt{m^2+n^2+1}} + \tan^{-1}\left(\frac{m \times n}{\sqrt{m^2+n^2+1}}\right)\right]$$

$$m = \frac{L}{z}，n = \frac{B}{z}$$

$$\Delta q_s = \frac{3 \times P}{2r \times z^2} \times \frac{1}{\left[1 + \left(\frac{r}{z}\right)^2\right]^{\frac{5}{2}}}$$

(d)Newmark (1942) 應力影響圖

(1)根據 Boussinesq 圓形載重公式

$\Delta q/q$	0	0.1	0.2	0.3	0.4	0.5	0.6	0.7	0.8	0.9	1.0
r/z	0	0.27	0.4	0.52	0.64	0.77	0.91	1.11	1.39	1.91	∞

(2)令 $AB = Z$ 以 $r = 0.27z$，$r = 0.4z$……

畫出同心圓，再以 20 個分角線將同心圓分成 200 格每一格應力增量為 0.005q

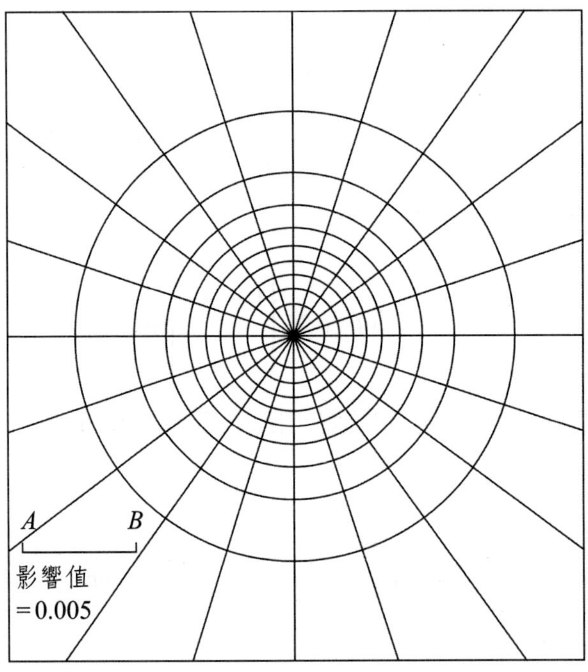

Newmark 的影響圖

⑶令 $AB = Z$，將基礎依比例畫出，並將欲求之應力點放在影響圖的圓心上

⑷算出基礎範圍內之格子數 n（new mark 圖）

⑸ $\Delta q_z = 0.005 \times n \times q$

(e)概算法

⑴ 2：1 擴散法

$$\Delta q_z = \frac{q \times B \times L}{(B + D)(L + D)}$$

⑵ 300 擴散法

$$\Delta q_z = \frac{q \times B \times L}{(B + 2D \tan 30°)(L + 2D \tan 30°)}$$

4.6 水平應力

水平向應力與垂直向應力之比通常以側向應力係數 K 表示，由於大地沉積面積大都寬廣，其水平壓縮不致顯著，側向應力係數可以靜止土壓力係數 K0 表示，對砂土而言其數值約在 0.4～0.5 之間但相反的，若土壤曾經遭受預壓力作用，水平應力如同被鎖住（locked-in）一般，其數值遠高於垂直應力，K0 值可能達到 3。

例題 4.8

有矩形基腳 3m × 4m，承受均佈載重 $q = 117$kpa，

⑴試求角隅地下表 2m 深度之垂直應力增量。

⑵試求在中心下方 2m 深度之垂直增量。

解：

(1) $m=\dfrac{x}{z}=\dfrac{3}{2}=1.5$，$n=\dfrac{y}{z}=\dfrac{4}{2}=2.0$，查表得知　$I=0.223$

$\therefore \Delta q=q_o\times I=117\times 0.223=26\text{kpa}$

(2) $m=\dfrac{x}{z}=\dfrac{1.5}{2}=0.75$，$n=\dfrac{y}{z}=\dfrac{2}{2}=1$，查表得知　$I=0.159$

$\Delta q=4\times q_o\times I=4\times 117\times 0.159=74\text{kpa}$ ◆

試題 4.9

有一基腳總載重 3250KN，其中央部份承受均佈載重較外圍大一倍，試求角隅下 4.5m 深度之垂直應力增量。

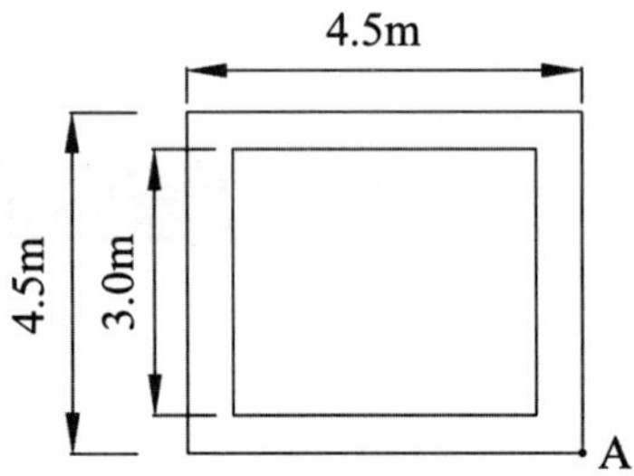

解：

設中央部份均佈載重　$2x\text{KN/m}^2$

外圍部份均佈載重　$x\text{KN/m}^2$

$\therefore 3^2\times 2x+(4.5^2-3^2)x=3250$

$\therefore x=111\text{KN/m}^2$

形狀	m	n	I	q_o	$\Delta q = q_o I$
①	1	1	0.175	111	19.42
②	0.833	0.833	0.152	111	16.88
③	0.833	0.167	0.042	111	4.66
④	0.167	0.833	0.042	111	4.66
	0.167	0.167	0.013	111	1.44

$\therefore \Delta q = 2 \times q_o \times I =$ ① + ②

③ − ④ + ⑤ = 19.42 + 16.88 − 4.66 + 1.44， $\therefore \sigma_s = 28.42\text{KN/m}^2$ ◆

試題 4.10

由一T型基腳承受均佈載重 $q = 100\text{KN/m}^2$，如圖所示，試求G點下6m之垂直應力增量。

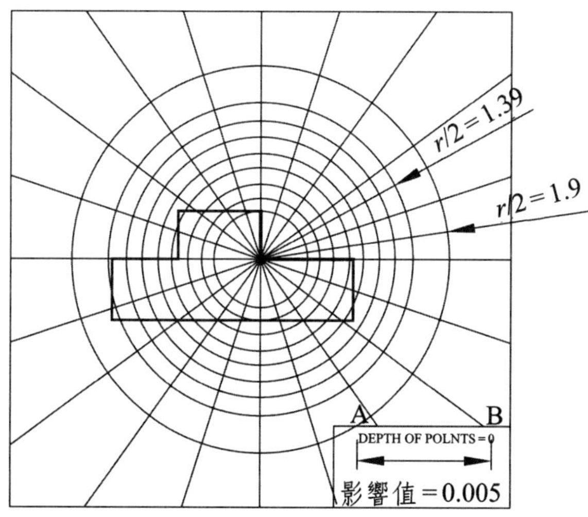

解：

(1)利用 Newmark 影響圖，以 AB 為 6m 長，依比例繪出T型基腳平面圖。

⑵將 G 點置於影響圖之中心。

⑶計算基腳平面圓所佔的影響單位有幾格。

$\Delta q = 0.005 \times 66 \times 100 = 33\text{KN/m}^2$ ◆

4.7 試題精華

試題 4.11

有一粉土層夾在兩砂層間，如圖所示。

砂土：$\gamma_{sat} = 1.92\text{tons/m}^3$，$\gamma_d = 1.68\text{tons/m}^3$，$k_s = 10^{-3}\text{cm/sec}$，粉土：$\gamma_{sat} = 1.76\text{tons/m}^3$，$\gamma_d = 1.60\text{tons/m}^3$，$k_s = 10^{-5}\text{cm/sec}$，

⑴流經粉土層之滲流量，並以 $\text{m}^3/\text{day}/\text{m}^2$ 面積表示之。

⑵粉土層底部之孔隙水壓及有效應力。

⑶湧泉壓力頭 h 為多大時，粉土會發生湧起現象。

⑷砂土水力坡降 $= i_s$ 與粉土水力坡降 $= i_f$ 的比。

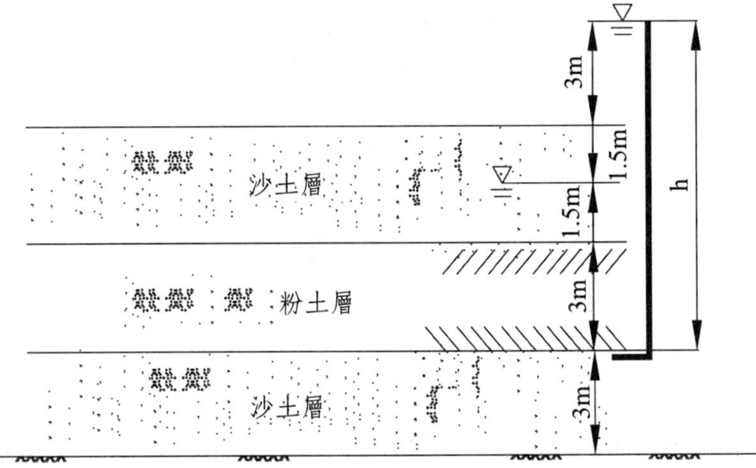

解：

原地層可視為如上圖所示之單向滲透試驗裝置，粉土層進水面與砂層出水面間水頭差為 4.5m，由得 $Q=k_A i_A A=k_B i_B A$ 得

先看(4) $i_f : i_s = k_f : k_s = 10^{-5} : 10^{-3}$

由 $\Delta h_A : \Delta h_B = i_A H_A : i_B H_B$

$$\Delta h_f = \frac{i_f}{i_s} \times \frac{3.0}{1.5_f} \times (\Delta h_s) = 200 \times (\Delta h_s)$$

粉土層底部與頂部總水頭差 $= \frac{200}{201} h \fallingdotseq h \cdots\cdots$(a)

以下就以(a)之結果來解個小題

(1)滲流量之計算

利用 $Q=k \times i \times A$ 公式，先找出 i。

若以地表面為基準面，則粉土層頂面總水頭為 −1.5m，粉土層底面者為 $-6+9=+3$m，兩面水頭差 $3-(-1.5)=4.5$m，

故水力坡降 $i=\frac{4.5}{4}=1.5$

$k=10^{-5} \times 10^{-2} \times 86400 = 8.64 \times 10^{-3}$m/day

$Q=8.64 \times 10^{-3} \times 1.5 \times 1 = 0.013$m^3/day/m

(2)孔隙水壓與有效應力計算

粉土層底部孔隙水壓力 $u_w = 9 \times 1 = 9$t/m^2

粉土層總底部總應力

$\sigma = 1.68 \times 1.5 + 1.92 \times 1.5 + 1.76 \times 3 = 10.68$t/m^2

粉土層底部有效應力 $\sigma' = \sigma - u_w = 1.68$t/m^2

(3)湧起現象產生時 h 值計算

粉土層底部 $\sigma'=0$ 時產生湧起現象，此時

$u_w = 10.68$t/m^2

亦即 $h=10.68$m 時會發生湧起現象。 ◆

試題 4.12

在一飽和單位為 112ℓb/ft³ 之黏土層中，作一大露面開挖。在未開挖前，由鑽探資料顯示；離地面 40ft 處有一緊密砂層，而地下水位可上升至離地表面 15ft 處。試求出產生砂湧與挖坑底面發現開裂現象之開挖臨界深度。

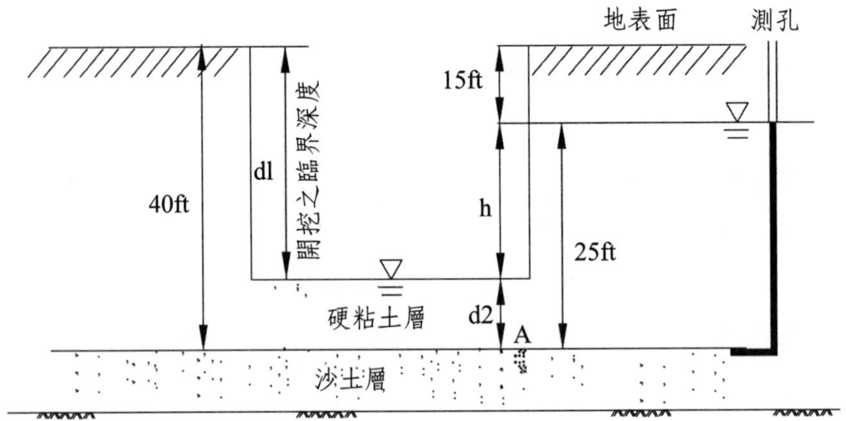

解：

⑴開挖坑內之地下水位需抽乾，計算此時在 A 點的有效應 σ'

$\sigma = 112 \times d_2 = 112 d_2 \ell b/ft^2$

$u_w = 25 \times 62.4 = 1560 \ell b/ft^2$

$\sigma' = \sigma - u_w = (112 \times d_2 - 1560) \ell b/ft^2$

⑵發生砂湧現象的臨界條件（即破壞平衡系統）為 A 點的有效應力 $\sigma' = 0$，故得：

$112 d_2 - 1560 = 0$，

$d_2 = \dfrac{1560}{112} = 13.9ft$

⑶臨界開挖深度　$d_1 = 40 - d_2 = 40 - 13.93 = 26.07ft$ ◆

例題 4.13

如圖所示之鋼鈑樁貫入一透水層6m深。在鋼鈑樁之一側的水位為10m，且繼續不斷的經過透水層向一側排水。若在下游面有一$w=3^m$，$d=6^m$，$t=30$cm 之土塊，在此滲流壓力下是否穩定？假設該土塊飽和單位重$\gamma_{sat}=17.5$KN/m^{3}和水之單位重$\gamma_w=9.81$KN/m^3

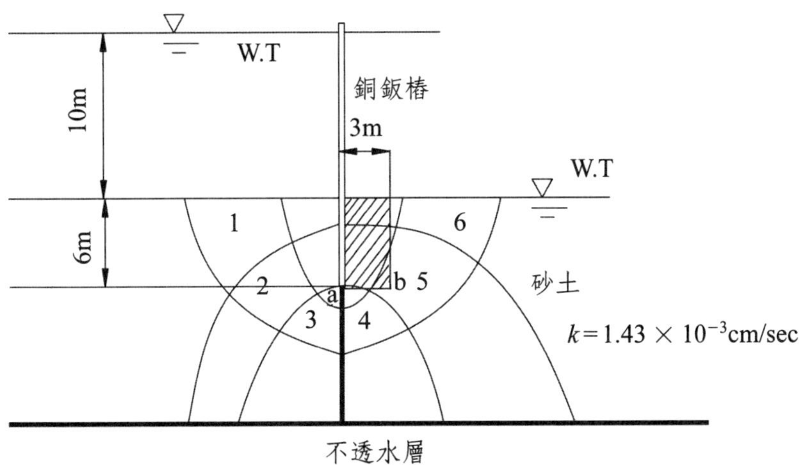

解：

檢查打斜線部份 3m × 6m 之土塊其所受之力：

$$W'=3\times 6\times(17.5-9.81)=138.42\text{KN/m}$$

$$P_a=\frac{3}{6}(10)\times 9.81=49.05\text{KN/m}^2$$

$$P_b=\frac{1.6}{6}(10)\times 9.81=26.16\text{KN/m}^2$$

$$U=\frac{1}{2}(P_a+P_b)\times 3=112.82\text{KN/m}$$

$$FS=\frac{W'}{U}=\frac{138.42}{112.82}=1\ (\text{O.K})$$

◆

試題 4.14

孔隙比 $e=0.65$，土粒比重 $G_s=2.65$，濕砂飽和度 30%，試求：

⑴黏土面上有效應力。

⑵水面降低 5m，求黏土面上有效應力之變化。

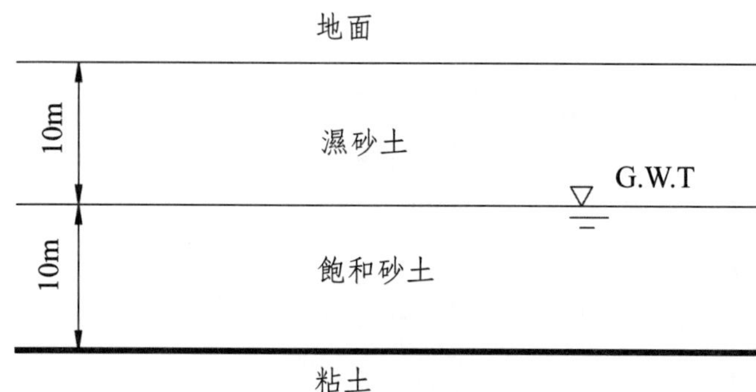

解：

⑴濕砂單位重 γ_w，$w=\dfrac{S\times e}{G_s}=\dfrac{0.3\times 0.65}{2.65}=0.074$

$$\gamma_w=\gamma_s\left(\frac{1+w}{1+e}\right)=2.65\times\frac{1+0.074}{1+0.65}=\frac{1}{72}\text{t/m}^3$$

飽和砂單位重 γ_{sat}，$w=\dfrac{S\times e}{G_s}=\dfrac{1.0\times 0.65}{2.65}=0.245$

$$\gamma_{sat}=\gamma_s\left(\frac{1+w}{1+e}\right)=2.65\times\frac{1+0.245}{1+0.65}=2.0\text{t/m}^3$$

黏土面之有效應力 σ'

$$\sigma'=\gamma_m h_1+(\gamma_{sat}-\gamma_w)h_2$$

$$=1.72\times 10+(2.0-1.0)\times 10=27.2\text{t/m}^2$$

⑵水面降低 5m 時，假設水面以上濕砂飽和度均為 30%，

$$\sigma_2'=\gamma_m h_1+(\gamma_{sat}-\gamma_w)h_2$$

$$=1.72\times 15+(2.0-1.0)\times 5=30.8\text{t/m}^2$$

有效應力變化 $\Delta\sigma'$

$\Delta\sigma' = \sigma_2' - \sigma_1' = 30.8 - 27.2 = 3.6\text{t/m}^2$ ◆

例題 4.15

試述：

⑴土層中經由靜力作用引致之液化現象。

⑵土層中經由動力作用引致之液化現象。

⑶基礎工程中欲防止液化現象之產生。一般採用之方法及原理。

解：

⑴對於土層中，當靜力之載重作用之下，其作用之速率大於無凝聚性土壤透水速率時，可假設此土層為不排水現象，因此其在承受剪力變化時所激發超額孔隙水壓升高，而使有效圍壓應力降低至最小或零而產生連續性之變形狀態，是為液化。

⑵對於無凝聚性土壤在地震力或爆炸力等動力的作用下，當所激發之超額孔隙水壓升高至使有效應力降為零或極小時，所產生的連續變形狀態稱為液化。如震動強度越大（0.13g 以上）震動時間越長（超過 90 秒）則液化的可能性愈高。

⑶在基礎工程中為防止液化的可能性採用的方法及原理如下

(a)經驗或半經驗分析法：

根據過去地層觀測資料，以標準貫入試驗 N 值為依據劃分出發生液態化與未發生液態化現象之範圍界限，但此法未將震動持續時間，排水範圍或地下水之因素考慮在內。

(b)試驗分析法：

此乃計算現場應力狀況與試驗室中決定土壤試驗體而導致液化時之應力情況作比較。

減少液化可能採用方法：

1. 增加土壤相對密度：在淺層用震動夯實，深層則採用浮震法。
2. 降低地下水位：降低飽和度，以減少液化之可能性。
3. 改善排水條件：儘快使震動所激發之超額孔隙水壓消散，而不致引起高孔隙水壓。
4. 預壓：乃增加土壤之過壓密比，而減少液化之程度及可能性。
5. 為避免靜力載重所造成之液化，可埋設水壓計於預定填土路段以控制填土方速率以免過快填方導致之液化。 ◆

試題 4.16

某處土層經鑽探結果記錄如下：表面下層厚 5m 為砂礫層 ($\gamma_g = 1.6$ t/m^3) 次層 3.5m 為砂質黏土層 ($\gamma_c = 1.9$t/m^3)，再次層厚 4.5m，為礫石層 ($\gamma_g = 1.9$t/m^3) 以下為不透水岩石層。地下水位在黏土層頂面齊平，試繪出：

(1)總應力：有效應力與孔隙壓力隨各層深度變化的曲線。

(2)若地表面上載有超載重 100t/m^2 時，問各層深度變化的曲線將起何種改變。

解：

(1)未加超載前：

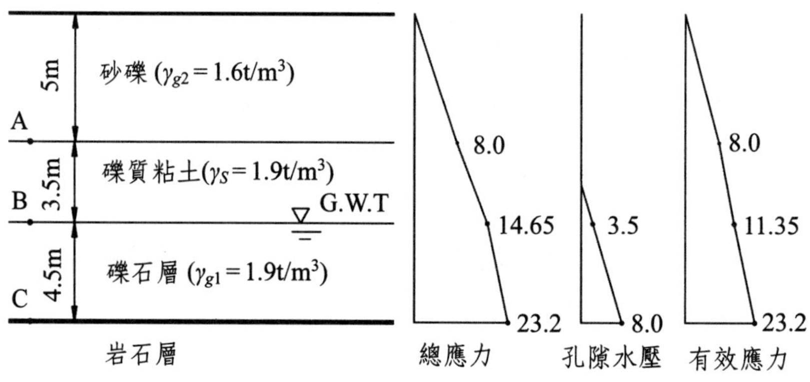

(2)(a)超載加上初期：

由於超額孔隙水壓未消散，所增加皆為孔隙水壓。

(b)超載加上後很久，此時外力激發之超額孔水壓已消散，載重皆為土粒所承受，增加者為總應力及有效應力。

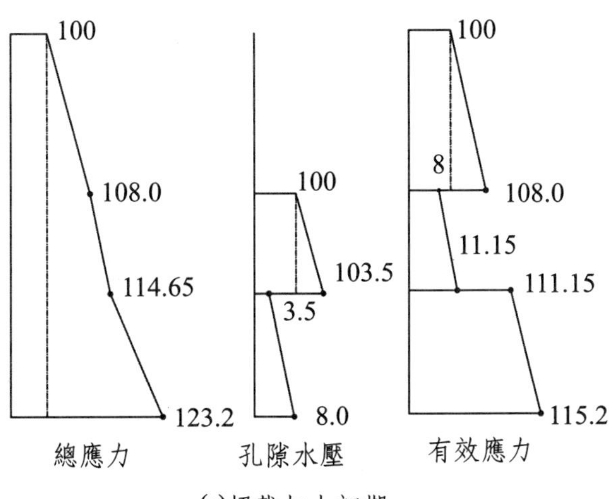

(a)超載加上初期

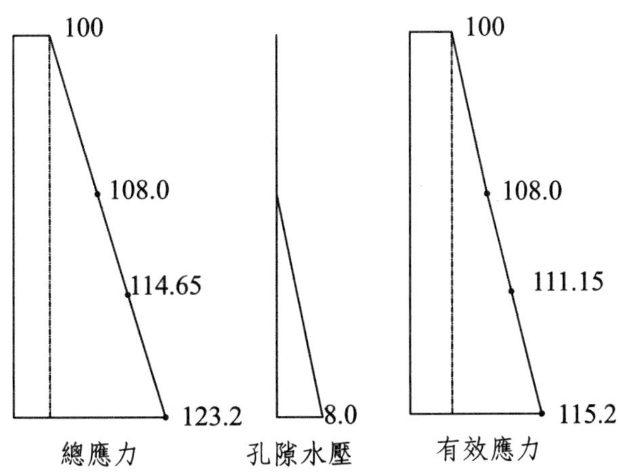

(b)超載加上後很久

試題 4.17

如下圖所示，黏土層位於二砂土層之間，下層的砂土層承受井水壓力，試求：

⑴黏土層每天的滲流量（單位以 $m^3/day/m^2$）

⑵黏土層底部的有效壓力及孔隙壓力。

⑶如圖中的 H 等於多少時會發生流砂現象。

性質 ＼ 土樣	砂土	粘土
γ_{sat}	1.95tons/m^3	1.81tons/m^3
γ_d	1.83tons/m^3	1.60tons/m^3
k	10^{-3}cm/sec	10^{-6}cm/sec

解：

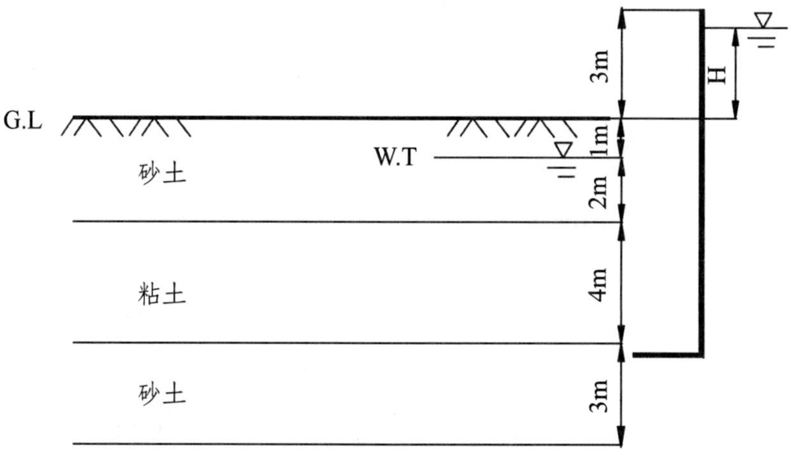

⑴黏土層中頂面與底面的水頭差$\Delta H=4$m

滲流距$L=4$m　∴水力坡降$i=\dfrac{\Delta H}{L}=\dfrac{4}{4}=1$

黏土：$k=10^{-6}\text{cm/sec}=10^{-8}\text{m/sec}$

$=10^{-8}\times 24\times 60\times 60=8.64\times 10^{-4}\text{m/day}$

∴每天，每 m² 底面積之滲流量為：

$Q=A\times k\times i\times t=1\times 8.64\times 10^{-4}\times 1\times 1=8.64\times 10^{-4}(\text{m}^3)$

(2)黏土層底部之孔隙水壓力為 $H_a\times\gamma_W=10^m\times 10\text{t/m}^3=10\text{t/m}^2$

總應力為 $=1.0\times 1.83+2\times 1.95+4\times 1.81=12.97\text{t/m}^2$

故有效應力為 $12.97-10=2.97\text{t/m}^2$

(3)設 H 高時發生流砂現象，則此時黏土層下方與砂層之交界面有效應力 $=0$

$\therefore 12.97-H_b\gamma_W=0$，$H_b=12.97\text{m}$，$\Rightarrow H=12.97-3-4=5.97\text{m}$ ◆

試題 4.18

二種土壤放在定水頭滲透管中，其比重及孔隙比分別為 $G_{s1}=2.65$，$G_{s2}=2.69$，$e_1=0.60$，$e_2=0.69$；當水流向上流過土壤(1)時，有 25%水頭損失，試求臨界水力坡降及此時之全部水頭損失。

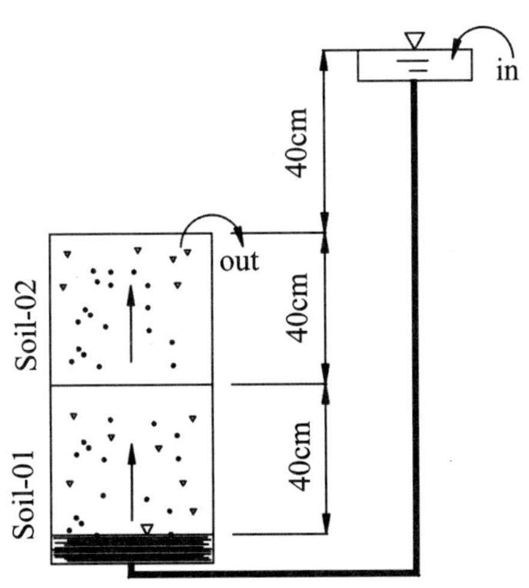

解：

此二種土壤之水力坡降分別為：

$$i_1=\frac{h_1}{L_1}=\frac{0.25\times 40}{40}=0.25，i_2=\frac{h_2}{L_2}=\frac{0.75\times 40}{40}=0.75$$

土壤(2)之 i_2 為土壤(1)之三倍，故土壤(2)先到達不穩定狀態臨界水力坡降

$$i_c=\frac{\gamma_{sub}}{\gamma_w}=\frac{\gamma_{sat}-\gamma_w}{\gamma_w}，$$

$$\gamma_{sat}=\frac{G_s+e}{e+1}\gamma_w，i_c=\frac{G_s-1}{1+e}=1.0=i_{e2}$$

此水頭損失僅為全部損失之 75%，故全部水頭損失

$$h_c=\frac{h_{c2}(i_1+i_2)}{i_2}=\frac{40(1.0)}{0.75}=53.3\text{cm}$$

◆

試題 4.19

有一沉泥值土層位於厚層卵礫石層上，其土層厚度為 7m，此處之地下水位於地表下 1m，此沉泥質土層內開挖至 5m，並將滲入開挖面之地下水予以收集排出，而使土壤之滲流達到穩態流狀況 (Steady State)，求開挖底部殘餘 2m 沉泥質土內之水力坡降，假設飽和沉泥質土 $\gamma_{sat}=1.93\text{g/cm}^2$，開挖底面之土層是否會有湧擠現象 (blow-in) 問題？

解：

(1)如下圖所示，開挖底部水力坡降 i

$$i=\frac{h}{L}=\frac{5-1}{2}=2$$

(2)開挖底面之土層擠入分析

上浮力 $U=H_b\times\gamma_w=6\times 1\text{t/m}$

土體重 $W=\gamma_{sat}\times d=1.93\times 2=3.86\text{t/m}$

安全係數 $F.S=\dfrac{W}{U}=\dfrac{3.86}{6}=0.64<1.0$ (N.G.)

安全係數太低，故會發生湧擠現象，使土壤隆起。

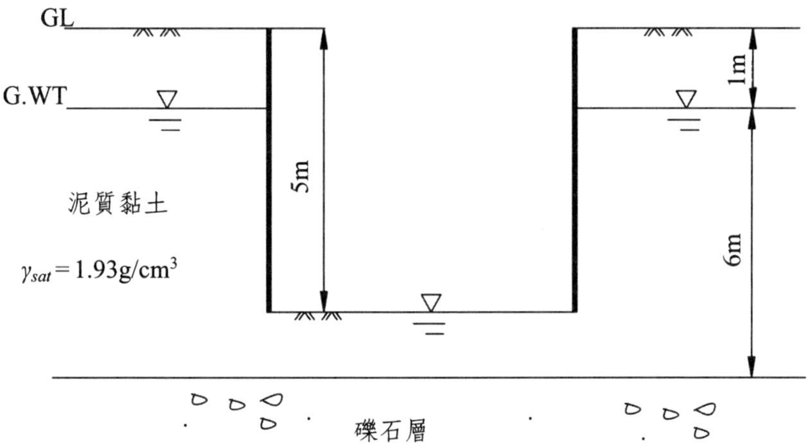

◆

chapter 5

土壤之壓密與沉陷

5.1 土壤的壓縮性

土壤為非剛性體，故承受結構物或其他載重後，必產生若干的沉陷，這些沉陷有的可以再恢復，有的則不能再恢復。對於同一載重，黏土所產生的沉陷量比砂土要大得多。砂土在載重的短時間內，已產生大部份的沉陷；黏土，尤其是飽和黏土在承受載重後短時間內幾乎不產生沉陷，隨後經過一段長時間，沉陷才逐漸完成，有的沉陷要經過三、五年甚至十年才逐漸緩和下來。

沉陷的型式可區分為三類：

⑴立即沉陷 (Immediate settlement, DHi)：

土壤在含水量不變的情況下（未排水）產生之彈性變形，一般以利用彈性理論推導得之方程式來估算。

⑵主要壓密沉陷 (Primary consolidation settlement DHc)：

飽和凝聚性土壤中之孔隙水被排出所引致的。

⑶次要壓密沉陷 (secondary consolidation settlement DHs)

又稱二次壓密沉陷，為飽和凝聚性土壤主要壓密沉陷完成後，在有效應力不變的情況下，土壤組織結構重新調整排列所致，屬排水潛變，沉陷量和時間有關。無機黏土之次要壓密沉陷較主要密陷量小許多有機質土壤，常會有很大的次要壓密沉陷。

總沉陷量 $DHt = \Delta H_i + \Delta H_c + \Delta H_s$

黏土因滲透係數很小，即超額孔隙水壓消散，主要壓密需要相當久的時間一般黏土之主要壓密沉陷較立即沉陷要大好幾倍粒狀土壤排水容易，因荷重瞬間激發之超額孔隙水壓可在很短的時間內消散完畢，產生之沉陷不易和彈性沉陷分別清楚粒狀土壤因超額孔隙水壓消散所產生之沉陷及土壤的彈性沉陷皆視為立即沉陷，直接用立即沉陷的計算法決定，而不考慮成和時間有關。

5.2 壓密的原理及觀念

基礎下方之土壤受到環境因素改變時，可能產生壓縮或顆粒移動現象而使基礎產生沉陷，沉陷量過大者將影響建築物之使用機能與美觀，甚至產生結構損壞，於基礎設計時應特別考量沉陷之問題，尤其對位於軟弱地盤上之基礎。

(a)壓縮 (Compression)

土壤受外力作用，體積發生變化的現象，稱為壓縮。土壤的壓縮，主要係由於孔隙體積減小之故。

當土壤受外力作用增加時，體積發生變化可分為三種：

⑴由於土粒的壓縮。

⑵由於孔隙水的壓縮。

⑶由於孔隙水排出，土粒重新排列，孔隙比減小。

一般土壤受壓縮作用時，⑴⑵項所產生的體積減小量與第⑶項比較，顯然小得很多，可略而不計。

(b)壓密 (Consolidation)

飽和土壤受外加壓力時，若孔隙水不能向外排出，則外加壓力全部由孔隙水承擔，此由於壓力作用所產生的水壓力稱為超額孔隙壓力 (Excess pore Pressure)。土壤若容許向外排水時，孔隙水受水力坡降而向外流動，超額孔隙壓力逐漸消散 (Dissipation)，土壤的壓縮量逐漸增大，這種土壤體積逐漸縮小的過程，稱為壓密 (Consolidation)。

壓密理論及試驗

土壤壓密的理論，首先於西元1925年由Terzaghi提出故稱為Tezaghi單向度壓密理論。

所謂單向度壓密即土粒僅在垂直方向發生變形。若土粒在垂直方向及側面各方向發生變形者，則稱為三向度壓密，或稱三維壓密。

Terzaghi 單向度壓密理論之基本假設如下：

⑴土壤為均質。

⑵土壤的壓縮和水分的排出都是單向度的。

⑶適用達西定律 (Darcy Law)。

⑷水和土粒均不可壓縮。

⑸土壤為完全飽和者。

⑹滲透係數及土壤壓縮係數不因土壤體積的變化而改變。

⑺微小土塊與實際地盤之作用相同。

Terzaghi 所使用的單向度壓密模型如下圖所示：

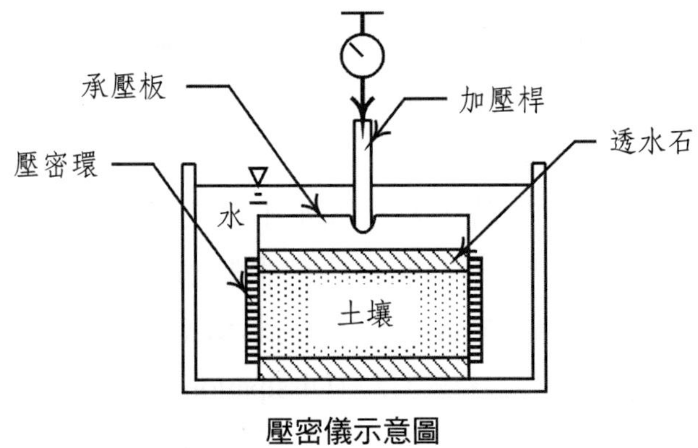

壓密儀示意圖

5.3 壓縮與沉陷

⑴孔隙比對有效應力曲線

將壓密試驗所得之結果以孔隙比 e 為縱座標，有效應力 σ' 的對數值為橫座標，繪製孔隙比一載重曲線，如圖所示。壓力先由 A 點增至 B 點，解壓後至 C 點，再重壓至 D 點。

⑵原始壓密曲線

載重大於預壓密應力之壓密曲線部份謂之。如圖之 B-D 部份。

⑶解壓曲線

B-C 段有效壓力逐漸減少，稱為解壓曲線 (Decompression Curve)

⑷重壓曲線（或稱再壓曲線）

C-D 段為壓力降至零後，復行加壓的曲線，稱為重壓曲線

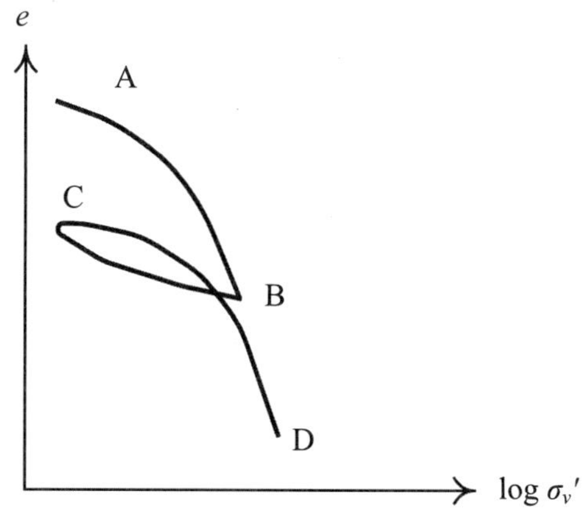

典型的 log σ'_v 與 e 之關係圖

⑸滯後匝線

解壓曲線 B-C 和重壓曲線 C-D 所圍成的匝線，稱為滯後匝線

⑹現場壓縮曲線（試體擾動對壓縮曲線的影響）

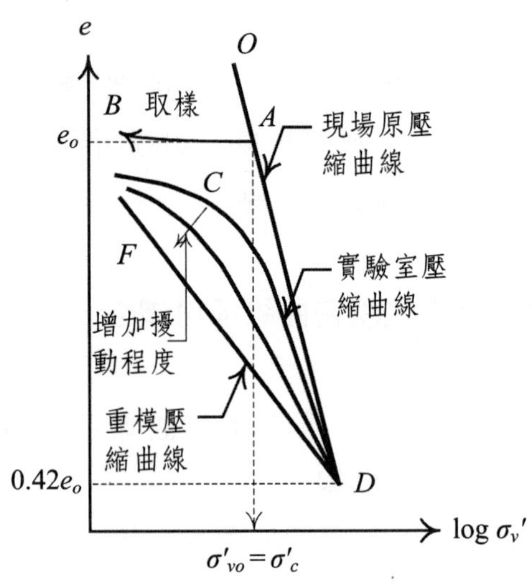

擾動對壓縮曲線的影響

⑺壓縮指數 C_c (Compression Index)

孔隙比載重曲線 ($e-\log\sigma'$) 之原始壓密曲線幾乎一直線，其孔隙比可以下式表示：

$$e=e_o-C_c\log_{10}\left(\frac{\sigma_a+\Delta\sigma}{\sigma_o}\right)$$

e_o＝在有效應力 σ_o 下之孔隙比

e＝在有效應力 $\sigma_o+\Delta\sigma$ 下之孔隙比

C_c＝稱為壓縮指數，即為孔隙比載重曲線之斜率

$$C_c=\frac{d\times e}{d(\log_{10}\sigma')}=\frac{e_o-e}{\log(\sigma_o+\Delta\sigma)-\log\sigma_o}$$

⑻回脹指數 C_s =(Swelling Index)（或稱鼓脹指數）

解壓曲線接近於一直線，當壓力由 σ_p 減至 $\sigma_p-\Delta\sigma$ 時孔隙比由 e_1 增至 e，直線可以下式表示：

$$e=e_1+C_s\times\log_{10}\left(\frac{\sigma_p}{\sigma_p-\Delta\sigma}\right)$$

C_s = 回脹指數，為測定壓力減少後，體積膨脹之用。

⑼壓縮性係數 a_v (Coefficient of Compressibility)

壓密試驗後，繪製孔隙比 e 對有效應力 σ' 曲線（e-σ' 曲線），於任意瞬間孔隙比變化對有效應力變化之比值，稱壓縮性係數，可以下式表示：$a_v=\dfrac{\Delta e}{\Delta\sigma'}$

⑽體積壓縮性係數 m_v

單位體積時，單位有效應力變化所產生之體積變化量，稱為體積壓縮性係數，可以下式表示：

$$m_v=\frac{\left(\dfrac{\Delta V}{V}\right)}{\Delta\sigma'}，\because\frac{\Delta V}{V}=\frac{\Delta H}{H}\quad\therefore m_v=\frac{\left(\dfrac{\Delta H}{H}\right)}{\Delta\sigma'}，\Delta H=m_v\times H\times\Delta\sigma'，$$

$$\Delta H=m_v\times H\times\Delta\sigma'$$

$$\because\frac{\Delta V}{V}=\frac{\Delta e}{1+e_o}\quad\therefore m_v=\frac{\left(\dfrac{\Delta V}{V}\right)}{\Delta\sigma'}=\frac{\Delta e}{\Delta\sigma'}\times\frac{1}{1+e_o}=\frac{a_v}{1+e_o}$$

⑾壓密係數 C_v (Coefficient of Consolidation)

壓密係數為壓密基本方程式中所出現之常數，以下式表示：

$$C_v=\frac{k}{\gamma_w\times m_v}=\frac{k(1+e)}{\gamma_w\times a_v}$$，k 為土壤滲透性係數

5.3.1 土壤沉陷量計算

下圖所示為地面下可壓縮性土壤厚度H，原孔隙比 e_o，支承壓力後高度變化為 ΔH 孔隙比變化為 Δe 則

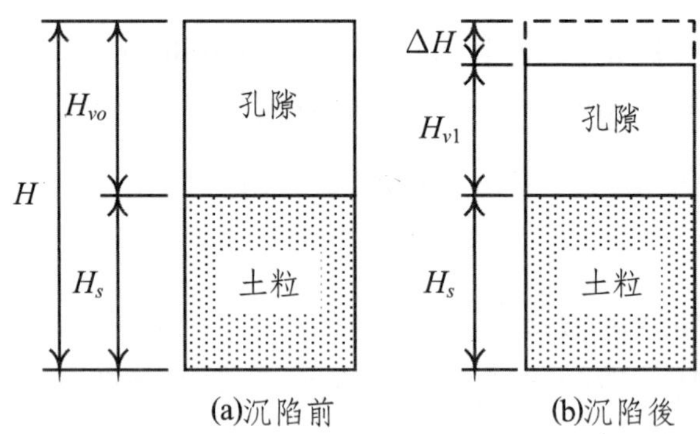

計算沉陷量之土壤相態圖

$$\frac{\Delta H}{H}=\frac{\Delta e}{1+e_o}=\frac{e_o-e}{1+e_o}，\Delta H=H\times\left(\frac{e_o-e}{1+e_o}\right)$$

$$\because \Delta e=C_c\times\log\left(\frac{e_o+\Delta e}{\sigma_v}\right)，\therefore \Delta H=H\times\left(\frac{C_c}{1+e_o}\right)\times\log\left(\frac{\sigma_o+\Delta\sigma}{\sigma_o}\right)$$

(a)原狀土壤壓縮指數 C_c 值依 Tezaghi and Peck (1967) 經驗式

$C_c=0.009\,(L.L-10)$L.L 為液性限度

(b)若為重塑土壤，則其壓縮指數 $C_c=0.007\,(L.L-10)$

(c)回脹指數 $C_c=\left(\frac{1}{5}\sim\frac{1}{10}\right)\times C_c$

5.3.2 正常壓密土壤、預壓密土壤與壓密中土壤

(a)預壓密土壤 (Preconsolidated Soil) = σ'_c

指土壤曾經承受過之最大覆土壓力。

例如土層上層土壤被移去或受沖刷作用，則其下層土壤即形成預壓密土壤，而此最大之覆土壓力則稱預壓密壓力 (Preconsolidation Pressure)。

(b)正常壓密土壤 (Normally Consolidated Soil) = σ'_{no}

指土壤本身現在所承受的有效壓力 $\sigma'_{no} = \sigma'_c$。

(c)過壓密土壤 (Overconsolidated Soil)

指目前之土壤覆土壓力 $\sigma'_{no} < \sigma'_c$。

預壓密壓力與目前有效覆土壓力之比，稱為過壓密比 (Over Consolidation Ratio) 以 O.C.R 表示。

(d)壓密中土壤 (Underconsolidated Soil)

係指在覆土壓力下之土壤，其壓密作用正在進行，但尚未完成。

(e)過壓密比 (overconsolidation ratio, OCR)：

$$OCR = \frac{\sigma'_c}{\sigma'_{vo}}$$

正常壓密黏土 OCR = 1。

過壓密黏土 OCR > 1。

5.3.3 預壓密壓力的求法

依 Casagrande 氏所提供如下：

(a)下圖為孔隙比載重曲線。先定半徑最小之點 a。

(b)自 a 點繪三直線，ab 為水平線，ac 為 a 點切線，ad 為角 bac 之分角線。

(c)$e-\log\sigma'$ 曲線下半段略成直線，延長與 ad 交於 e 點。

(d)e 點之橫座標 σ_c' 即為其預壓密壓力。

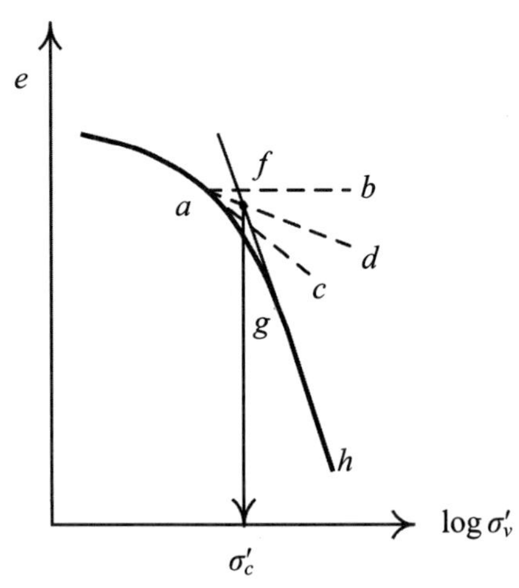

預壓密壓力之圖解法

試題 5.1

由黏土層中央取一土樣進行單向度壓密試驗，已知黏土層厚 5m，初始孔隙比為 1.1，平均有效覆土應力為 20.5kN/m^2，當在地表加載載重 40kN/m^2，壓密完成後孔隙比變為 1.044，則加載後造成之主要壓密沉陷為何？

解：

1.計算孔隙比減少量　$\Delta e=1.1-1.044=0.056$

2.計算主要壓密沉陷量

$$\Delta H=\frac{\Delta e}{1+e_o}\times H=\frac{0.056}{1+1.1}\times(5\times 100)=13.3\text{cm}$$ ◆

試題 5.2

如下圖所示之土層，若因工程需要，須將地下水位下降 10m，假設水位下降後，在地下水位以上之砂土為乾砂，單位重為 17.5kN/m^2，若黏土層為正常壓密黏土，初始孔隙比為 1.0，壓縮指數為 0.4，則抽水引致黏土層之主要壓密沉陷為何？

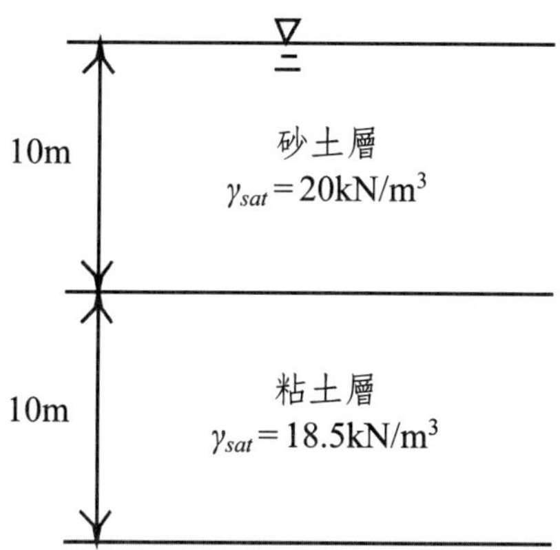

解：

1. 計算黏土層中心點之平均有效覆土應力

抽水前：$\sigma_o'=(20-9.81)\times 10+(18.5-9.81)\times 5=145.35\text{kN/m}^2$

抽水後：

$$\sigma_o'+\Delta\sigma=17.5\times 5+(20-9.81)\times 5+(18.5-9.81)\times 5=181.9\text{kN/m}^2$$

2. 計算主要壓密沉陷量

$$\Delta H=\frac{C_c}{1+e_o}\times H\times\log\left(\frac{\sigma_o'+\Delta\sigma}{\sigma_o'}\right)$$

$$=\frac{0.4}{1+1.0}\times(10\times 1000)\log\left(\frac{181.9}{145.35}\right)=19.5\text{cm}$$ ◆

試題 5.3

有一黏土層厚 6m，其上為 4m 厚之砂土層，地下水位在地表下 2m 處，黏土之預壓密壓力為 160kN/m²，含水量＝25%，液性限度 $LL=30$，回脹指數 (swell index) $Cs=0.1Cc$，（Cc 為壓縮指數），若地表有一外加載重 $q=160\text{kN/m}^2$，則此黏土將產生多少壓密沉陷（僅考慮主要壓密）？

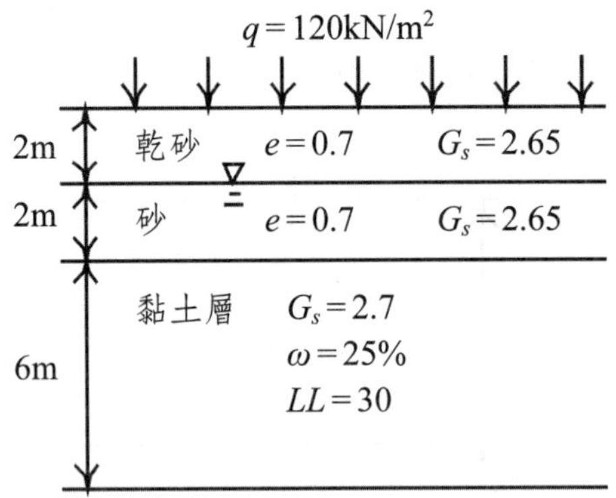

解：

1. 計算各土層之單位重

乾砂 $\gamma_d=\dfrac{G_s\times\gamma_w}{1+e}=\dfrac{2.65\times 9.81}{1+0.7}=15.3\text{kN/m}^3$

飽和砂 $\gamma_{sat}=\dfrac{G_s+e}{1+e}\times\gamma_w=\dfrac{2.65\times 0.7}{1+0.7}\times 9.81=19.3\text{kN/m}^3$

黏土層 $\gamma_{sat}=\dfrac{1+\varpi}{1+G_s\times\varpi}\times G_s\times\gamma_w$

$=\dfrac{1+0.25}{1+2.65\times 0.25}\times 2.7\times 9.81=19.8\text{kN/m}^3$

2. 初始孔隙比 $e_o=\varpi\times G_s=0.25\times 2.7=0.675$

3. 載重前黏土層中心點之平均有效應力

$\sigma_o'=(15.3\times 2)+(19.3-9.81)\times 2+(19.8-9.81)\times 3=79.5\text{kN/m}^2$

4. 載重後黏土層中心點之平均有效應力

$\sigma_o' + q = 79.5 + 120 + = 199.5\text{kN/m}^2 > 160\text{kN/m}^2$（過壓密黏土）

5.計算主要壓密沉陷

$C_c = 0.009\ (L.L - 10) = 0.18$

$C_s = 0.1C_c = 0.018$

$$\Delta H = \frac{G_s}{1+e_o} \times H \times \log\left(\frac{\sigma_c'}{\sigma_o'}\right) + \frac{G_e}{1+e_o} \times H \times \log\left(\frac{\sigma_0' + \Delta\sigma}{\sigma_c'}\right)$$

$$= \frac{0.018}{1+0.675} \times (6 \times 100) \times \log\left(\frac{160}{79.5}\right) + \frac{0.18}{1+0.675} \times (6 \times 100)$$

$$\times \log\left(\frac{199.5}{160}\right) = 8.1\text{cm}$$

◆

5.4 壓密速率

黏土未被壓縮前，孔隙中之水份因深度變化所產生之壓力係靜水壓力，產生超額孔隙壓力，使水向外滲流，此種作用類似 Terzaghi 單向度壓密模型，土粒似彈簧作用，孔隙水似圓筒中所裝滿的水，最初由水支承外加壓力，當水向外排出時，土粒始向外支承外加壓力。

5.4.1 Terzaghi 的單向度壓密理論的基本假設

⑴壓密土層為飽和的且均質的。

⑵土顆粒及水的壓縮性可忽略，土壤的壓縮是由於孔隙水被排出。

⑶土層中的水流是單向度的（在壓縮方向）。

⑷達西定律適用。

⑸在壓密的過程中，滲透係數 k 及壓縮係數 av 為常數。

Terzaghi 單向度壓密理論偏微分方程式：

土壤單元之孔隙水流出之流量與流入之流量的差等於土壤單元之

體積變化率 $\frac{\partial u}{\partial t}=C_v \times \frac{\partial^2 u}{\partial z^2}$

u：超額孔隙水壓

t：時間

z：深度

Cv：壓密係數 (coefficient of consolidation)$C_v=\frac{k}{\gamma_w \times m_v}$

K：為滲透係數

m_v：體積壓縮係數

5.4.2 壓密變型和時間之關係

⑴壓密度 (Degree of Consalidation)

係指外加壓力為土粒所支承的百分比，可以某時間之沉陷量Δ與可能產生之總沉陷量Δ∞之百分比表示之。

⑵壓密度與時間因素

飽和砂土因滲透係係數大，水份能迅速排出，故能在短時間內完成壓密作用；黏土被壓縮時，沉陷緩慢，欲達成 90%以上壓密度須經一段很長時間。

⑴滲透性係數 $=k$

⑵土層厚度 $=H$

⑶透水層數 $=n$

⑷壓縮係數 $=a_v$

⑸孔隙比 $=e$

⑹壓力作用時間 $=t$

⑺水單位重 γ_w

(8) $U = f\left[\dfrac{t \times (1+e) \times k}{\left(\dfrac{H}{n}\right)^2 \times \gamma_w \times a_v}\right] = f \times \left[\dfrac{t \times c_v}{\left(\dfrac{H}{n}\right)}\right]$

(9) $C_v = \dfrac{k(1+e)}{\gamma_w \times a_v} = \dfrac{k}{\gamma_w \times m_v}$

(10) $T_v = \dfrac{t \times (1+e) \times k}{\left(\dfrac{H}{n}\right)^2 \times \gamma_w \times a_v} = \dfrac{c_v \times t}{\left(\dfrac{H}{n}\right)^2}$

T_v = 時間因素 (Time Factor) Casagrande (1938) 與 Taylor (1948) 建議下列近似式求得 T_v

(1)當 $U \leq 60\%$，$T_v = \dfrac{\pi}{4} \times U^2$

(2)當 $U > 60\%$，$T_v = 1.781 - 0.993 \times \log(100 - U)$

由經驗得知，壓密度 U 與時間因素 T_v 之關係如表下表所示。

壓密度	時間因素 T_v		
U%	情況 1	情況 2	情況 3
10	0.008	0.003	0.047
20	0.031	0.009	0.100
30	0.071	0.024	0.158
40	0.126	0.048	0.221
50	0.197	0.092	0.294
60	0.287	0.160	0.383
70	0.403	0.271	0.500
80	0.567	0.440	0.665
90	0.848	0.720	0.940
100	∞		

說明：當雙面排水時（情況 1），排水路徑之長度為土層厚度之 1/2

5.4.3 壓密試驗與壓密係數

壓密試驗的目的之一是在求壓密係數 C_v，C_v 的求法有二種，

⑴平方根時間調整法

此法為Taylor氏所提供，係以各級載重所測定之沉線讀數 d 為縱座標，時間 t (min) 之平方根 $\sqrt{t}$ 為橫座標，繪 $d \sim \sqrt{t}$ 曲線，當 $t=0$ 時，測微錶讀數 d_s，稱為初期改正，係由圖上略成直線部份之延長線和縱軸之交點，亦即加上接觸壓力 0.05kg 後之讀數。加接觸壓力前之讀數為 d_o。以讀數 d_s 為起點，作一直線，其斜線為原直線之 1.15 倍，交曲線於一點，此點讀數為 d_{90}，為 90%壓密度之點，其時間以 t_{90} 表示之。可利用比例求之。

$$\frac{d_{100}-d_s}{d_{90}-d_s}=\frac{10}{9}\text{，}d_{100}=\frac{10}{9}(d_{90}-d_s)+d_s$$

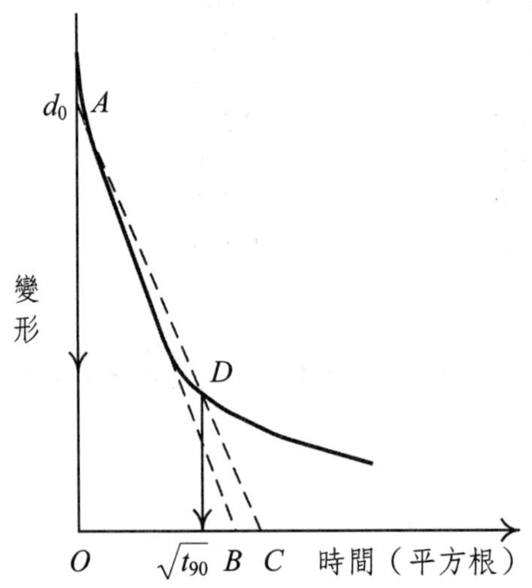

平方根時間調整法決定壓密係數

壓密係數 C_v 可由下式求之，$T=\dfrac{C_v \times t}{{H_{dr}}^2}$

由上表，當 $U=90\%$時，$T=0.848$（兩邊排水），$\therefore C_v=\dfrac{0.848 \times {H_{dr}}^2}{t_{90}}$

⑵對數時間調整法

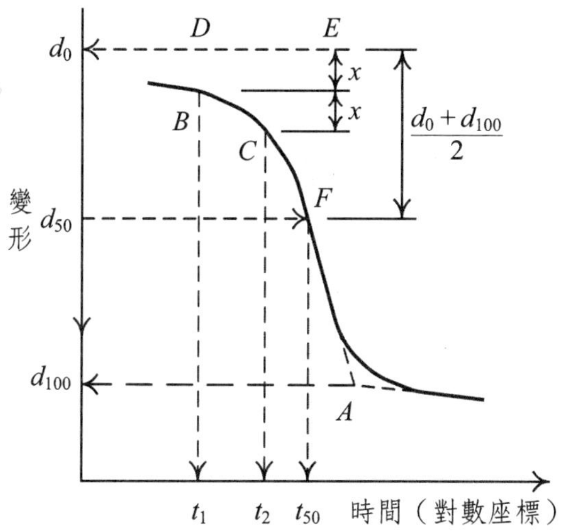

對數時間調整法決定壓密係數

當 $U=50\%$時，

$$T=0.197，C_v=\frac{0.197 \times {H_{dr}}^2}{t_{50}}$$

5.4.4 結論

⑴已知土壤之 C_v 及最終沉陷量 ΔH，欲求時間 t 時土層之 U 或產生之壓密沉陷量 ΔH_t

(a)利用 t 決定時間因素 $T=\dfrac{C_v \times t}{{H_{dr}}^2}$

(b)根據土壤平均壓密度 U 的定義，計算 $\Delta H_t = U \times \Delta H$

(2)依平方根時間法及對數時間法所得值，並不一定會相同，一般而言，平方根時間法所得 C_v 值較對數時間法所得者高，且以平方根時間法較為通用。

C_v 值求得與現場土壤的真正 C_v 值尚有差距，必須在現場施工加裝監測系統，實際了解現場之孔隙水壓力，以確切把握土壤的壓密速率。

5.5 次要壓縮沉陷計算

主要壓縮主要是由於孔隙水排出使孔隙比減小的結果。

次要壓縮係於超額孔隙水壓完全消失後，主要壓縮完成後而繼續壓縮變形。其發生原因尚未完全明瞭，有下列因素：

(1)顆粒破碎

(2)彈性變形

(3)顆粒間之排列重新調整

(4)土內之流體黏滯性的變化。

(5)塑性流 (Plastic Flow) 的形成因而引起顆粒移動。

次要壓縮沉陷量計算

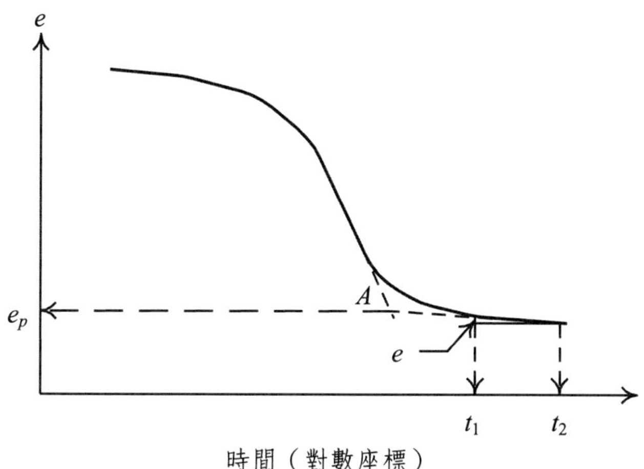

次要壓縮指數之定義

(1) e_p＝主要壓密結束時之孔隙比

(2) C_α＝次要壓縮指數＝$\dfrac{e_1 - e_2}{\log t_2 - \log t_1} = \dfrac{\Delta e}{\log\left(\dfrac{t_2}{t_1}\right)}$

(3)次要壓密沉陷量 DH_s

$$DH_s = \frac{C_\alpha}{1+e_p} \times H \times \log\left(\frac{t_2}{t_1}\right)$$

實際分析時，可以初始孔隙比 e_o 取代 e_p，所得答案差異不大。

試題 5.4

某黏土層厚 5m，上下皆為砂土層，該黏土層受到荷重 5t/m^2，二年後平均壓密度為 50%，該黏土層之透水係數為每年 0.02m (a)該黏土之

壓密係數 *Cv*。(b)該黏土層之體積壓縮係數 *mv*。(c)該黏土之最終沉陷量。(d)該黏土受荷重二年後之沉陷量。

解：

(a-1)$H_{dr}=\dfrac{5}{2}=2.5\text{m}$

(a-2)$C_v=\dfrac{T\times H_{dr}^{\ 2}}{t}=\dfrac{0.197\times 2.5^2}{2}=0.616\text{m}^2/\text{year}$

(b)$m_v=\dfrac{k}{C_v\times\gamma_w}=\dfrac{0.02}{0.616\times 1}=0.0325\text{m}^2/\text{t}$

(c)$\Delta H=m_v\times\Delta\sigma\times H=0.0325\times 5\times 5=0.81\text{m}$

(d)$U=\dfrac{\Delta H_t}{\Delta H}=50\%$，$\therefore\Delta H=0.5\times 0.81=0.405\text{m}$ ◆

試題 5.5

有一可壓縮土層厚 4 公尺，其四年後可達 90%之壓密，沉陷量為 14 公分，若有一相同土層，受相同之荷重，但厚為 40 公尺，試計算此土層在一年及四年之沉陷量。

說明：當壓密度 $U\leq 60\%$，$T=\dfrac{\pi}{4}\times\left(\dfrac{U\%}{100}\right)^2$

當壓密度 $U>60\%$，$T=1.781-0.933\times\log(100-U\%)$

解：

(1) 4m 厚土層，計算 C_v，（假設為雙向排水）

$$C_v=\frac{0.848\times\left(\frac{4}{2}\right)^2}{4}=0.848\text{m}^2/\text{hr}$$

(2) 4m 厚土層之最終主要壓密沉陷量

$$U=90\%=\frac{\Delta H_t}{\Delta H}=\frac{14}{\Delta H}\text{，}\Delta H=15.56\text{cm}$$

⑶ 40m 厚土層之最終主要壓密沉陷量

$$\Delta H = m_v \times \Delta\sigma \times H = 15.56 \times \frac{40}{4} = 155.6\text{cm}$$

⑷計算 40m 厚土層一年之時間因素 T 及壓密度 U_{year}

$$T = \frac{C_v \times t}{{H_{dr}}^2} = \frac{0.848 \times 1}{\left(\frac{40}{2}\right)^2} = 0.00212$$

假設 $U \le 60\%$，$0.0012 = \frac{\pi}{4} \times \left(\frac{U_{4\,year}}{100}\right)^2$

$$U_{4\,year} = 10.4\% < 60\%(\text{ok})$$

⑸計算 40m 厚土層 1 年及 4 年之壓密沉陷量

$$\Delta H_{1\,year} = 5.2\% \times 155.6 = 8.1\text{cm}$$

$$\Delta H_{4\,year} = 10.4\% \times 155.6 = 16.2\text{cm}$$

◆

5.6 工地現場壓縮曲線之應用

工地壓密曲線之應用於土壤沉陷量計算，應注意土壤是正常壓密土壤或過壓密土壤，才決定所使用公式，其說明如下：

（說明：計算土壤主要壓密沉陷時，取土壤層中心點有效應力當作土壤層之平均有效應力。）

5.6.1 主要壓密沉陷量的計算方法：

(a)壓縮係數 $a_v = \frac{\Delta e}{\Delta \sigma} = \frac{e_1 - e_2}{\sigma_2' - \sigma_1'}$

主要壓密沉陷量 $\Delta H = \left(\frac{a_v}{1+e_o} \times \Delta\sigma\right) \times H$

(b)體積壓縮係數 $m_v = \dfrac{\Delta\varepsilon}{\Delta\sigma} = \dfrac{\varepsilon_2 - \varepsilon_1}{\sigma_2' - \sigma_1'} = \dfrac{a_v}{1+e_o}$

主要壓密沉陷 $\Delta H = (m_v \times \Delta\sigma) \times H$

5.6.2 正常壓土壤密沉陷量的計算方法：

(a)壓縮指數 $C_c = \dfrac{\Delta e}{\log(\sigma_{no}' + \Delta\sigma) - \log\sigma_{no}'} = \dfrac{\Delta e}{\log\left(\dfrac{\sigma_{no}' + \Delta\sigma}{\sigma_{no}'}\right)}$

(b)主要壓密沉陷 $\Delta H = \dfrac{C_c}{1+e_o} \times H \times \log\left(\dfrac{\sigma_{no}' + \Delta\sigma}{\sigma_{no}'}\right)$

5.6.3 過壓密沉土壤陷量的計算方法：

(a)回脹指數 $= C_s$

(b)$\sigma_{no}' + \Delta\sigma' \le \sigma_c'$

$$\Delta H = \frac{C_s}{1+e_o} \times H \times \log\left(\frac{\sigma_{no}' + \Delta\sigma}{\sigma_{no}'}\right)$$

(c)$\sigma_{no}' + \Delta\sigma' > \sigma_c'$

$$\Delta H = \frac{C_s}{1+e_o} \times H \times \log\left(\frac{\sigma_c'}{\sigma_{no}'}\right) + \frac{C_c}{1+e_o} \times H \times \log\left(\frac{\sigma_{no}' + \Delta\sigma}{\sigma_c'}\right)$$

試題 5.6

黏土層厚 3.6m，土壤初壓力 5t/m^2，最終壓力 9tons/m^2，黏土比重 2.7，土壤單位重 2tons/m^2，飽和度 100%，壓縮指數 0.3，試求(1)加壓前後之孔隙比(2)求壓密沉陷量。

解：

(1) $C_s = 2.7$，$\gamma_{sat} = 2\text{tons/m}^2$

$\because \gamma_{sat} = \dfrac{G_s + e_o}{1+e_o} \times \gamma_w = \dfrac{2.7+e_o}{1+e_o} \times 1$，$\therefore e_o = 0.7$

加壓後孔隙比變化 $\Delta c = C_c \times \log\left(\dfrac{P_o + \Delta P}{P_O}\right) = 0.3 \times \log\left(\dfrac{9}{5}\right) = 0.077$

(2)壓密沉陷量 $\Delta H = \dfrac{\Delta e}{1+e_o} \times H = \dfrac{0.077}{1+0.7} \times 360 = 16.3\text{cm}$ ◆

試題 5.7

試論

(1)抽地下水對正常壓密黏土層影響及理由

(2)大樓荷重 340kn/m²，開挖至地下 4m，荷重面積 $A = 20\text{m} \times 20\text{m}$，水位在地面下 15m，求該土層之壓密沉陷量？

(3)若同時考慮地下水位下降（由地面下 5m 降至 15m 處）與基礎荷重之作用時，壓縮土層之壓密沉陷量。

解：

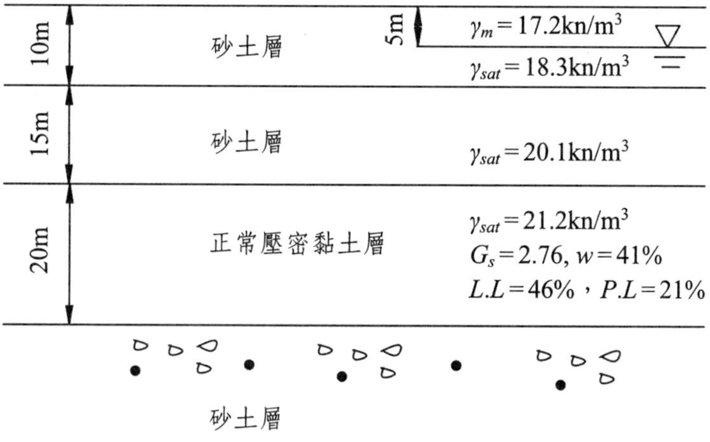

⑴如下圖：因地下水位下降至 15m 時所造成有效應力增量

$\Delta\sigma' = 362.9 - 282.8 = 80.1\text{kN/m}^2$

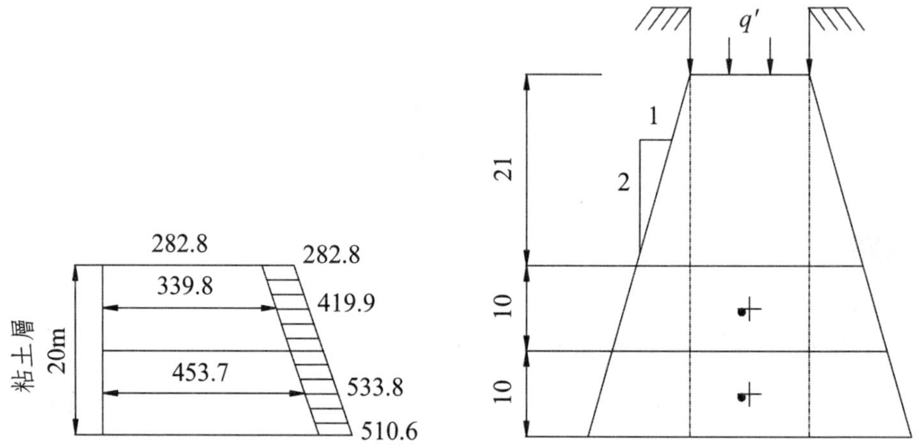

⑵正常壓密黏土層沉陷量計算（分為二層計算）

(a)基礎接觸土層單位壓力 $\sigma' = 340 - 4 \times 17.2 = 271.2\text{kn/m}^3$

(b)第一砂土層土壤壓力 $\Delta\sigma_1 = \dfrac{271.2 \times 20 \times 20}{(20+26) \times (20+26)} = 51.3\text{kN/m}^2$

(c)第二砂土層土壤壓力 $\Delta\sigma_2 = \dfrac{271.2 \times 20 \times 20}{(20+36) \times (20+36)} = 34.6\text{kN/m}^2$

(d) $\sigma_{o1} = 419.9$，$\sigma_{o2} = 533.8$

$$\Delta H = \left[H \times \left(\frac{C_c}{1+e_o}\right) \times \log\left(\frac{\sigma_{o1} + \Delta\sigma_1}{\sigma_{o1}}\right)\right] + \left[H \times \left(\frac{C_c}{1+e_o}\right) \times \log\left(\frac{\sigma_{o2} + \Delta\sigma_2}{\sigma_{o2}}\right)\right]$$

$$\Delta H = \left[1000 \times \left(\frac{0.324}{1+1.13}\right) \times \log\left(\frac{419.9+51.3}{419.9}\right)\right] + \left[1000 \times \left(\frac{0.324}{1+1.13}\right) \times \log\left(\frac{533.8+34.6}{533.8}\right)\right]$$

$$= 7.61 + 4.15 = 11.7\text{cm}$$

⑶同時考慮地下水位下降與基礎荷重之作用時

$$\Delta H=\left[1000\times\left(\frac{0.324}{1+1.13}\right)\times\log\left(\frac{419.9+51.3}{339.8}\right)\right]+$$
$$\left[1000\times\left(\frac{0.324}{1+1.13}\right)\times\log\left(\frac{533.8+34.6}{453.7}\right)\right]$$
$$=21.6+15.1=36.7\text{cm}$$

◆

試題 5.8

有一黏土層厚 6m，其上為 4m 厚之砂土層，地下水位在地表下 2m 處，黏土之預壓密壓力為 160kN/m^2，含水量 $\omega=25\%$，液性限度 $LL=30$，回脹指數 (swell index) $Cs=0$，C_c 為壓縮指數，若地表有一外加載重 $q=160$kN/m^2，則此黏土將產生多少壓密沉陷（僅考慮主要壓密）？

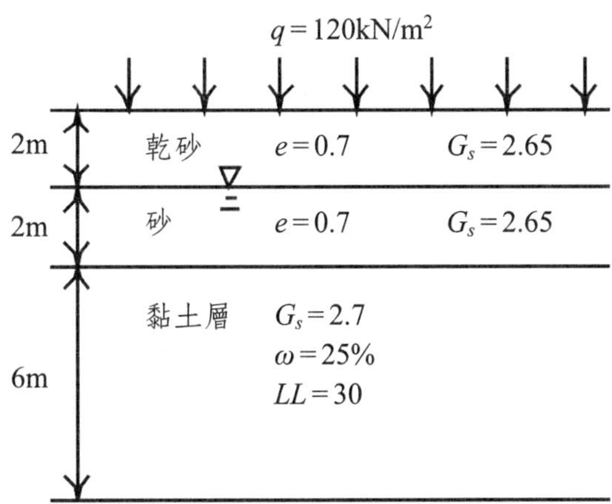

解：

⑴計算各土層之單位重

乾砂：$\gamma_d=\dfrac{G_s\times\gamma_w}{1+e}=\dfrac{2.65\times9.81}{1+0.7}=15.3\text{kN/m}^3$

飽和砂：$\gamma_{sat}=\dfrac{(G_s+e)}{1+e}\times\gamma_w=\dfrac{2.65+0.7}{1+0.7}\times9.81=19.3\text{kN/m}^3$

黏土層：$\gamma_{sat}=\dfrac{(1+\varpi)}{1+(G_s\times\varpi)}\times(G_s\times\gamma_w)=\dfrac{1+0.25}{1+(2.65\times0.25)}\times$

$(2.7\times9.81)=19.8\text{kN/m}^3$

⑵初始孔隙比

$e_o=\varpi\times G_s=0.25\times2.7=0.675$

⑶載重前黏土層中心點之平均有效應力

$\sigma_{no}=15.3\times2+(19.3-9.81)\times2+(19.8-9.81)\times3=79.579.5\text{kN/m}^2$

⑷載重後黏土層中心點之平均有效應力

$\sigma_{no}+q=79.5+120=199.5\text{kN/m}^2>\sigma_c'=160\text{kN/m}^2$（過壓密黏土）

⑸計算主要壓密沉陷

$C_c=0.009\,(L.L-10)=0.18$，$C_s=0.1C_c=0.018$

$$\Delta H=\left[\frac{C_s}{1+e_o}\times H\times\left(\log\frac{\sigma_c'}{\sigma_{no}'}\right)\right]+\left[\frac{C_c}{1+e_o}\times H\times\left(\log\frac{\sigma_{no}'+\Delta\sigma}{\sigma_c'}\right)\right]$$

$$=\left[\frac{0.018}{1+0.675}\times600\times\left(\log\frac{160}{79.5}\right)\right]+\left[\frac{0.18}{1+0.675}\times600\times\left(\log\frac{199.5}{160}\right)\right]$$

$=8.1\text{cm}$ ◆

試題 5.9

正常壓密土層厚 2m，其上建造圓形基礎直徑 10m，$W=2000$tons，試求基礎中心，因黏土層壓密引致之沉陷量。（假設壓力傳佈方向與垂直面夾角 30°）（※注意單位）

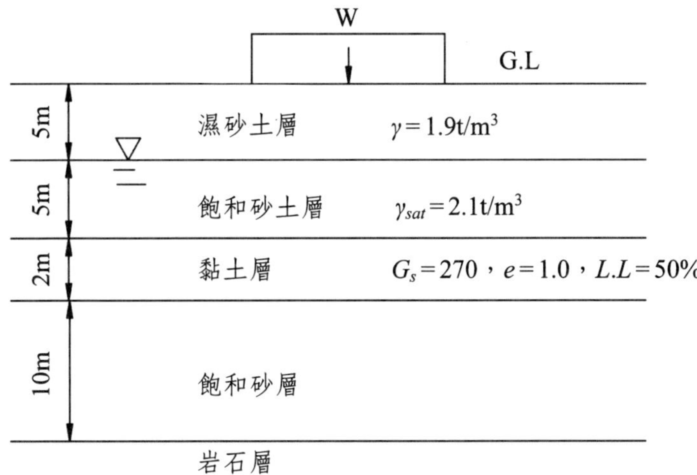

解：

假設沉陷係由黏土壓密所致，以黏土中央層來分

$$\gamma_{sat} = \frac{(G_s + e)}{1 + e} \times \gamma_w = \frac{2.65 + 1.0}{1 + 1.0} \times 1.0 = 1.85\text{tons/m}^3$$

$$e_o' = (5 \times 1.9) + [5 \times (2.1 - 1.0)] + [1 \times (1.85 - 1.0)] = 15.85\text{tons/m}^2$$

$$\Delta\sigma = \frac{W}{A} = \frac{2000}{\frac{\pi}{4}(10 + 1.15 \times 11)^2} = 4.96\text{tons/m}^2$$

壓縮指數 $C_c = 0.009\,(L.L - 0) = 0.36$

$$\Delta H = H \times \left(\frac{C_c}{1 + e_o}\right) \times \log\left(\frac{\sigma_o' + \Delta\sigma}{\sigma_o'}\right)$$

$$= 200 \times \left(\frac{0.36}{1 + 1.0}\right) \times \log\left(\frac{15.85 + 4.96}{15.85}\right) = 4.26\text{cm}$$ ◆

試題 5.10

飽和黏土做壓密試驗，試驗前之試體高度 18.59mm，試驗至最後加載重階段，其高度為 17.40mm，將載重去除，土壤解壓後高度回脹至 17.98mm，最後含水量為 31.2%，黏土比重 2.71。試求：

1. 未加載重時之 e_o

2. 壓密完成時之 e_1

3. 解壓回脹後之 e_s（※注意單位）

解：

飽和黏土之體積變化，主要由於孔隙水之排出

$$e_s=\frac{\varpi \times G_s}{S}=\frac{0.312\times 2.71}{1.0}=0.846$$

$$\frac{\Delta H}{H}=\frac{\Delta e}{1+e_o}，\therefore\frac{17.98-17.4}{17.4}=\frac{0.846-e_1}{1+e_1}，\therefore e_1=0.786$$

$$\frac{18.59-17.4}{18.59}=\frac{e_o-0.786}{1+e_o}，\therefore e_o=0.908$$ ◆

試題 5.11

從黏土層中央取樣試驗得 $\sigma_c'=25\text{tons/m}^2$，$C_s=0.02$，$C_c=0.3$ 試求黏土壓密沉陷量。（※注意單位）

(1)地下水位下降 5m 時，假設地下水位上濕砂 $S=50\%$

(2)當上層砂土增至 10m 厚時

解：

(a)飽和砂層 $e=\dfrac{\varpi\times G_s}{S}=\dfrac{0.2\times 2.65}{1.0}=0.53$

(b)飽和砂單位重 $\gamma_{sat}=\dfrac{G_s+e}{1+e}\times\gamma_w=\dfrac{2.65+0.53}{1+0.53}\times 1.0=2.08\text{tons/m}^3$

$\therefore$黏土層中央之目前有效覆土壓力

$\sigma_o'=(1.7\times 4)+[(2.08-1)\times 8]+[(1.8-1)\times 2]=17.04\text{tons/m}^2$

(1)地下水位下降 5m 時，假設其孔隙比不變 $(e=0.53)$

(a)含水量 $\varpi=\dfrac{S\times e}{G_s}=\dfrac{0.5\times 0.53}{2.65}=0.1=10\%$

(b)濕砂單位重 $\gamma_m=\gamma_s\times\left(\dfrac{1+\varpi}{1+e}\right)=2.65\times\left(\dfrac{1+0.1}{1+0.53}\right)=1.92\text{tons/m}^3$

(c)有效覆土壓

$\sigma_1'=(1.7\times4)+(1.91\times5)+[(2.08-1)\times3]+(1.8-1)\times2$

$=21.19\text{tons/m}^2\quad \sigma_0'<\sigma_1'<\sigma_c'$

$\therefore\Delta H=H\times\left(\dfrac{C_s}{1+e_0}\right)\times\log\dfrac{\sigma_1'}{e_0'}$

$=400\times\left(\dfrac{0.02}{1+1.10}\right)\times\log\left(\dfrac{21.19}{17.04}\right)=0.36\text{cm}$

(2)當上層砂土增至 10m 時

(a)$\sigma_1'=(10\times1.7)+[(2.08-1)\times8]+[(1.8-1)\times2]=27.24\text{tons/m}^2$

$\sigma_0'<\sigma_c'<\sigma_1'$ 所以載重經過兩個階段

(b)沉陷量

$\Delta H=H\times\left(\dfrac{C_s}{1+e_0}\right)\times\log\left(\dfrac{\sigma_1'}{\sigma_0'}\right)+H\times\left(\dfrac{C_c}{1+e_0}\right)\times\log\left(\dfrac{\sigma_1'}{\sigma_c'}\right)$

$=400\times\left(\dfrac{0.02}{1+1.10}\right)\times\log\left(\dfrac{25}{17.04}\right)+400\times\left(\dfrac{0.3}{1+1.10}\right)\times\log\left(\dfrac{27.24}{25}\right)$

$=0.63+2.13=2.76\text{cm}$ ◆

例題 5.12

如下圖所示之土層，若因工程需要，須將地下水位下降 10m，假設水位下降後，在地下水位以上之砂土為乾砂，單位重為 17.5kN/m^2，若黏土層為正常壓密黏土，初始孔隙比為 1.0，壓縮指數為 0.4，則抽水引致黏土層之主要壓密沉陷為何？

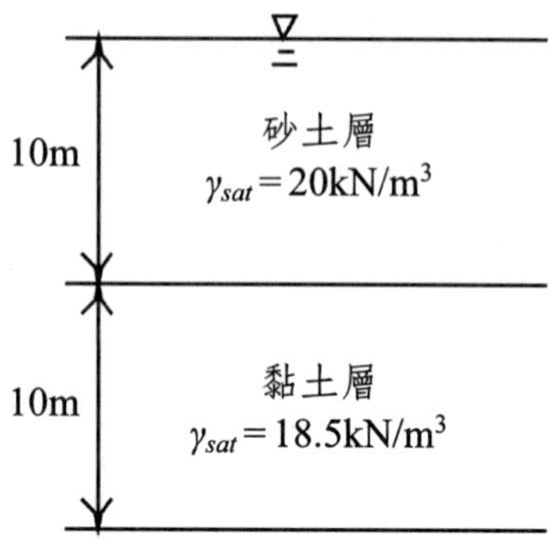

解：

1. 計算黏土層中心點之平均有效覆土應力

抽水前 $\sigma'_{no} = (20-9.81)\times 10 + (18.5-9.81)\times 5 = 145.35\text{kN/m}^2$

抽水後 $\sigma'_{no} + \Delta\sigma = (17.5\times 5) + [(20-9.81)\times 5] + [(18.5-9.81)\times 5]$

$= 181.9\text{kN/m}^2$

2. 計算主要壓密沉陷量

$$\Delta H = \left(\frac{C_c}{1+e_0}\right)\times H\times\log\left(\frac{\sigma'_{no}+\Delta\sigma}{\sigma'_{no}}\right)$$

$$= \left(\frac{0.4}{1+1.0}\right)\times(10\times 100)\times\log\left(\frac{181.9}{145.35}\right) = 19.5\text{cm}$$ ◆

試題 5.13

某黏土層厚 5m，上下皆為砂土層，該黏土層受到荷重 5tons/m^2，二年後平均壓密度為 50%，該黏土層之透水係數為每年 0.02m，求：

(a)該黏土之壓密係數 C_v，(b)該黏土層之體積壓縮係數 m_v，(c)該黏土之最終沉陷量，(d)該黏土受荷重二年後之沉陷量。

解：

(a)$H_{dr} = \dfrac{5}{2} = 2.5\text{m}$，$C_v = \dfrac{T\times H_{dr}^2}{} = \dfrac{0.197\times 2.5^2}{2} = 0.616\text{m}^2/\text{year}$

(b)$m_v=\dfrac{k}{C_v\times\gamma_w}=\dfrac{0.02}{0.616\times1}=0.0325\text{m}^2/\text{t}$

(c)$\Delta H=m_v\times\Delta\sigma\times H=0.0325\times5\times5=0.81\text{m}$

$U=\dfrac{\Delta H_1}{\Delta H}=50\%$，$\Delta H=0.5\times0.81=0.405\text{m}=50\%$ ◆

5.7 即時沉陷

土壤受載重後，由於載重引起剪應力作用結果，使得土體扭曲而引起沉陷，此種變形係屬於非排水式的通常假定土壤受力後行與依虎克定律之各向同性彈性體一樣，因此計算即時沉陷需用到土壤不排水式彈性模數 E。

(a)黏性土壤　即時沉陷ΔH_i

$$\Delta H_i=\frac{q\times B\times(1-u^2)\times I_s}{E}$$

$q=$均佈載重

$B=$柔性基礎之寬度

$I_s=$影響因素，與載重面積形狀有關。

載重面積形狀	$I_s=$		
	中央	角隅	平均
正方形	1.12	0.56	0.95
長方形 $L/B=2$	1.52	0.76	1.30
長方形 $L/B=5$	2.10	1.05	1.83
圓形	1.00	0.64	0.85

(b)砂性土壤由於其主要壓縮很快便完成，因此探討其即時沉陷應

包含主要壓縮之部份。

試題 5.14

有一可壓縮土層厚 4 公尺，其在四年後可達 90%之壓密，沉陷量為 14 公分。若有一相同之土層，受相同之荷重，但厚為 40 公尺，試計算此土層在一年及四年之沉陷量。

當壓密度 $U<60\%$，時間因素 $T=\frac{\pi}{4}\times\left(\frac{U}{100}\right)^2$

當壓密度 $U\geqq 60\%$，$T\doteqdot 1.781-0.9331\times\log(100-U)$

解：

設土層均為雙向排水→$H_1=2\text{m}$，$H_2=20\text{m}$

當 $U=90\%$時 $T_{90}=0.848$，$C_v=\frac{T_{90}\times H_1^2}{t_{90}}=\frac{0.848\times 2}{4_{year}}0.848\text{m}^2/\text{year}$

使用相同之土壤故 C_v 值相同

$\therefore C_v=\frac{T\times H_2^2}{t}$

(a)一年時：$0.848=\frac{T\times(20)^2}{1}$，$\therefore T=\frac{0.848}{400}=2.12\times 10^{-3}$

$\because U<60\%$時 $T=\frac{\pi}{4}\times\left(\frac{U}{100}\right)^2$，

$\therefore 2.12\times 10^{-3}=\frac{\pi}{4}\times\left(\frac{U}{100}\right)^2$，$U=0.052=5.2\%$(O.K)

(b)四年時：$0.848=\frac{T\times(20)^2}{4}$，$\therefore T=0.848\times 10^{-3}$

$\because T=\frac{\pi}{4}\times\left(\frac{U}{100}\right)^2$，$U=0.104=10.4\%$($<60\%$，O.K)

就 40m 厚土層而言，一年後達 5.2%之壓密，四年後達 10.4%之壓密，計算 40m 厚土層達 100%壓密時之沉陷量

$$\Delta H=H\times\left(\frac{C_c}{1+e_0}\right)\times\log\left(\frac{\sigma_0'+\Delta\sigma'}{\sigma_0'}\right)$$

假設

$$\Delta H_1=\left[H_1\times\left(\frac{C_c}{1+e_0}\right)\times\log\left(\frac{\sigma_0'+\Delta\sigma'}{\sigma_0'}\right)\right]$$

$$=\Delta H_2=\left[H_2\times\left(\frac{C_c}{1+e_0}\right)\times\log\left(\frac{\sigma_0'+\Delta\sigma'}{\sigma_0'}\right)\right]$$

厚度為 40m 時總壓密沉陷量計算

$H_1=4\text{m}$，$H_2=40\text{m}$，$\Delta H_2=\Delta H_1\times\dfrac{H_2}{H_1}=\dfrac{1.4}{0.9}\times\dfrac{40}{4}=156\text{cm}$

一年之沉陷量 $=156\text{cm}\times 5.2\%=8.11\text{cm}$

四年之沉陷量 $=156\text{cm}\times 10.4\%=16.22\text{cm}$ ◆

試題 5.15

在實驗室中飽和黏土壓密試驗（雙向排水）達到 50%壓密時 20 分鐘，土樣厚 2cm，原含水量 40%，求：

(a)此土壤之壓密係數 ${}_vC_v$？

(b)在現地黏土層厚 2m，而且只能單向往上排水，求達 50%壓密需多少時間？

(c)如果在 50%壓密時，含水量為 35%，求 100%壓密時含水量為何？

解：

(a)$T_v=\dfrac{C_v\times t_{50}}{H^2}$，$C_v=\dfrac{T_v\times H^2}{t_{50}}=\dfrac{0.197\times\left(\frac{2}{2}\right)^2}{20}=9.85\times 10^{-3}\text{cm}^2/\text{min}$

(b)$U=50\%$，$T_v=\dfrac{C_v\times t_1}{\left(\frac{H_1}{n_1}\right)^2}=\dfrac{C_v\times t_2}{\left(\frac{H_2}{n_2}\right)^2}$

$$\therefore t_2=\left[\frac{\left(\frac{H_2}{n_2}\right)^2}{\left(\frac{H_1}{n_1}\right)^2}\right]\times t_1\text{，}t_2=\left[\frac{\left(\frac{200}{1}\right)^2}{\left(\frac{2}{2}\right)^2}\right]\times 20=800000=556\text{days}$$

(c)$\varpi = \dfrac{S \times e}{G_s}$，$S, G_s$ 均保持不變

原土樣 $U=50\% \rightarrow \varpi=40\%$，$U=0\% \rightarrow \varpi=35\%$，

${}_s\Delta\varpi = 0.4 - 0.35 = 0.05$，$U=100\%$，$\Delta\varpi = 0.05 \times 2 = 0.1$

∴壓密 = 100%時，$\varpi = 40\% - 10\% = 30\%$ ◆

試題 5.16

某工地鑽探及試驗之結果如下：

深度 (m)	C_c	C_v	σ' (kg/cm^2)	e
10.5	0.4	0.1	1.15	1.44
12.0	0.4	0.1	1.025	1.45
13.5	0.4	0.1	1.040	1.45
15.0	0.4	0.1	1.225	1.44
16.0	0.4	0.1	1.55	1.42

ρ = 密度，G_s = 比重，G_c = 壓縮指數，G_v = 回脹指數，e = 空隙比壓密度 $U<0.6$，時間因素 $T \doteq \dfrac{\pi}{4} \times U^2$，壓密度 $U \geq 0.6$，時間因素 $T = -0.0851 - 0.9331 \times \log(1-U)$，該工地表層之回填砂（目前厚 6m）係於五年前所堆置，在未填砂前，於 7.5m深度處所取土樣（軟弱黏土）之含水量為 59.4%，密度 ρ 為 1.64tons/m^3。

⑴求軟弱黏土層原來之厚度。

⑵若置一筏式基礎 30m×60m×1m，外加均勻載重 1.0kg/m^2

⑶求軟弱黏土層之壓密係數 (cm^2/sec)

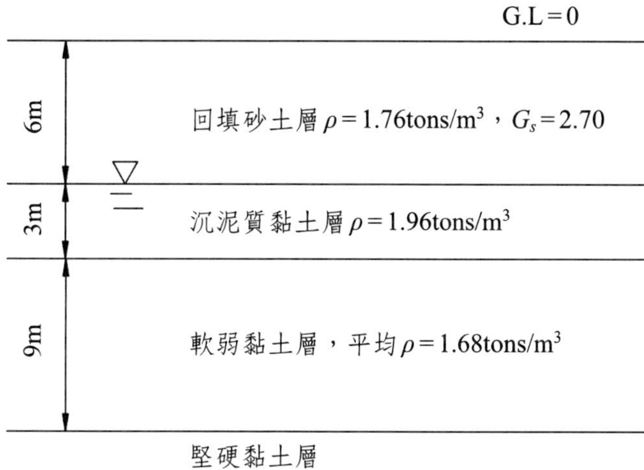

解：

(1)軟弱土層厚度計算

(a)在未填砂前軟弱土層中取樣（設為完全飽和）其孔隙比 e_0 計算如下

$$\because \gamma_{sat}=\left(\frac{G+e_0}{1+e_0}\right)\times\gamma_w=\left(\frac{\left(\frac{e_0}{\varpi}\right)+e_0}{1+e_0}\right)\times\gamma_w，e_0=\frac{\left(\frac{\gamma_{sat}}{\gamma_w}\right)\times\varpi}{(1+\varpi)-\left(\frac{\gamma_{sat}}{\gamma_w}\right)\times\varpi}$$

$$\frac{\gamma_{sat}}{\gamma_w}=1.64，\varpi=0.594，\therefore e_0=\frac{1.64\times0.594}{(1-0.594)-(1.64\times0.594)}=1.572$$

(b)設軟弱土層原有厚度為 H_0

$$\because\frac{\Delta H}{H_0}=\frac{\Delta e}{1+e_0}，\frac{9-H_0}{H_0}=\frac{1.45-1.572}{1+1.572}，\therefore H_0=9.45\text{m}$$

(2)筏基加載後軟弱黏土層沉陷量計算

(a)軟弱土層中點目前之有效覆土重 σ_o' 為

$$\sigma_o'=(1.76\times6)+(0.96\times3)+(0.68\times4.5)=16.5\text{tons/m}^2>\sigma_c'$$

故此土層屬於壓密中土層。

(b)軟弱土層中點淨增應力 ($\Delta\sigma'$) 計算，基礎底部淨增加接觸應力

為

$q' = 10 + (2.4 \times 10) - (1.76 \times 10) = 10.64 \text{tons/m}^2$

(c)設土層應力傳遞呈 30°角，向外分佈，則黏土層中點之淨增應力為：

$$\Delta e' = 10.64 \times \left[\frac{30 \times 60}{(30 + 12.5) \times (60 + 12.5)}\right] = 6.22 \text{tons/m}^2$$

(d)設軟弱土層壓密沉陷量為ΔH_s

$$\Delta H_s = H \times \frac{C_c}{1+e} \log\left(\frac{\sigma_0' + \Delta\sigma'}{\sigma_c'}\right) = 9 \times \frac{0.4}{1 + 1.45} \log \frac{1.65 + 6.22}{10.4} = 0.5\text{m}$$

(e)軟弱土層壓密係數計算：

平均超額孔隙水壓 $= 4.45 \text{tons/m}^2$

平均壓密度 $= \dfrac{4.45}{10.56} = 0.42$

⑶土層之壓密係數計算

$T = \dfrac{\pi}{4} \times (0.58)^2 = 0.264$，

$$C_v = \frac{T \times H^2}{t} = \frac{0.264 \times (9.448)^2}{5} = 4.71 \text{m}^2/\text{year} = 1.49 \times 10^{-3} \text{cm}^2/\text{sec}$$

其中 H 為最長排水距（為土層之原厚度 9.448m）

深度 (m)	目前之有效覆土 tons/m^2	預壓密壓力 tons/m^2	超額孔隙水壓 tons/m^2
10.5	14.46	11.5	2.96
12.0	15.48	10.25	5.23
13.5	16.50	10.40	6.08
15.0	17.52	12.25	5.27
16.0	18.20	15.50	2.70

◆

試題 5.17

如圖所示，

(1)求該黏土層的壓密沉陷量 (cm)

(2)$U=50\%$及$U=90\%$時所需的時間

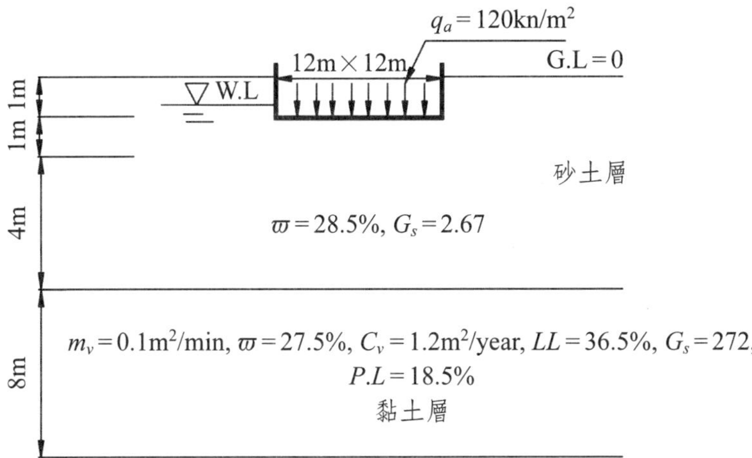

解：

(1)基底應力增量$=q_s-q=120-q$

(a)飽和砂土之$e=\varpi\times G_s=0.285\times 2.67=0.76$

$$\gamma_{sat}=\left(\frac{G_s+e}{1+e}\right)\times\gamma_w=\left(\frac{2.67\times 0.76}{1+0.76}\right)\times 0.98=19.11\text{kN/m}^3$$

$$\gamma_d=\left(\frac{G_s}{1+e}\right)\times\gamma_w=\left(\frac{2.67}{1+0.76}\right)\times 0.98=14.87\text{kN/m}^3$$

$$q=(19.11\times 1)+(14.87\times 1)=33.98\text{kN/m}^2$$

(b)基底應力增量$=120-33.98=86.02\text{kN/m}^2$

假設應力傳播斜度＝1：2

(c)黏土層中央應力增量$\Delta\sigma'=86.02\times\left(\frac{12^2}{20^2}\right)=30.97\text{kN/m}^2$

(d)飽和黏土 $e=\varpi \times G_s=0.275 \times 2.72=0.748$

$\therefore$飽和黏土單位重 $\gamma_w=\left(\frac{G_s+e}{1+e}\right) \times \gamma_w=19.06$

(e)黏土層中央未加載重前之有效覆土重：

$q'=(\gamma_d \times 1)+(\gamma_{sat}-\gamma_w) \times 5+(\gamma_{sat}-\gamma_w) \times 4$

$q'=(14.87 \times 1)+(19.11-9.8) \times 5+(19.06-9.81) \times 4=98.37$

$C_c=0.009 \times (L.L-10)=0.009 \times (36.5-10)=0.2385$

沉陷量 $=\frac{H}{1+e} \times C_c \times \log\left(\frac{98.37+30.98}{98.37}\right)$

$=\frac{800}{1.748} \times 0.2385 \times \log\left(\frac{129.34}{98.37}\right)=12.98\text{cm}$

⑵雙向排水：$T_v\ (U=50\%)=0.197$

$\therefore I_{50}=\frac{0.197 \times 4^2}{C_v}=\frac{0.197 \times 4^2}{1.2}=2.63/\text{year}$

$T_v\ (U=90\%)=0.848$，$t_{90}=\frac{0.848 \times 4^2}{1.2}=11.31/\text{year}$ ◆

試題 5.18

如下圖所示地層剖面圖

⑴求 A 點有效應力。

⑵若水位突然下降 5m 時（水面上仍為濕砂），求水位剛下降時 A 點之垂直有效應力及孔隙比水壓力。

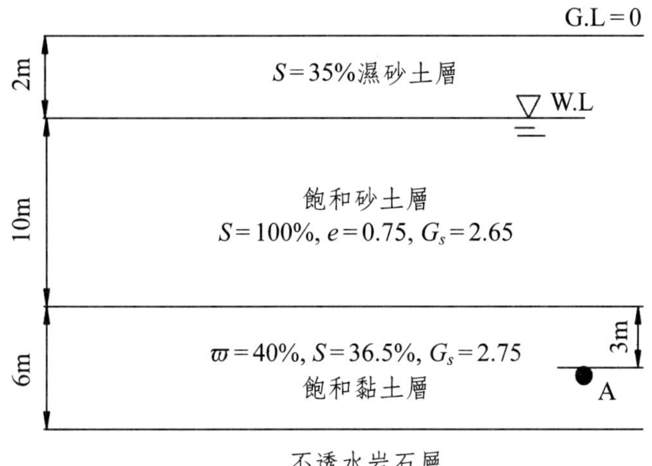

解：

砂：$\gamma_s = \dfrac{(e \times S) + G_s}{1+e} = 166\text{tons/m}^2$，$\gamma_{sat} = \dfrac{0.75+2.65}{1.75} = 1.94\text{tons/m}^2$

黏土：$e_0 = \varpi \times G_s = 1.1$，$\gamma_{sat} = \dfrac{1.1+2.75}{2.1} = 1.83\text{tons/m}^2$

(1) A 點有效應力（水位下降前）

$(1.66 \times 2) + (0.84 \times 10) + (0.83 \times 3) = 15.2\text{tons/m}^2$

水位剛下降時 A 點有效應力 = 15.2 保持不變

(2)總應力 $= 7 \times 1.66 + 5 \times 1.94 + 3 \times 1.83 = 26.81\text{tons/m}^2$

∴孔隙壓力 $= 26.81 - 15.2 = 11.61\text{tons/m}^2$

長期：孔隙水壓為 8

∴有效應力 $= 26.82 - 8 = 18.82\text{tons/m}^2$ ◆

試題 5.19

上題土層於水位下降 6 個月後，地面沉陷 5.0cm，此時壓密度為 40%求剩餘沉陷量為 2.5cm時須經過多久？又此黏土之壓縮指數 (Compression Index) 為何？（根據 A 點應力計算），($T_{40}=0.126$, $T_{60}=0.286$, $T_{80}=0.567$)

解：

總沉陷量＝5/0.4＝12.5cm

剩餘沉陷量為 2.5cm 時 $\overline{U}=\dfrac{12.5-2.5}{12.5}=80\%$，$t_{80}=\dfrac{0.567}{0.126}\times 6=27$ 個月

$$\Delta H=\left(\frac{C_c}{1+e_0}\right)\times H\times\log\left(\frac{\sigma_0'+\Delta\sigma_v}{\sigma_0'}\right)$$

$$\Delta H=12.5=\frac{C_c}{2.1}\times 600\times\log\left(\frac{18.82}{15.2}\right)\quad \therefore C_c=0.472$$ ◆

試題 5.20

某 4 公尺高之填方，面積甚廣，此填方乃用以產生預壓密之效果，地面下層剖面圖如下所示，問於深度 9 公尺處，六個月後

(a)孔隙水壓力為多少？

(b)有效應力為多少？

(c)於此深度，達 50%主壓密之時間

$U\leq 60\%$，$T=\dfrac{\pi}{4}U^2=\dfrac{\pi}{4}\left(\dfrac{U}{100}\right)^2$，

$U>60\%$，$T=1.781-[0.9331\times\log(100-U)]$

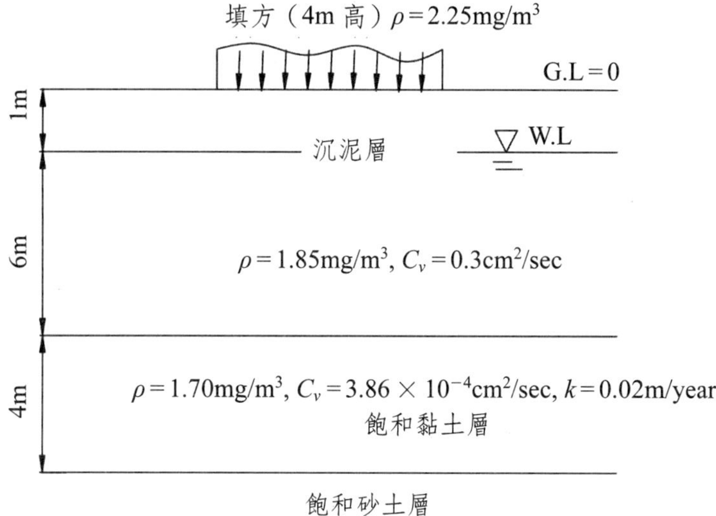

解：

沉泥層與黏土層之壓密速率比較

$C_{v1}=0.3\text{cm}^2/\text{sec}, C_{v2}=3.86\times 10^{-4}\text{cm}^2/\text{sec}$

$$\text{Ratio}=\frac{C_{v1}}{C_{v2}}=\frac{0.3}{3.86\times 10^{-4}}=777$$

沉泥層孔隙水壓消散較黏土層快，所以假設沉泥層為排水層。

(a)計算填土方六個月後之孔隙水壓力

(a-1)未填土方時之黏土層中央點（地下 9m）之靜態孔隙水壓力

$u_s=(1\times 6)+(2\times 1)=8\text{tons/m}^2$

(a-2)填土方所引起之超額孔隙水壓力 $=(1-U)\times(\rho\times H)$

$$T_v=\frac{\pi}{4}\times\left(\frac{U}{100}\right)^2,$$

$$\because T_v=\frac{C_v\times t}{\left(\frac{H}{n}\right)^2}=\frac{(3.86\times 10^{-4})\times(6\times 30\times 24\times 60\times 60)}{\left(\frac{400}{2}\right)^2}=0.15$$

$$T_v=\frac{\pi}{4}\times\left(\frac{U}{100}\right)^2=0.15，\therefore U=43.7\%$$

$\therefore$超額孔隙水壓力$=(1-U)\times(\rho\times H)$

$=(1-0.437)\times(2.25\times 4)=5.07\text{tons/m}^2$

(a-3)六個月後之孔隙水壓力：$u_{w1}=u_s+u_{se1}=8+5.07=13.07\text{tons/m}^2$

(b)靜態之土壤垂直有效應力σ'計算

$\sigma=(4\times 2.25)+(18.5\times 1)+(1.85\times 6)+(1.70\times 2)=25.35\text{tons/m}^2$

$\sigma'=\sigma-u_{w1}=25.35-13.07=12.28\text{tons/m}^2$

(c)設到達 50%主壓密之時間t，壓密度$U\leq 60\%$：

時間因素(1)$T_v=\dfrac{\pi}{4}\times\left(\dfrac{U}{100}\right)^2$，$T_v=\dfrac{\pi}{4}\left(\dfrac{U}{100}\right)^2=\dfrac{\pi}{4}\left(\dfrac{50}{100}\right)^2=0.197$，

時間因素(2)$T_v=\dfrac{C_v\times t}{\left(\dfrac{H}{n}\right)^2}$，$\because T_v=0.197$，

$$\therefore t=\frac{T_v\times\left(\dfrac{H}{n}\right)^2}{C_v}=\frac{0.197\times\left(\dfrac{400}{2}\right)^2}{3.86\times 10^{-4}}=236\text{days}$$ ◆

試題 5.21

某一基礎設計須長期（2 年）進行抽水措施，使土層中最下層之砂土底面孔隙水壓之泉湧壓力下降 3 公尺該土層剖面如圖示，試求該抽水導致黏土層之沉陷於開始抽水至第五年時年時間與沉陷關係；若干均壓密度 (U) 與時間因素 (T) 之關係為

$\overline{U}$	0.1	0.2	0.3	0.4	0.5	0.6	0.7	0.8	0.9
T_v	0.008	0.031	0.070	0.125	0.196	0.285	0.40	0.56	0.85

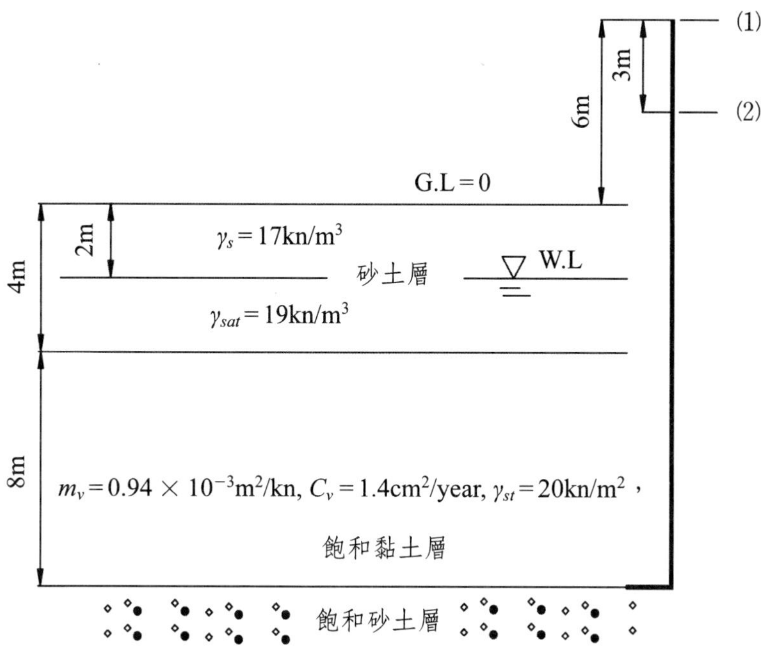

解：

地下水之湧泉壓力下降 3m，黏土底層有效壓力增加

$\Delta\sigma' = 3 \times \gamma_w = 3 \times 9.81 = 29.43kN/m^2$

而黏土層頂層沒有變化，以黏土層中央層分析

$\Delta\sigma' = 1.5 \times \gamma_w = 1.5 \times 9.81 = 14.7kN/m^2$

最後沉陷量 $\Delta H = m_v \times \Delta\sigma' \times H = (0.94 \times 10^{-3}) \times 14.7 \times 8 = 0.11m = 110mm$

上下排水 $n = 2$，$t = 5$ 年時 $T_v = \dfrac{C_v \times t}{\left(\dfrac{H}{n}\right)^2} = \dfrac{14.5 \times 5}{\left(\dfrac{8}{2}\right)^2} = 0.437$，

$\therefore T_v = 0.437 \rightarrow = 80.3mm$

則載重與時間關係如下表：

U	T_v	T (year)	ΔH (mm)
0.10	0.008	0.09	11
0.20	0.031	0.35	22
0.30	0.070	0.79	33
0.40	0.126	1.42	44
0.50	0.196	2.21	55
0.60	0.285	3.22	66
0.70	0.437	5.00	80

◆

試題 5.22

(a)問因為施工需要抽水降低水位，長期水位要降多少黏土層之沉陷量方不會超過 5cm。(b)黏土層作單向度壓密試驗，厚度 20mm，雙向排水，在達 50%的壓密度時時間為 20 分鐘，試問黏土層要達到壓密度為 50%所需要的時間。

解：

(a)黏土層長期壓密沉陷量 $\Delta H=\dfrac{C_c\times H}{1+e_o}\times\log\dfrac{\sigma_1'}{\sigma_0'}$

σ_0' = 為原水位下黏土層中點之有效覆土重

σ_1' = 為抽水後黏土層中點之有效覆土重

$\Delta H=0.05=\dfrac{0.27\times 4}{1+1.1}\times\log\dfrac{\sigma_1'}{\sigma_0'}$，$\therefore\log\dfrac{\sigma_1'}{\sigma_0'}=0.097$，$\dfrac{\sigma_1'}{\sigma_0'}=1.25$

已知：$\sigma_o'=(2\times 1.8)+[10\times(2.1-1.0)]+[2\times(1.8-1)]$

$=16.2\text{tons/m}^2$

$\therefore\sigma_1'=20.25\text{tons/m}^2$

$\sigma_1'=[1.8\times(2+H)]+(10-H)\times(2.10-1.0)+2(1.8-1)=20.25$

$H=5.79\text{m}$ = 抽水後降低之水位

H(m)＝抽水後降降低水位，$H=5.79$m

故降低水位不能超過 5.79m（即抽水後水位面距地表不得大 7.79m）。

(b)$C_v=\dfrac{T_v\times\left(\dfrac{H_1}{n}\right)^2}{t_1}=\dfrac{T_v\times\left(\dfrac{H_2}{n}\right)^2}{t_2}$，試驗之厚度為 2cm，雙向排水，故 $n=2$，$t_1=20$mm

現場黏土層，其上下土層均為砂及礫石層，故亦屬雙向排水，即 $n=2$，在達到同為 50%之壓密，其 T_v 值相同

$$\frac{\left(\frac{2}{2}\right)^2}{20}=\frac{\left(\frac{400}{2}\right)^2}{t_2},$$

$\therefore t_2=800000\text{min}=555.6\text{days}$ ◆

試題 5.23

某工地，地表至 10m深處為砂土，10m深至 12m深為黏土，12m深處之下又是砂土，水位原在地表，後來降至 10m深處，黏土層逐漸壓密至 1.8m不再有後度變化，隨即鑽探取樣，從事試驗如下：砂土單位重 $\gamma=2\text{tons/m}^2$，黏土單位重，$\gamma=1.82\text{tons/m}^2$，比重 $G_s=2.71$ 含水量 $\varpi=0.4$，壓密係數 $C_v=0.5\text{m}^2/\text{year}$。

求黏土在壓密後之孔隙比 e_1，在壓密前之孔隙比，e_0 體積比係數 m_v，壓縮指數 C_c，透水係數 k，黏土層中央之有效應力增量 $\Delta\sigma'$。

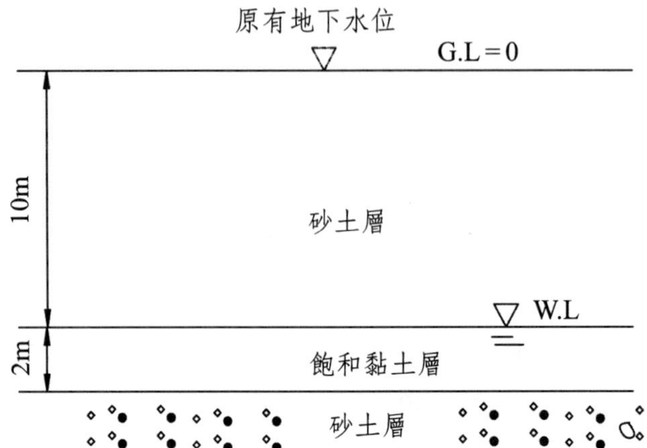

解：

(1)求黏土孔隙比 e_0, e_1

$$\gamma_w = 1.82 = \frac{G_s + e_1}{1 + e_1 \times \gamma_w} = \frac{2.71 + e_1}{1 + e_1}$$

$\therefore e_1 = 1.08$

$$\frac{\Delta H}{H} = \frac{(2 - 1.8)}{2.0} = \frac{\Delta e}{1 + e_0} = \frac{e_0 - e_1}{1 + e_0} = \frac{e_0 - 1.08}{1 + e_0}$$

$e_0 = 1.31$

(2)求砂土之飽和單位重（地下水位以下之砂土 ($S = 100\%$) 而假設地下水位以上 $S = 50\%$，比重，孔隙比相同。

$$\gamma_w = \gamma_s \times \frac{1 + \varpi}{1 + e},$$

$$\gamma_w = 2.0 = 2.67 \times \frac{1 + \dfrac{0.5 \times e}{2.67}}{1 + e}, \therefore e = 0.41$$

$$\gamma_{sat} = \gamma_s \times \frac{1 + \varpi}{1 + e} = \frac{G_s + e}{1 + e} = \frac{2.67 + 0.41}{1 + 0.41} = 2.18\text{tons/m}^3$$

(3)黏土為正常壓密狀況，所以前期最大壓密壓力

$$\sigma_c' = [(2.18 - 1.0) \times 10] + (1.82 - 1.0) \times 1 = 12.62\text{tons/m}^2$$

降低地下水位後

$\sigma_1'=(2.0\times 10)+(1.82-1.0)\times 1=20.82\text{tons/m}^2$

有效應力增量 $\Delta\sigma'=\sigma_1'-\sigma_0'=20.82-12.62=8.2\text{tons/m}^2$

體積變化係數

$$m_v=\frac{a_v}{1+e_0}=\frac{\Delta e}{\Delta\sigma'(1+e_0)}=\frac{(1.31-1.08)}{8.2\times(1+1.31)}=\frac{0.23}{18.94}=0.01214\text{m}^2\text{/tons}$$

壓縮指數

$$C_c=\frac{\Delta e}{\log\left(\frac{\sigma_1'}{\sigma_0'}\right)}=\frac{0.23}{\log\left(\frac{20.82}{12.62}\right)}=1.06$$

透水係數 $k=C_v\times\gamma_w\times m_v=0.5\times 1\times 0.01214=0.00607\text{m/year}$ ◆

chapter 6

基礎設計

6.1 基礎型式及種類

基礎是將上部結構之載重傳遞至土壤或岩盤上之結構設備，依其形狀施工方式及埋設深度可分為淺基礎及深基礎。

1. 淺基礎：利用基礎版將建築物各種載重直接傳佈於有限深度之地層上者，如獨立、聯合、連續之基腳與筏式基礎等。係利用基礎版將建築物構造之各種載重直接傳佈於有限深度之地盤中，由基礎版下之土壤或岩盤直接承受，此類基礎較適用於上部結構物載重較小且淺層土壤性質良好之情況。

2. 深基礎：利用基礎構造將建築物各種載重間接傳遞至較深地層中者，如樁基礎、沉箱基礎、壁樁與壁式基礎等。係利用基礎構造將建築物之各種載重間接傳達至較深之堅硬地盤中，此類基礎較適用於上部結構載物重大且淺層土壤軟弱之情況。

基礎支承力

基礎之支承力應依基礎型式作下列力學方面之考慮：

作用於直接基礎之各種載重，係由基礎底面之垂直反力、底面摩擦阻力及基礎版前之側向反力承擔。

(1)作用於樁基礎之各種載重係由樁之底面垂直反力、樁身表面摩擦力及側向反力承擔。

(2)作用於沉箱基礎之各種載重係由沉箱底面之垂直反力、底面摩擦阻力及側向反力承擔。

6.2 基礎載重

建築物基礎設計應考慮之載重可分為靜載重、活載重、風力、地震力、上浮力、土壤及地下水之作用力、振動載重以及施工期間之各種臨時性載重等。

基礎地層承受之最大基礎壓力視載重作用方向、分佈以及偏心等而定基礎設計時應考慮建築物不同階段中可能同時發生之載重組合，作為設計之依據。

(a)靜載重

建築物基礎所承受之靜載重，除上部構造物之總重量外，尚應包括基礎本身之自重，以及基礎上方回填土之重量。

(b)活載重

基礎設計除應考慮持久性之靜載重外，亦應適當考慮各種狀況下可能產生之活載重，其評估方法原則上與建築結構設計相同，可參照其規定計算。

(c)風力及地震力

基礎之設計應考慮上述載重所增加於基礎之壓力、上拔力及側向作用力之影響。地震時有土壤液化可能之建築基地，必要時建築物基礎應考慮液化後基礎承載力驟減及土壤流動所造成之影響。

依「建築物耐震設計規範與解說」，台灣地區之震區原劃分為四區，但經民國 88 年 9 月 21 日集集大地震造成房屋倒塌及重大傷亡之災難後，內政部營建署已發佈命令重新調整震區，分為地震甲區與地震乙區，二震區之水平加速度係數分為 0.33 與 0.23。各震區所包括之行政區範圍詳列於該規範中，位於各震區之建築物及基礎均須依「建築構造編」之規定進行耐震設計，必要時亦須進行基地之土壤液化潛能評估，作為建築基礎設計之依據，以確保地震作用時基地及基礎之安全性。

建築物所受之風力及地震力於結構分析時，均簡化為作用於各樓版之水平集中力，該作用力將對基礎構造物造成垂直壓力、上拔力、水平剪力以及彎矩之作用，使基礎土壤承受壓力、剪力及側向力之作用，於基礎設計時均須考慮各種可能的載重情況，分析其應力狀態，採取適當的設計。對於地震時可能發生土壤液化之建築基地，往往因地形效應而發生地盤流動現象，對建築物基礎造成很大之擠壓力；若為樁基礎，地盤液化可能使樁四周土壤強度驟減或產生流動現象，而發生破壞。

因此，建築物基礎設計除須考慮結構物承受地震力之影響外，尚須考慮下述影響：

(1)土壤液化使基礎土壤承載力減少或完全喪失。

(2)土壤液化後可能造成地盤側向流動，對建築物基礎造成很大之側向擠壓力。土層即使未液化，也可能因地震作用而發生整體或局部沉陷現象，使結構物承受額外之應力。

(d)上浮力

建築物基礎若在地下水位以下，應核算地下水浮力對建築物之上舉作用。地下水位應考慮最不利之情況，包括季節性變化與其他環境因素所造成之影響。

施工中之建築物尤須隨時查核建築物總重量是否大於上浮力，以防上浮，對於地下室基礎底版位於地下水位以下深處且上部結構體重量較輕之結構物，如多層地下室之鋼骨結構物及地下停車場等，應檢核地下水對基礎底版作用之上浮力是否會使結構物產生上浮現象於檢核上浮力作用之安全性時，地下水位是非常重要之資料，因此最好進行長期之水位觀測，才能涵蓋季節性之變化，若無長期資料，則地下水位宜取保守值估計。若有其他環境因素之影響，亦須加以考慮。

(e)土壤及地下水之側向作用力

建築物及基礎所受之土壤及地下水之側向作用力應依基地狀況審慎估計之，並須注意地形原因所造成之不對稱作用力。

對於地下深開挖工程，擋土牆所受之側向土壓力及水壓力，須考慮地質狀況之不確定性或地下水位之變異性，以免使支撐系統承受過大之應力，此兩因素通常較難準確掌握，宜保守估計之。此外，於山坡地或斜坡上進行開挖工程時，若採內支撐系統，常因地形傾斜，造成支撐兩側土壓力不平衡，此類不對稱作用力易造成支撐系統不穩定，於設計時須特別留意。

(f)振動載重

建築物受有振動載重者，基礎設計應考慮振動載重之影響，將其加於活載重內。

對於基礎長期承受振動載重者，應同時根據振動載重特性，評估振動對基礎地層性質之影響。

基礎長期承受振動載重者，應進行基礎振動分析，避免基礎與土壤系統產生共振問題，若可能使建築物產生過大之振幅，應謀求減振之對策。此外，亦須評估振動載重傳至基礎之振動力，是否會使地基土壤產生過量之沉陷或差異沉陷，致使結構物承受額外之應力。

(g)臨時性載重

建築物基礎之設計，應視基礎型式、施工方法、施工步驟與擬採用之施工機具等，考慮施工期間各階段對基礎產生影響之各種臨時性載重。實際施工時所採用之機具、方法與步驟如與原假定情形不同，應重新加以檢討。

6.3 載重組合

對於建築物基礎之支承力與沉陷量分析、擋土牆或邊坡之穩定性分析等，原則上應分別採用下列載重組合進行檢核：

⑴長期載重狀況：基礎設計應考慮之長期載重，包括靜載重、活載重、常時土壓、靜水壓及上浮力（常時水位），以及其他因地盤沉陷或側向變位所引致之載重等，其中活載重應包括一般狀況下經常發生之活載重。

⑵短期載重狀況：基礎設計應考慮之短期載重，除包括上述長期載重狀況中各單項載重在建築物使用期限內之最大及最小載重組外，並應考慮風力、地震力、振動載重及施工載重之影響。各單項臨時載重之最不利載重情況，原則上應考慮與其他各項常時長期載重或經常可能發生之載重狀況作必要之載重組合，供設計分析使用。

1. 基礎構材之設計，凡其應力得自工作載重分析者，應以容許應力法進行設計；其應力得自極限載重分析者，應參照「建築構造編」之極限強度法進行設計，惟所使用材料之規定極限強度應考慮基礎施工之條件及品質而作適當之折減。

目前國內基礎分析之方法主要採用工作應力法（或稱容許應力法）。

工作應力設計法係針對設計載重所產生之應力，使其在材料強度除以一安全係數的容許範圍內，因此設計載重應選擇可代表常時狀態的經常性載重，檢核其所產生之應力，應在安全容許範圍內；至於短期性之臨時載重，應視實際可能發生之頻率，選取適當之載重組合，檢討其安全性，且因其屬短期之載重狀況，所要求之安全係數可酌予降低。

基礎抗浮之安全性

建築物基礎受地下水上浮力作用之安全性，關係著整個建築物之穩定性與安全性，為設計時必須檢核之最重要項目之一，尤其對深埋於地下水位下之地中構造物，如地下停車場及地下車站等，上浮作用力往往為最不利之載重條件，設計者必須非常審慎地評估抗浮安全性，以免構造物上浮發生破壞。

對於基礎抗浮安全性之檢核，包含基礎版底所受上舉水壓力與結構物抗浮能力之計算，兩者均包含甚多之不確定因素，設計者應視工程性質及基地特性審慎評估之。

在地下水壓呈靜水壓狀態之地層，基礎版底所受之上舉水壓力可由地下水位之高程直接估得，惟地下水位常隨季節呈起伏變化，易遭淹水之地區，水位可能達地表面甚或高於地表面，設計者應針對基地實際狀況作保守之估計，最好能根據長期觀測資料以及區域之洪水預測資料作合理保守評估，作為設計之依據。對於含受壓水層之基地，應考慮其滲流壓力。另有某些地區可能因地下水超抽而使得地下水壓降低，甚或低於靜水壓，設計者亦應考慮將來地下水位回升之可能性，作保守之估計。

就結構物之抗浮能力而言，最確實可靠之抗浮力為結構體（含地下連續壁及基樁等）之靜載重，若能以重力方式完全克服地下水之上浮力，為最有保障之設計。對於靜載重不足之深基礎，一般常用加重之方式處理，如加厚基礎板，或於筏基內槽回填礫石及混凝土等，以增加總重量。

6.4 淺基礎設計

淺基礎之型式包含獨立基腳、聯合基腳及筏式基礎等，設計時應視載重情況、地層條件及結構需求等選擇適用之基礎型式。

淺基礎應置於合適之承載地層上，以提供足夠之支承力，並使基礎不致發生過大之沉陷、滑動與轉動，且避免受溫度、地層體積變化或沖刷之影響，位於地震區則應考慮地震之影響。

1. 建築物應視載重及地層條件選擇合適之基礎，使其能安全使用且滿足機能需求，不致發生構造之損壞及傾斜現象。

2. 基礎之型式及尺寸，須視其支承地層而定，使其能傳遞載重而不超過地層之容許支承力，且基礎沉陷儘量保持均勻沉陷。

3. 基礎版底須設置於適當之深度，使其基礎地層不致因溫度、草木生長影響而產生體積變化，或受地表逕流沖刷之影響。設置深度一般情形不得少於60公分，如在凍結地區，基礎版底必須設在凍結線以下之深度，如地基土壤為腐植土、垃圾土、膨脹土、或爛泥等，基底深度必須到達此種土質以下良好土壤之深度，必要時，須將基礎四周之劣土置換，以維基礎之穩定性。

4. 基礎支承地層應考量受振動載重之影響，並評估地震時土壤發生液化之可能性。

5. 基礎設計須顧及其施工可行性、安全性及經濟性，不致因施工而影響基地內及鄰近地區生命及產物之安全。

6.4.1 獨立基腳

獨立基腳係用獨立基礎版將單柱之各種載重傳佈於基礎之底面。

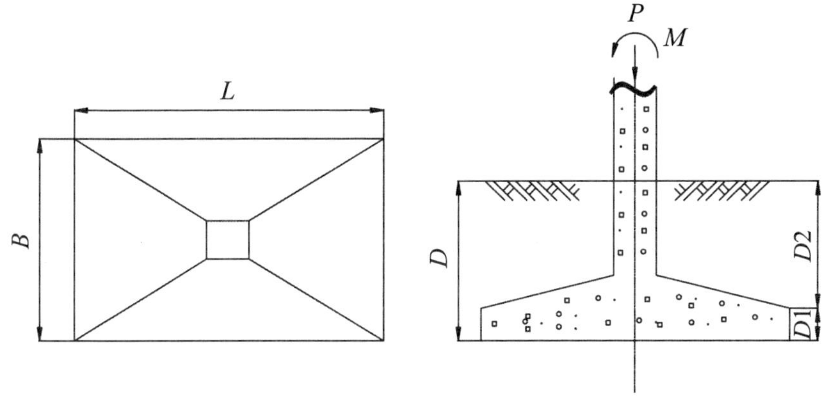

獨立基腳

獨立基腳之載重合力作用位置如通過基礎版中心時，柱載重可由基礎版均匀傳佈於其下之地層，版下之壓力不得大於規定之土壤容許承載力。

柱腳如無地梁連接時，柱之彎矩應由基礎版承受，並與垂直載重合併計算，其合壓力應以實際承受壓力作用之面積計算之，且最大合壓力不得大於規定之土壤容許承載力。

偏心較大之基腳，宜以繫梁連接至鄰柱，以承受彎矩及剪力。

獨立基腳之載重作用位置與其基礎版形心一致時，如上圖所示，則柱載重可假設由基礎版均匀傳佈於其下之地層，版下之壓力 q 可用下式計算之：

$$q=\frac{P}{A}$$

式中

$P=P'+W_S+W_F$

$A=$ 基礎面積 $B\times L$

$P'=$ 柱腳垂直荷載

$W_S=$ 基礎版頂以上之土壤重量

$W_F=$ 基礎自重

6.4.2 獨立基腳承受彎矩與水平力時

柱腳頂之彎矩應由基礎版承受之，其偏心距 e 為 $e=\frac{M}{P}$，式中

$$M=M'+QZ$$

$M'=$ 柱腳頂之彎矩

$h=$ 柱腳頂之水平力

$D_1=$ 柱腳頂至基礎版底之距離

而基礎版底所受最大合壓力 q 可由下列二式計算之：

試題 6.1

如上頁圖所示 B＝2m，L＝2.5m，$D_1=0.4$m，$D_2=0.8$m，$M=5.0$ $t-m$，土壤之容許承載力，垂直載重＝70*tons*（不含自重），土壤單位重＝$1.8t/m^2$，RC 單位重＝$2.4t/m^2$ 計算該基腳之安全性

解：

(1)基腳自重 $= 2.4 \times (2.5 \times 2 \times 0.4) = 4.8tons$

(2)基腳上之土壤重 $= 1.8 \times (2.5 \times 2 \times 0.8) = 7.2tons$

(3)基腳底部總重量之偏心矩 $e = M/P = 5.0/(70 + 4.8 + 7.2) = 0.061\text{m} < L/6 = 2.5/6 = 0.42\text{m}$

(4)基腳底部平均受壓力 $q = \frac{P}{A} \times \left(1 \pm \frac{6e}{L}\right) = \frac{82}{2.5 \times 2} \times \left(1 \pm \frac{6 \times 0.061}{2.5}\right)$

$q_{\max} = \frac{82}{2.5 \times 2} \times \left(1 + \frac{6 \times 0.061}{2.5}\right) = 18.8t/m^2$，

$q_{\min} = \frac{82}{2.5 \times 2} \times \left(1 - \frac{6 \times 0.061}{2.5}\right) = 14.0t/m^2$

$q_{\max}, q_{\min} < q_a (20t/m^2)$（安全） ◆

6.4.3 獨立基礎承受合力情況

獨立基腳如須承受雙向彎矩與水平力時，其柱腳頂之彎矩應由基礎版承受之，其最大合壓力為

$$q = \frac{P}{A} \times \left(1 + \frac{6e_B}{B} + \frac{6e_L}{L}\right)$$

$$e_B = \frac{M_B}{P}，e_L = \frac{M_L}{P}$$

式中，e_B 及 e_L 分別為 B 方向及 L 方向之偏心距，而 M_B 及 M_L 分別為 B 方向及 L 方向之作用彎矩，而 P 為垂直作用力。

6.4.4 聯合基腳

聯合基腳係用一基礎版支承兩支或兩支以上之柱，使其載重傳佈於基礎底面之地層。

聯合基腳之基礎版，除另以其他可靠方法分析外，可取柱為支點，基礎版下壓力為載重，推算基礎版控制斷面之設計剪力及彎矩。

當邊柱基礎版受地界線限制，無法放大時，為避免基腳偏心過大之現象，則可利用聯合基腳，其設計須使基礎版之中心與柱載重之合力中心儘量相合或相近，依基礎容許支承力，計算所需之面積大小。一般而言，其形狀有長方形及梯形兩種型式，若兩柱中心距過遠時，則可利用大型繫梁加以連接，由繫梁承受彎矩與剪力。

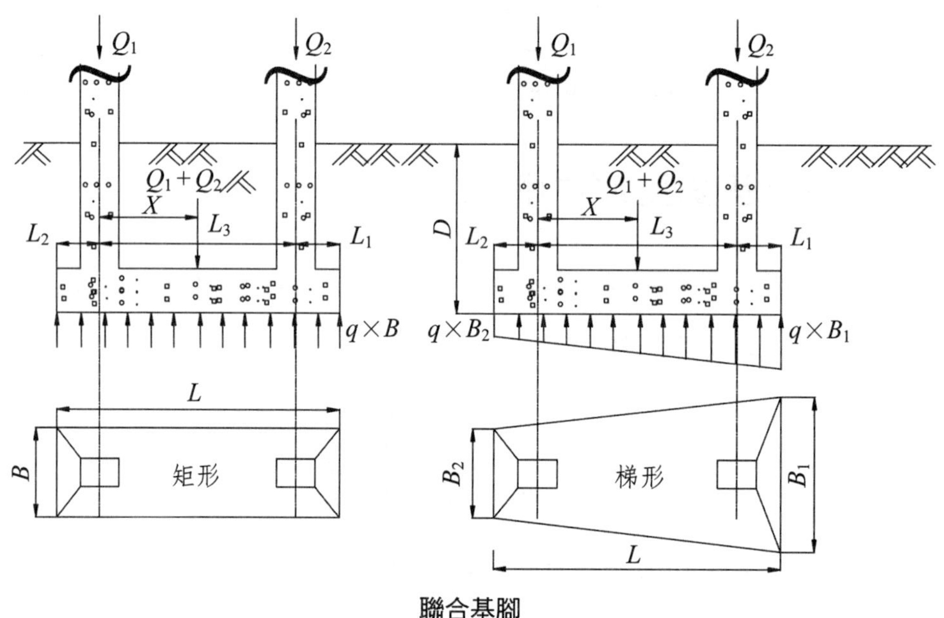

聯合基腳

6.4.5 聯合基腳之設計步驟

(a)矩形聯合基腳

(a-1)決定基礎面積 $A=\frac{Q_1+Q_2}{q}$

(a-2)決定合力作用位置 $X=\frac{Q_2\times L_3}{Q_1+Q_2}$

(a-3)基礎長度 $L=2(L_2+X)$，基礎寬度 $B=\frac{A}{L}$

(b)梯形聯合基腳

(b-1)決定基礎面積 $A=\frac{Q_1+Q_2}{q}$，$A=\frac{(B_1+B_2)}{2}L$

(b-2)決定合力作用位置 $X=\frac{Q_2\times L_3}{Q_1+Q_2}$

(b-3)合力作用位置與梯形形心一致 $X+L_2=\frac{L}{3}\times\left(\frac{B_1+2B_2}{B_1+B_2}\right)$

解 B_1 & B_2

試題 6.2

如上頁圖所示長方形聯合基腳，$L_3=4\text{m}$，$L_2=0.6\text{m}$，$D=1.2\text{m}$，$Q_1=48\text{tons}$，$Q_2=76\text{tons}$，土壤之容許承載力 $q_a=15\text{t/m}^2$，土壤單位重 $=1.8\text{t/m}^2$，假定基腳自重不計，試決定基腳斷面之尺寸

解：

(1) $q=15-\gamma D=15-1.2\times 1.8=12.84\text{t/m}^2$

(2)基礎面積 $A=\frac{Q_1+Q_2}{q}=\frac{48+76}{12.84}=9.66\text{m}^2$

(3)合力作用點 $X=\frac{Q_2\times L_3}{Q_1+Q_2}=\frac{48+76}{12.84}=2.45\text{m}$

⑷基礎長度 $L=2(L_2+X)=2(0.6+2.45)=6.1\text{m}$

⑸基礎寬度 $B=\dfrac{A}{L}=\dfrac{9.66}{6.1}=1.58\text{m}$

採用 6.1m × 1.6m ◆

試題 6.3

如 p.206 圖所示梯形聯合基腳，$L_3=4\text{m}$，$L_2=0.6\text{m}$，$L_1=1.2\text{m}$，$D=1.2\text{m}$，$Q_1=48\text{tons}$，$Q_2=76\text{tons}$，土壤之容許承載力 $q_a=15\text{t/m}^2$，土壤單位重＝1.8t/m^2，假定基腳自重不計,試決定基腳斷面之尺寸

解：

⑴基礎面積 $A=\dfrac{Q_1+Q_2}{q}=\dfrac{48+76}{12.84}=9.66\text{m}^2$

⑵基礎長度 $L=(L_1+L_2+L_3)=(0.6+1.2+4)=5.8\text{m}$

⑶合力作用點 $X=\dfrac{Q_2\times L_3}{Q_1+Q_2}=\dfrac{76\times 4}{124}=2.45\text{m}$

合力作用點與梯形形心一致

⑷ $2.45=\dfrac{5.8}{3}\times\left(\dfrac{2B_1+B_2}{B_1+B_2}\right)-0$

⑸ $A=\dfrac{L}{2}(B_1+B_2)$，$9.66=\dfrac{5.8}{2}(B_1+B_2)$，

⑸ $B_1=3.33-B_2$

⑹代入得：$B_1=1.92\text{m}$，$B_2=1.40\text{m}$，

採用梯形聯合基腳長＝5.8m，寬＝2.0m，1.4m ◆

6.4.6 筏式基礎

筏式基礎係用大型基礎版或結合地梁及地下室牆體，將建築物所有柱或牆之各種載重傳佈於基礎底面之地層。以基礎版承載建築物所

有柱載重之筏式基礎，應核算由於偏心載重所造成之不均勻壓力分佈。筏式基礎應考慮其可撓性，其結構設計應視其與地層相對勁度之大小，採用剛性基礎或柔性基礎方法分析設計之。當土壤支承力較小而必須承受很大之建築物重量時，則宜採用筏式基礎，一般而言，其使用時機如下：

(a)柱基腳之底面積超過建築物總面積之 1/2。

(b)基礎可能發生過大之差異沉陷。

(c)土壤支承力不佳，使用其他淺基礎無法安全支承。

(d)須抵抗向上之靜水壓力。

(e)沿鄰近基地或建築物而建造。

(f)地層含孔洞或性質複雜之高壓縮性土壤者。

(g)欲防止或減低土層內部因基礎載重產生之應力集中現象。

(h)筏式基礎具有減少建築物差異沉陷，及挖除土重對建築物載重有補償作用等優點。

6.4.7 筏式基礎之結構設計

其簡便設計法，採用剛性分析方法設計之。

$$q=\frac{Q}{A}\pm\frac{M_x\times y}{I_x}\pm\frac{M_y\times x}{I_y}$$

式中 Q= 作用於基礎之總載重

A = 基礎面積

x,y = 通過基礎面積形心為 x,y 軸之任一點座標

Ix,Iy = 基礎對 x,y 軸之慣性距

基底載重偏心距基礎面積中心 = e_x,e_y

基底承受雙向偏心載重，在不產生張應力之情況，基礎底部或邊

緣相關點之壓應力如下公式：

$$q=\frac{Q}{A}\pm\frac{M_y x}{I_y}\pm\frac{M_x y}{I_x}$$

長方形邊緣各點之壓應力：

令 $M_y=Q\times e_x$，$M_x=Q\times e_y$，$I_x=\frac{LB^3}{12}$，$I_y=\frac{BL^3}{12}$，$x=\frac{L}{2}$，$y=\frac{B}{2}$，

代入上式得：

$$q=\frac{Q}{A}\times\left(1\pm\frac{6e_x}{L}\pm\frac{6e_y}{B}\right)$$

適用之範圍：$e_x\leq\frac{L}{6}$，$e_y\leq\frac{B}{6}$，

其正負號所產生各偶角之應力：

$$q_A=\frac{Q}{A}\times\left(1+\frac{6e_x}{L}\pm\frac{6e_y}{B}\right)$$
$$q_B=\frac{Q}{A}\times\left(1+\frac{6e_x}{L}-\frac{6e_y}{B}\right)$$
$$q_C=\frac{Q}{A}\times\left(1-\frac{6e_x}{L}-\frac{6e_y}{B}\right)$$
$$q_D=\frac{Q}{A}\times\left(1-\frac{6e_x}{L}+\frac{6e_y}{B}\right)$$

在 $e_x>\frac{L}{6}$，$e_y>\frac{B}{6}$，之條件下,基礎底部承載力部份為零，以上公式不適用

試題 6.4

如下圖所示筏式基礎，尺寸＝16.5m × 21.5m，柱斷面＝0.5m × 0.5m，土壤之容許承載力 q_a＝60KN/m^2，求A，B，C，D，E，F各點應力。（檢驗是否超過 q_a＝60KN/m^2）

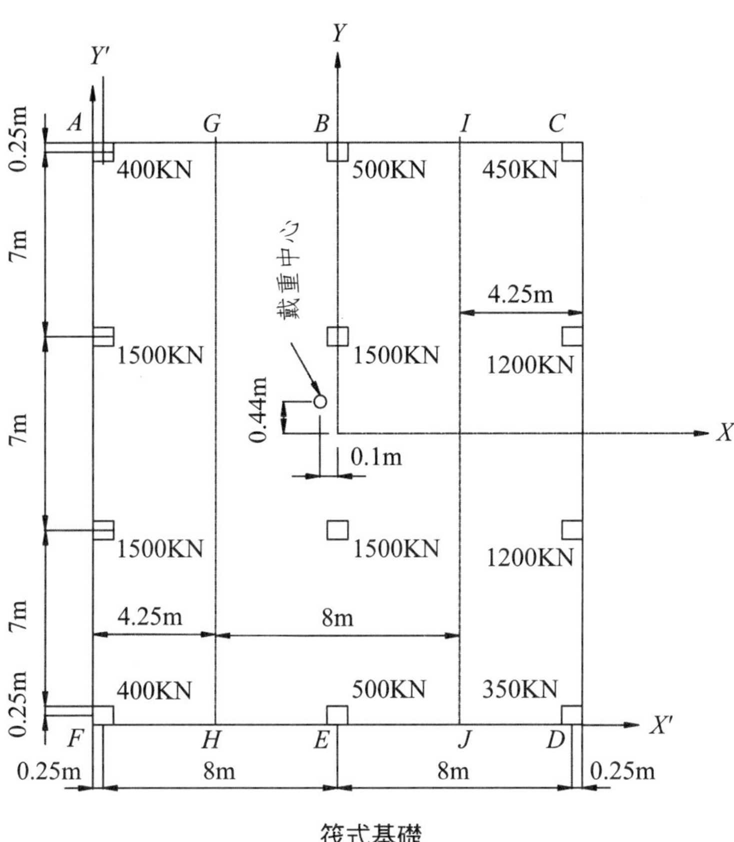

筏式基礎

解：

$$q = \frac{Q}{A} \pm \frac{M_y x}{I_y} \pm \frac{M_x y}{I_x}$$

$$A = 16.5 \times 21.5 = 354.75\text{m}^2$$

$$I_x = \frac{B \times L^3}{12} = \frac{1}{12} \times 16.5 \times (21.5)^3 = 13665\text{m}^4$$

$$I_y = \frac{L \times B^3}{12} = \frac{1}{12} \times 21.5 \times (16.5)^3 = 8050\text{m}^4$$

$$Q = 350 + 2 \times 400 + 450 + 2 \times 500 + 2 \times 1200 + 4 \times 1500 = 11000\text{KN}$$

基底載重偏心距 e_x，e_y

$$x'=\frac{\Sigma Q \times x}{Q}$$

$$=\frac{1}{11000}[0.25(400+1500+400)+8.25(2\times 500+2\times 1500)$$
$$+16.25(450+2\times 1200+350)]$$
$$=7.81\text{m}$$

$$e_x=x'-\frac{B}{2}=7.81-\frac{16.5}{2}=-0.44\text{m}$$

$$y'=\frac{\Sigma Q \times y}{Q}=\frac{1}{11000}[0.25(400+500+350)+7.25(2\times 1500+1200)$$
$$+14.25(2\times 1500+1200)+21.25(400+500+450)]=10.85\text{m}$$

$$e_x=y'-\frac{L}{2}=10.85-\frac{21.5}{2}=0.1\text{m}$$

$$\therefore M_x=Q\times e_y=11000\times 0.1=1100\text{KN}-\text{m}$$

$$M_y=Q\times e_x=11000\times 0.44=4840\text{KN}-\text{m}$$

$$\therefore q=\frac{11000}{354.75}\pm\frac{4840x}{8050}\pm\frac{1100y}{13665}=31.0\pm 0.6x\pm 0.08y$$

A，B，C，D，E，F 各點土壓力：

A 點 $q=31.0+(0.6\times 8.25)+(0.08\times 10.75)=36.84\text{KN/m}^2$

B 點 $q=31.0+(0.6\times 0)+(0.08\times 10.75)=31.86\text{KN/m}^2$

C 點 $q=31.0-(0.6\times 8.25)+(0.08\times 10.75)=26.91\text{KN/m}^2$

D 點 $q=31.0-(0.6\times 8.25)-(0.08\times 10.75)=25.19\text{KN/m}^2$

E 點 $q=31.0-(0.6\times 0)-(0.08\times 10.75)=30.14\text{KN/m}^2$

F 點 $q=31.0-(0.6\times 8.25)-(0.08\times 10.75)=35.09\text{KN/m}^2$

以上各點均不超過 $q_a=60\text{KN/m}^2$（容許承載重） ◆

6.4.8 浮動基礎

大型建築若建築於軟弱地層上時，為減輕地基之承載力，可將黏土層挖除一部份，再放置大型筏式基礎建築於其上，此種設計稱為浮動基礎 (Floating Foundation)，又稱補償式基礎 (Compensated Foundatin)

(a)此浮動基礎之極限承載力 $q_u = c \times N_c + \gamma \times D_f \times N_q$

(b)N_c = Skemption 承載力因素 $= 5\left(1 + 0.2\dfrac{B}{L}\right)\left(1 + 0.2\dfrac{D_f}{B}\right)$

(c)安全承載力 $q_a = \dfrac{q_u}{F.S}$

(d)黏土層挖除之土壤重 $= \gamma \times D_f$，置入之結構物重量 $= q$

(e)則土壤淨載重 $= q - \gamma \times D_f$，（假設為安全載重）

(f)$\therefore q_s = \dfrac{c \times N_c}{F.S} = q - \gamma \times D_f$，$F.S = \dfrac{c \times N_c}{q - \gamma \times D_f}$

當 $q = \gamma \times D_f$，稱為全補償式 (Fully Compensated)，如黏土層挖除後之土壤無變化，此時地基載重 = 0，無剪力破壞，無沉陷

試題 6.5

假設筏式基礎之尺寸 = 37m × 61m，總呆載重加活載重 = 2.56×10^4 tons，該黏土之 $\gamma = 1.84\text{tons/m}^2$，而且其平均 $q_u = 2.934\text{tons/m}^2$，試求：

(1)以完全補賞（Fully Compensation）情況設計時，計算開挖之最低深度

(2)安全因素 = 3 時之基礎開挖深度

(3)基礎開挖深度 = 3m 時之安全因素

$N_c\,(rect.) = \left(0.84 + 0.16\dfrac{B}{L}\right) N_c\,(sq.)$

$L = length\ of\ Excavation$

解：

(1)

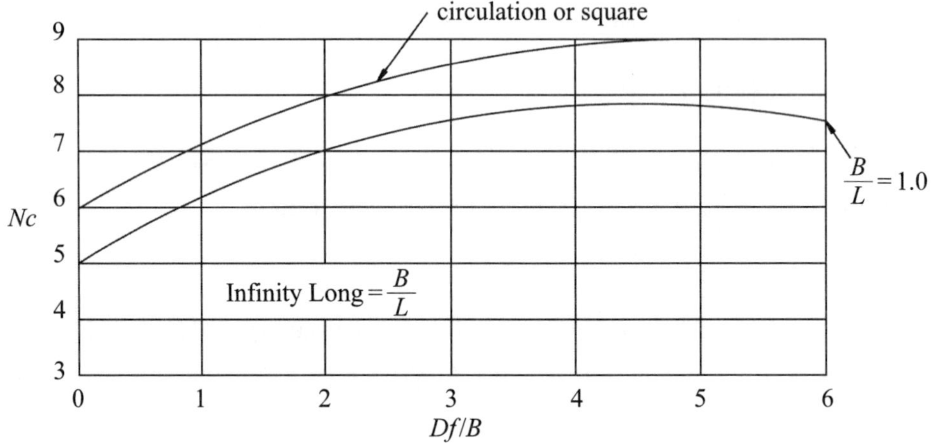

$q=\dfrac{25600}{37\times61}=11.34\text{tons/m}^3$，$c=\dfrac{q_u}{2}=\dfrac{2.93}{2}=1.456\text{tons/m}^2$

Fully Compensation:

$q=\gamma\times D_f=11.34\text{tons/m}^2$，$\therefore D_f=\dfrac{11.34}{1.84}=6.16\text{m}$

(2)$F.S=\dfrac{c\times N_c}{q-\gamma\times D_f}=3$，$B/L=37/61=0.61$

假設 $D_f=4\text{m}$，$D_f/B=4/37=0.11$，

由上圖得 $N_c=5.9$

$\dfrac{1.465\times5.9}{11.34-1.84\times D_f}=3 \quad \therefore D_f=4.6$

(3)$D_f=3\text{m}$，$D_f/B=0.08$，$N_c\approx5.9$

$F.S=\dfrac{c\times N_c}{q-\gamma\times D_f}=\dfrac{1.465\times5.9}{11.34-1.84\times3}=1.49$ ◆

6.5 基礎地盤之容許承載力

6.5.1 淺基礎之極限承載力應依下列公式估計之

(a)砂質土之極限承載力：

$$q_n = 3 \times N \times B\left(1 + \frac{D_f}{B}\right)$$

(a-1)在錐形貫入試驗場合，q_c 為錐形貫入抵抗力 (tons/m^2)

$$q_u = \frac{3}{40} \times q_c \times B\left(1 + \frac{D_f}{B}\right) (\text{tons/m}^2)$$

(b)黏質土地盤之極限承載力：

(b-1)連續基礎場合：$q_u = 5.3 \times c + \gamma \times D_f (\text{tons/m}^2)$

(b-2)正方形基礎場合：$q_u = 6.9 \times c + \gamma \times D_f (\text{tons/m}^2)$

(c)一般承載力公式 $\alpha \times c \times N_c + \beta \times \gamma \times B \times N_\gamma + \gamma \times D_f \times N_q$

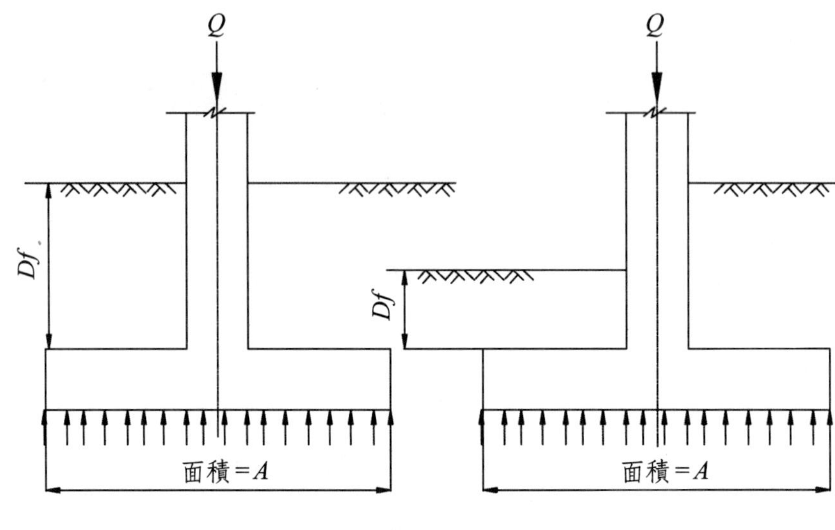

基礎承載力

名詞解釋：

q_u＝極限承載力 (tons/m^2)

c＝基礎版底面以下之土壤凝聚力 (tons/m^2)

r_1＝基礎版底以下B深度範圍內之土壤平均單位重，在地下水位以下者，應為其有效單位重 (tons/m^2)

B＝矩形基腳之短邊長度，如屬圓形基腳則指其直徑 (m)

L＝矩形基腳之長邊長度 (m)

r_2＝基礎版底以上之土壤平均單位重，在地下水位以下者，應為其有效單位重 (tons/m^3)

D_f基礎附近之最低地面至基礎版底面之深度，如鄰近有開挖，須考慮其可能之影響 (m)

N＝標準貫入試驗之 N 值（次／30cm）

N_c,N_q,N_r＝承載力因數（土壤摩擦角 ϕ 之函數）。

α,β 為形狀係數

形狀係數	連續	正方形	長方形	圓形
α	1.0	1.3	$1+0.3\frac{B}{L}$	1.3
β	0.5	0.4	$0.5-0.1\frac{B}{L}$	0.3

ϕ（度）	N_c	N_q	N_r	N_R^*
0~5	5.3	1.0	0.0	0.0
6	5.3	1.5	0.0	0.0
7	5.3	1.6	0.0	0.0
8	5.3	1.7	0.0	0.0
9	5.3	1.8	0.0	0.0
10	5.3	1.9	0.0	0.0
11	5.5	2.1	0.0	0.0
12	5.8	2.2	0.0	0.0
13	6.0	2.4	0.0	0.0
14	6.2	2.5	1.1	0.9
15	6.5	2.7	1.2	1.1
16	6.7	2.9	1.3	1.4
17	7.0	3.1	1.5	1.7
18	7.3	3.4	1.6	2.0
19	7.6	3.6	1.8	2.4
20	7.9	3.9	2.0	2.9
21	8.2	4.2	2.2	3.4
22	8.6	4.5	2.4	4.1
23	9.0	4.8	2.7	4.8
24	9.4	5.2	3.0	5.7
25	9.9	5.6	3.3	6.8
26	10.4	6.0	3.6	8.0
27	10.9	6.5	4.0	9.6

28	11.4	7.1	4.4	11.2
29	13.2	8.3	5.4	13.5
30	15.3	9.8	6.6	15.7
31	17.9	11.7	8.4	18.9
32	20.9	14.1	10.6	22.0
33	24.7	17.0	13.7	25.6
34	29.3	20.8	17.8	31.1
35	35.1	25.5	23.2	37.8
36	42.2	31.6	30.5	44.4
37	51.2	39.6	41.4	54.2
38	62.5	49.8	57.6	64.0
39	77.0	63.4	80.0	78.8
40 以上	95.7	81.2	114.0	93.6

註：為偏心載重基礎使用

6.5.2 承載力因數與土壤摩擦角 ϕ 關係表

淺基礎之容許承載力應依下列公式估計之：

(a-1)Terzaghi 長期容許承載力公式：

$$q_a = \frac{1}{3}\{a \times c \times N_c + \beta \times \gamma_1 \times B \times N_\gamma + \gamma_2 \times D_f(N_q + 2)\}(\text{tons/m}^2)$$

(a-2)Tschebotarioff 長期容許承載力公式：

$$q_a = \frac{1}{3}5.52c\,(1 + 0.38\frac{D_f}{B} + 0.44\frac{B}{L}\ (\text{tons/m}^3)$$

(a-3)Skempton 長期容許承載力公式：

此公式用在如粘土層之上有相當厚之砂土層之地盤之承載力

$$q_u=\frac{1}{3}c\times(\frac{3\pi}{2}+\frac{B_s}{d_s})+\gamma\times D_f\,(\text{tons/m}^2)$$

載重分佈寬度 $B_s=B+2D_f\tan\theta$

黏土層之厚 $=d_s$，載重之分佈角 $=0$（degree）

(a-4)利用載重試驗結果方法之公式之長期容許承載力：

$$q_u=q_t+\frac{1}{3}N'D_f\,(\text{tons/m}^2)$$

q_t= 由載重試驗，降伏載重以下之值之 1/2，或極限承載力之 1/3（二者取小者）

(b-1)Terzaghi 短期容許承載力公式：

$$q_a=\frac{2}{3}\{a\times c\times N_c+\beta\times\gamma_1\times B\times N_\gamma+\gamma_2\times D_f(N_q+2)\}(\text{tons/m}^2)$$

(b-2)利用載重試驗結果方法之公式之短期容許承載力：

$$q_u=2q_t+\frac{1}{3}N'D_f\,(\text{tons/m}^2)$$

係數 N' 之值

砂質地盤		黏土質地盤
鬆砂場合	3	3
緊密砂場合	9	3

試題 6.6

厚度 10m 之砂土層上，有一 8m × 8m 之正方形建築物基礎，計算此地盤之極限承載力（此砂層之平均 N 值 =16）

解：

$$q_u=3\times N\times B\,(1+\frac{D_f}{B})\ (\text{tons/m}^2)(N=16，B=8，D_f=0)$$

$$\therefore q_u=3\times N\times B\ (\text{tons/m}^2)=3\times 16\times 8=384\ (\text{tons/m}^2)$$ ◆

試題 6.7

砂土層上有一 12m × 20m之正方形建築物基礎，此砂土層以 10cm² 之錐體，施作錐體貫入試驗，得貫入抵抗平均值 = 320kg/cm²，計算此地盤之極限承載力

解：

$$q_u=\frac{3}{40}\times q_c\times B\,(\frac{D_f}{B})\ (\text{tons/m}^2)$$

$$\because q_c=320\text{kg/cm}^2，B=12\text{m}，D_f=0$$

$$\therefore q_c=\frac{3}{40}\times 320\times 12=288\text{kg/cm}^2$$ ◆

試題 6.8

如下圖，地表下 2.4m 為一般土壤，再往下為厚砂質黏土層，砂質黏土層上設置 2m 寬之連續基礎，計算其（土壤之單位體積重 $\gamma_2=1.5$ tons/m²，砂質黏土層之單位體積重 $\gamma_1=1.82$tons/m²，土壤棵粒比重 $G_s=2.68$，含水量 $\varpi=36\%$，土壤凝聚力 $c=0.18$kg/cm²，內部摩擦角 $\varphi=32°$，地表水位距地表面下 8m。）

解：

查表 $\varphi=32°$，$N_c=20.9$，$N_r=10.6$，$N_q=14.1$

基礎形狀係數 $\alpha=1.0$，$\beta=0.5$

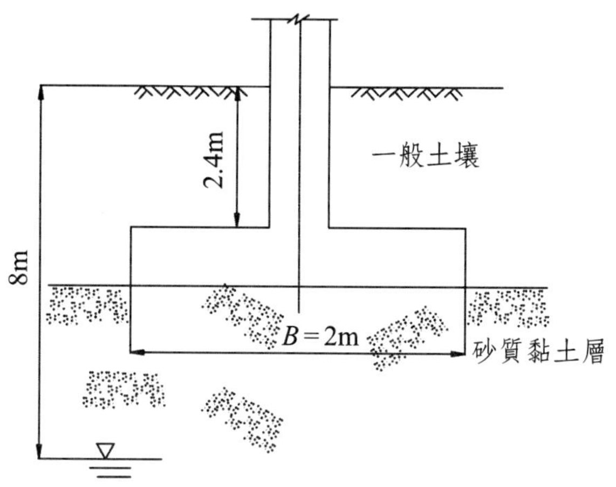

極限承載力

$q_u = \alpha \times c \times N_c + \beta \times \gamma_1 \times B \times N_r + \gamma_2 \times D_f \times N_q$

$= 1.0 \times 1.8 \times 20.9 + 0.5 \times 1.82 \times 2 \times 10.6 + 1.5 \times 2.4 \times 14.1$

$= 37.6 + 19.3 + 50.8 = 107.7\text{tons/m}^2$ ◆

試題 6.9

於上題中，假設地下水位上升至地表下 1.0m 時，計算其極限承載力

解：

(1)地下水位以下之一般土壤為完全飽和狀態，單位體積重：

$$\gamma'_2 = 1.50 - 1 = 0.5\text{tons/m}^2$$

(2)砂質黏土層之孔隙比 $e = \dfrac{G_s\gamma_w}{\gamma_1}(1+\varpi) - 1 = \dfrac{2.68 \times 1}{1.82}(1+0.36) - 1$

$= 1.00$

單位體積重 $\gamma'_1=\frac{(G_s-1)\times\gamma_w}{1+e}=\frac{(2.68-1)\times 1}{1+1.00}=0.84\text{tons/m}^2$

⑶ 極 限 承 載 力 $q_u=(1.0\times 1.8\times 20.9)+(0.5\times 0.84\times 2\times 10.6)+(1.5\times 1.0+0.5\times 1.4)\,14.1=77.6\text{tons/m}^2$ ◆

試題 6.10

如下圖

⑴地表至 3.9m 深為沉泥層，此土壤單位重，$\gamma_t=1.5\text{tons/m}^2$

⑵ 0.6m 飽和土壤單位重，$\gamma'_t=0.5\text{tons/m}^2$

⑶地表 4.5m 以下之砂土層，此砂土單位重，$\gamma_s=1.85\text{tons/m}^2$

$G_s=2.68$，$\varpi=36\%$，$\varphi=32°$，$c=0$

此地盤為 4.0m × 2.8m 之獨立基礎，計算其容許承載力

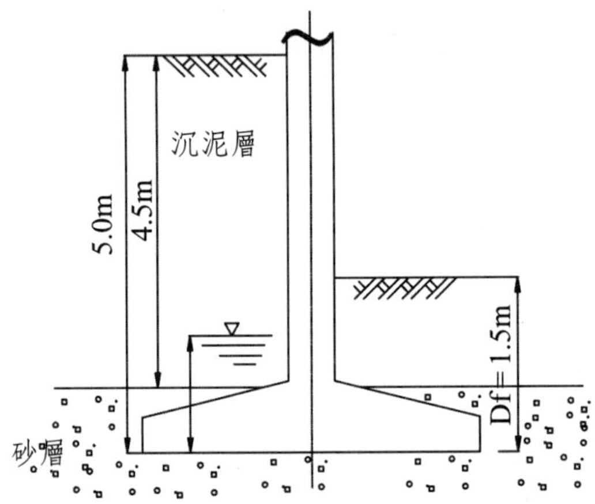

解：

(a)$a=1+0.3\frac{B}{L}=1+0.3\frac{2.8}{4}=1.21$，$\beta=0.5-0.1\frac{B}{L}=0.43$

(b)砂土層 $e=\frac{G_s\times\gamma_\varpi}{\gamma_s}(1+\varpi)-1=\frac{2.68\times 1}{1.85}(1+0.36)-1=0.97$

$$\therefore \gamma'_s = \frac{(G_s - 1)\gamma_w}{1+e} = \frac{(2.68-1)\times 1}{1+0.97} = 0.85\text{tons/m}^2$$

基礎底至地表之土壤單位重：

$$\gamma' = \frac{1.5\times(1.5-1.1)+0.5\times(1.1-0.5)+0.85\times 0.5}{(1.5-1.1)+(1.1-0.5)+0.5} = 0.88\text{tons/m}^3$$

(c)長期容許承載力：

$$q_u = \frac{1}{3}\{a\times c\times N_c + \beta\times\gamma_1\times B\times N_\gamma + \gamma_2\times D_f(N_q+2)\}(\text{tons/m}^2)$$
$$= \frac{1}{3}[0.43\times 0.85\times 0.28\times 10.6 + 0.88\times 1.5\times(14.1+2)]$$
$$= 10.7\ (\text{tons/m}^2)$$

(d)短期容許承載力：$q_a = 2\times$ 長期容許承載力 $= 21.4\text{tons/m}^2$ ◆

6.5.3 基礎之埋入深度

⑴上述淺基礎之極限承載力中之埋置深度 D_f，須考慮地形及基礎構造之型式，如下頁圖所示，同時如鄰近有開挖時須顧及其可能之影響。

⑵基礎土壤的剪力破壞型式分為全面剪力破壞、局部剪力破壞及貫穿剪力破壞三種主要類型，依土壤的種類、緊密程度、軟硬程度及基礎寬度與覆土深度等而定。依Terzaghi研究指出，當砂土摩擦角 ϕ 大於38°或黏土單軸壓縮強度大於10tons/m^{2}時，方可能產生全面剪力破壞，當砂土摩擦角 ϕ 小於28°時則產生貫穿剪力破壞，砂土摩擦角 ϕ 介於28°～38°之間時為局部剪力破壞，而通常 N_c，N_q，N_r 之值皆係由全面剪力破壞推導得之，因此必須加以適度修正。

6.5.4 偏心載重基礎

承受偏心載重之基礎，應根據偏心狀況及偏心量大小，對支承力估計予以特殊之考慮。長期載重情況之最大偏心量不得大於基礎版寬度之六分之一，短期載重情況之最大偏心量不得大於基礎版寬度之三分之一。

⑴決定長方形基礎時，如圖所示。

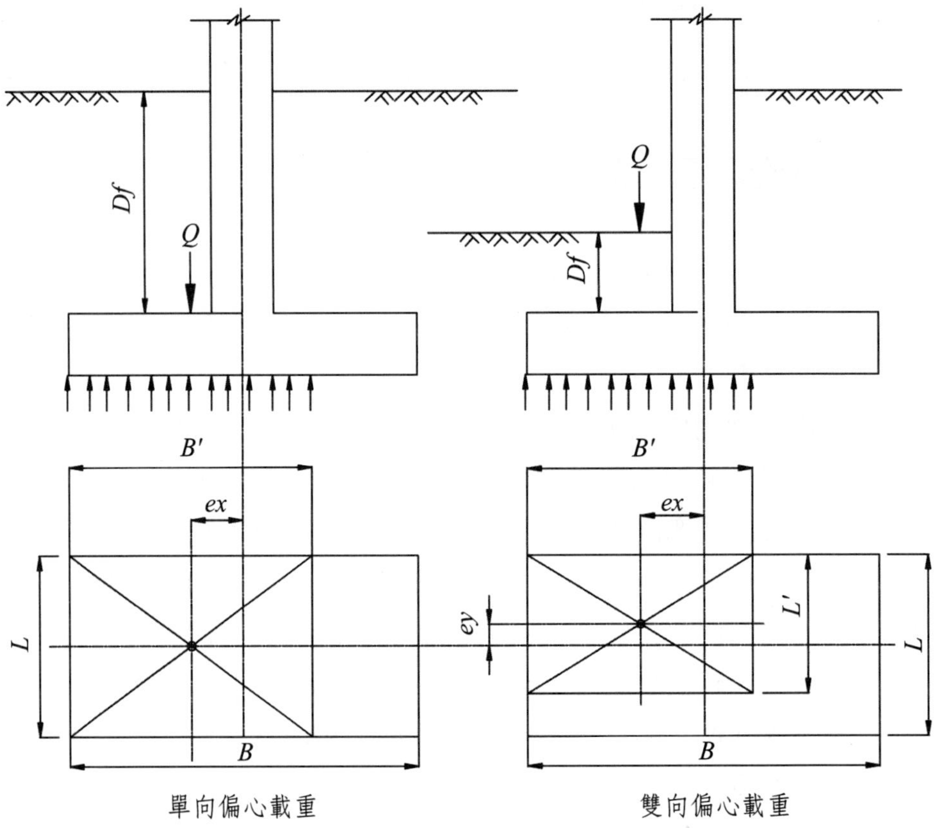

長方形基礎偏心載重

(a)單向偏心狀況

有效接觸面積 $A'=B'L$，有效寬度 $B'=B-2e_x$

(b)雙向偏心狀況

有效接觸面積 $A'=B'L'$，有效寬度 $B'=B-2e_x$，有效長度 $L'=L-2e_y$

⑵圓形基礎之有效接觸面積 $A'=r^2(\alpha-\cos\alpha\times\sin\alpha)$

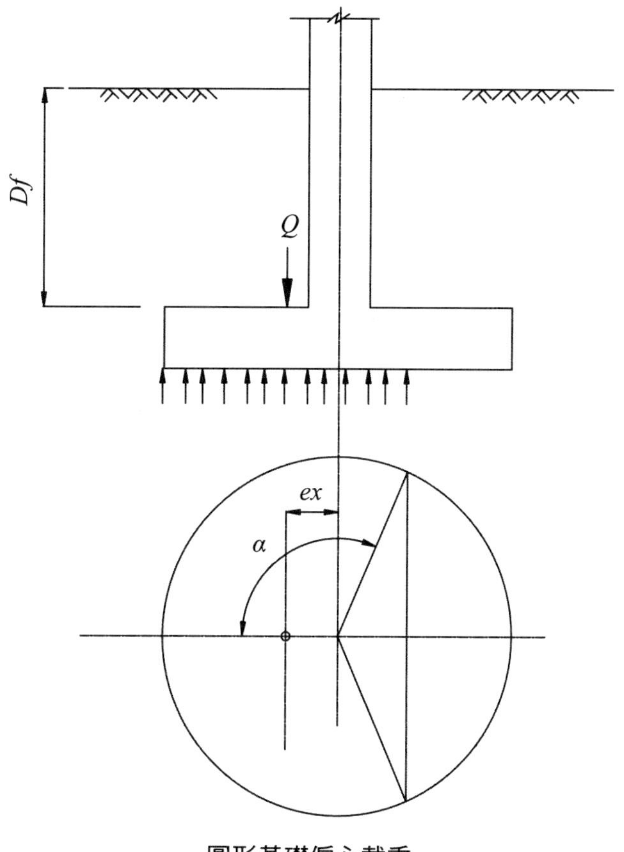

圓形基礎偏心載重

式中之 r 為圓形基礎的半徑 (m)，而 α 為接觸面積之半圓周角（以

rad 弧度表示），其值如上圖所示。

6.5.5 斜坡與層狀地層上設置基礎

斜坡與層狀地層上之淺基礎，應根據斜坡狀況及層狀地層之分佈狀況，對支承力估計予以特殊之考慮。

試題 6.11

如下圖，二十層鋼筋混凝土造大樓之筏式基礎，樓房總重＝24000tons，⑴計算當入土深＝5m 時之抵抗剪力及破壞安全係數⑵計算基礎版中央壓密沉陷量

黏土之 $\gamma_{sat}=1.9\text{tons/m}^2$，$q_u=10\text{tons/m}^2$，$C_c=0.1$，$e_0=1.0$

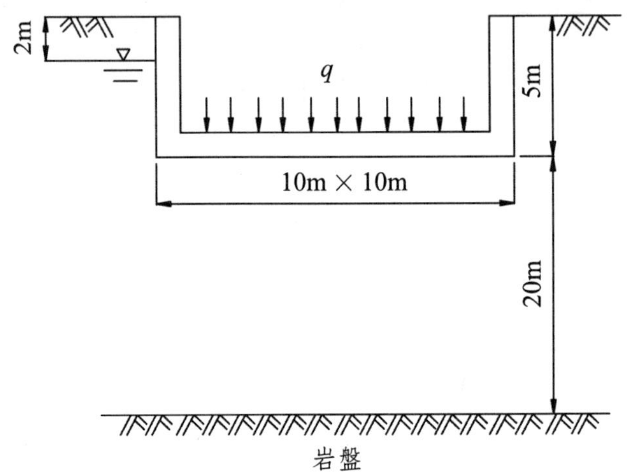

解：

⑴全系數計算

$$q=\frac{P}{A}=\frac{2400}{10\times 10}=24\text{tons/m}^2$$

$q_u = q - \gamma \times D_f = 24 - 2 \times 1.9 - 3 \times 1.9 = 14.5\text{tons/m}^2$

$c = \dfrac{q_u}{2} = 5\text{tons/m}^2$

以 Skempton 公式分析安全系數

$N_c = 5\,(1 + 0.2\dfrac{B}{L})\,(1 + 0.2\dfrac{D}{B} = 5\,(1 + 0.2\dfrac{10}{10})\,(1 + 0.2\dfrac{5}{10}) = 6.6$

$q'_u = c \times N_c = 5 \times 6.6 = 33\text{tons/m}^2$

$F.S = \dfrac{q'_u}{q_u} = \dfrac{33}{14.5} = 2.28$

⑵壓密沉陷量

假設此為正常壓密黏土，沉陷量 $\Delta H = H\dfrac{C_c}{1 + e_o}\log\dfrac{\sigma_o + \Delta\sigma_{av}}{\sigma_o}$

⑴中央之垂直應力 $\sigma_o = 2 \times 1.9 + 1.3 \times (1.9 - 1) = 15.5\text{tons/m}^2$

⑵應力增加量

$Z = 0\text{m}$ 黏土頂層 $\Delta Z_t = \dfrac{q_u \times B \times L}{(B + Z)\,(L + Z)} = 14.5\text{tons/m}^2$

$Z = 10\text{m}$ 黏土中央層 $\Delta Z_m = \dfrac{1.45 \times 10 \times 10}{20 \times 20} = 3.63\text{tons/m}^2$

$Z = 20\text{m}$ 黏土底層 $\Delta Z_b = \dfrac{1.45 \times 10 \times 10}{30 \times 30} = 1.61\text{tons/m}^2$

平均值 $\sigma_{av} = \dfrac{1}{6}(14.5 + 4 \times 3.63 + 1.61) = 5.11\text{tons/m}^2$

$\therefore$沉陷量 $\Delta H = H\dfrac{C_c}{1 + e_o}\log\dfrac{\sigma_o + \Delta\sigma_{av}}{\sigma_o}$

$= 2000 \times \dfrac{0.1}{1 + 1.0}\log\dfrac{15.5 + 5.11}{15.5} = 12.37\text{cm}$ ◆

試題 6.12

一筏式基礎 30m × 30m，建於土層地表下 6m 深處，地下水位在地表下極深處。荷重來自 15 層辦公大樓，（荷重自行估算）土壤整體單位重 2tons/m^3，設土壤剪力破壞之安全係數 = 3

⑴土層為黏土時（凝聚力 $C_u = 50\text{tons/m}^2$，$\phi_u = 0$）

⑵土層為砂土時（$c'=0$，$\phi'=30°$，$N_q=18.4$，$N_r=22.4$）

計算此二種之土層浮力所產生之承載力及土壤抗剪強度所產生之承載力

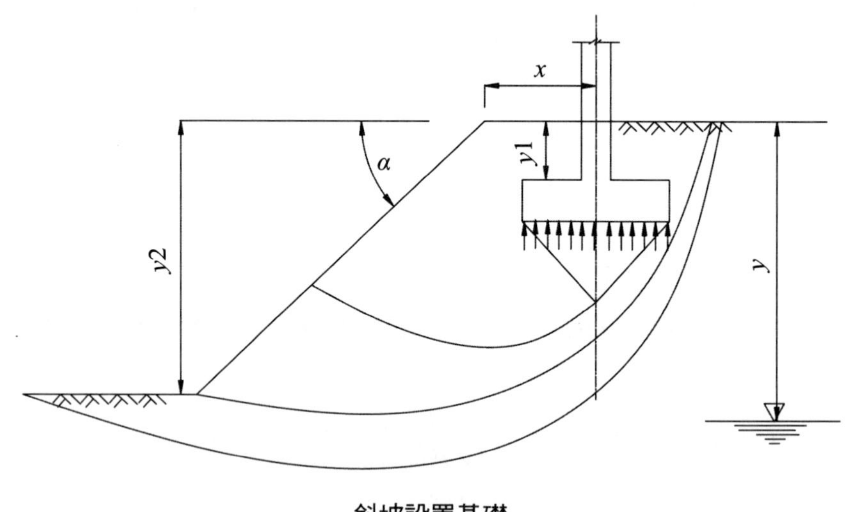

斜坡設置基礎

解：

設置於斜坡坡頂（如上圖所示）之淺基礎，其主要破壞之型式計有逕流淘刷破壞，邊坡滑動破壞及基礎支承力破壞等三類。對於逕流淘刷之控制，設計時應規劃完善之坡面排水系統及護坡設施予以防治。對於邊坡穩定之問題，則於設計階段應有完整慎密之分析，並根據邊坡穩定分析結果，施以必要之邊坡穩定及水土保持設施，以確保邊坡穩定無虞後，始可進行基礎之規劃設計。斜坡上淺基礎之極限支承力必須根據斜坡狀況、基礎位置及地層狀況而加以評估，一般而言，其承載力大小隨著斜坡角度增加而減少，極限承載力得參考 Meyerhof (1957)所提出之斜坡上基礎承載力理論估算。

沖積地層之土層可能由一層一層不同土壤所組成，由於土壤種類與性質皆不同，因此層狀地層承載力估算，必須考慮各種狀況，並取其最小值為基礎承載力。

⑴緊密砂土層下接軟弱黏土層時，其承載力為下接軟弱黏土層承載力加上基礎貫穿緊密砂土層所提供承載力之總和，但承載力不得大於緊密砂土層之承載力。

⑵堅硬黏土層下接軟弱黏土層時，其承載力為下接軟弱黏土層承載力加上基礎貫穿堅硬黏土層所提供承載力之總和，但承載力不得大於堅硬黏土層之承載力。

⑶軟弱黏土層下接堅硬黏土層時，其承載力為軟弱黏土承載力與堅硬黏土層承載力兩者內插推求之，並應考慮是否可能產生塑性流破壞現象。

⑷有關層狀地層上之淺基礎承載力得參考Meyerhof and Hanna (1978)所發表支承力理論估算之。 ◆

6.6 樁基礎

基樁之支承力因施工方式而異，採用打擊方式將基樁埋置於地層中者，稱為打入式基樁；採用鑽掘機具依設計孔徑鑽掘樁孔至預定深度後，吊放鋼筋籠，安裝特密管，澆置混凝土至設計高程而成者，稱為鑽掘式基樁；採用螺旋鑽在地層中鑽挖與樁內徑或外徑略同之樁孔，再將預製之鋼樁、預力混凝土樁或預鑄鋼筋混凝土樁以插入、壓入或輕敲打入樁孔中而成者，稱為植入樁。

基樁於垂直極限載重作用下，樁頂載重全部或絕大部份由樁表面與土壤之摩擦阻力所承受者，稱為摩擦樁；由樁底支承壓力承受全部或絕大部份載重者，稱為點承樁。

⑴基樁之選擇及設計，應綜合考慮地質條件、上部構造型式、載重方式、容許變形、施工可行性、施工品質與環境、檢測條件等因素審慎評估之。

⑵同一建築物之樁基礎設計，應儘量避免混用不同材質、施工方法或支承方式之基樁；惟特殊之情況經分析對建築物無不利影響者得混用之。

⑶若基樁通過可能液化之地層時，則於地震或振動載重考量下，應將能液化部份之土壤支承力予以適當之折減或不予考慮並應適度考慮液化後土壤流動所造成之影響。

⑷基樁之設計應能承受基礎施加之全部載重，基樁間土壤之支承力一般不予考慮。惟對於樁數超過 3 支以上之摩擦樁樁基，若經確認基礎與其底面下方土壤不致發生分離者，則基樁間土壤之支承力得予考慮。

基樁設計應考慮施工可能因樁身之垂直度不易控制、樁頭位置偏差等原因產生之偏心影響。

基樁之支承力基本上係由樁身摩擦阻力及樁底端點支承力兩種機制所提供，支承力之發揮與基樁之施工方式有密切之關係，依據基樁施工過程對土壤之擠壓或擾動程度，以及樁材為預鑄或場鑄之不同，可將基樁分類為鑽掘式基樁、打入式基樁及植入式基樁三種。

6.6.1 靜力學的承載公式

(a)Dorr 公式：Q_u = 靜力學極限承載力 = $Q_p + Q_f + Q_e$(tons)

(a-1)Q_p = 基樁端極限承載力 = $\gamma \times L \times A_p \times \tan^2(45° + \frac{\phi}{2})$(tons) (a-2)$Q_f$＝基樁之表面摩擦阻力＝$\frac{1}{2} \times \gamma \times L^2 \times U_\mu(1+\tan^2\phi)$(tons)

(a-3)Q_e＝基樁四周之土壓力＝$C \times U \times L$(tons)

(a-4)γ＝土壤之單位體積重 (tons/m^3)

(a-5)L＝基樁埋入之深度

(a-6)A_p＝基樁端點面積 (m^2)

(a-7)U＝基樁之周長 (m)

(a-8)ϕ＝基樁與土壤之摩擦係數 ($\frac{3}{4}\tan\phi \leq \mu \leq \tan\phi$)

(a-9)C＝基樁與土壤之附著力 (tons/m^2)

(a-10)Dorr 公式之安全係數

側面土壤堅硬時＝1.5，

側面土壤柔軟時＝2.0

底部與側面同時受力時＝2.5

作用於摩擦樁時＝3.0

(b)Terzaghi 之修正公式：$Q_u = q \times A_p + f_s \times U \times L$

符號說明：

$$Q_u = \text{單樁之極限承載力} = q \times A_p + f_s \times U \times L \text{ (tons)}$$

(b-1)q＝樁尖端於接觸地盤之單位面積極限承載力 (tons/m^2)

$$= \frac{1}{F}[\alpha \times C \times N_c + \beta \times \gamma \times B \times N_r + \gamma \times L \times N_q]$$

(b-2)F＝安全係數：長期＝3，短期＝1.5

(b-3)A_p＝樁尖端面積 (m^2)

(b-4)f_s＝基樁埋入之表面與土壤之摩擦抵抗力 (tons/m^2)

(b-5)U＝樁之周長 (m)

(b-6)L＝樁之埋入深度 (m)

f_s 之值

	土質	f_s (tons/m^2)
細粒土	浮泥	1.25±1
	沉泥土	1.5±1
	軟黏土	2.0±1
	沉泥質黏土	3.0±1
	砂質黏土	3.0±1
	中黏土	3.5±1
	砂質沉泥	4.0±1
	堅硬粘質黏土	4.5±1
	緊細沉泥質黏土	6.0±1.5
	堅硬夯壓黏土	7.5±2.0
粗粒土	沉泥質砂土	3.0±1
	一般砂	6.0±2.5
	砂及砂礫	10.0±5.0
	礫石	12.5±5.0

(c)Meyerhof 公式

對於砂質地盤，利用標準貫入試驗抵抗值 N，求承載力的方法

$$Q_u=\frac{1}{3}\times(43\times N\times A_p\times \overline{N}\times A_s/\sigma)，$$

Q_u = 單樁之極限承載力 (tons)

A_p = 樁尖端面積 (m^2)

A_s = 貫入承載層部份之樁周表面積 (m^2)

N = 樁尖端地盤之貫入試驗值

$\overline{N}$ = 貫入承載層深度之平均貫入試驗值

6.6.2 動力學的承載公式

(a)基本式：

$$R_d \times S = e_f \times \left[W_H \times H - W_H \times H \times \frac{W_p(1-e^2)}{W_H + W_p} \right] - \frac{R_d \times C_1}{2} - \frac{R_d \times c_2}{2} - \frac{R_d \times c_3}{2}$$

R_d＝樁之動力承載力 (tons)

W_H＝鎚之重量 (tons)

S＝樁之貫入量 (cm)

W_p＝樁之重量 (tons)

H＝鎚之落下高度 (cm)

c_1＝樁之彈性變形量 (cm)

c_2＝地盤之彈性變形量 (cm)

c_3＝樁帽之彈性變形量 (cm)

e_f＝鎚之打擊效率

（差動蒸氣鎚＝75%，複動蒸氣鎚＝85%，柴油鎚＝100%，）

e＝恢復系數

(b)Wellington (Engineering News) 公式

$$R_d = \frac{W_H \times H}{S + 2.54}$$

(b-1)差動式蒸氣鎚場合：$R_d = \frac{1}{F} \times \left(\frac{W_H \times H}{S + 0.254} \right)$

(b-2)複動式蒸氣鎚場合：$R_d = \frac{1}{F} \times \left(\frac{H \times W_H + W_p \times A_H}{S + 0.254} \right)$

A_H＝鎚之有效面積 (cm^2)

F＝安全系數＝6

(c)Terzaghi 公式：

$$R_d=\frac{1}{F}\times\left\{A_p\times E\left[-S+\sqrt{S^2+W_H\times H\times\left(\frac{W_H+e^2\times W_p}{W_H+W_p}\right)\times\frac{2L}{A\times E}}\right]\right\}$$

A_p＝樁之斷面積 (cm^2)

E＝樁之楊氏系數 (tons/cm^2)

L＝樁之長度 (cm)，F＝安全系數 (2.0～2.5)

6.6.3 群樁之影響

(a)考慮群樁影響之樁間隔：

$$D_o=1.5\sqrt{r\times L}$$

D_o＝不考慮群樁影響之最小間隔 (m)

r＝樁之平均半徑，L＝樁貫入土中之長度 (m)

(b)考慮群樁影響之樁之容許承載力

Q_a＝樁之容許承載力

$$=\frac{1}{n}\times\left[A\times(q_a-\overline{P})+A_\phi\times A\times L\times\frac{\tau}{3}\right]$$（tons ／每單樁）

n＝群樁中的單樁數量

q_a＝容許承載力

$$=\frac{1}{3}(\alpha\times C\times N_c+\beta\times\gamma_1\times B\times N_\gamma+\gamma_2\times D_f\times N_q)\ \text{(tons)}$$

$\overline{P}$＝群樁底尖端之單位面積作用力＝$\overline{\gamma}\times L+\frac{n\times W_p}{A}$ (tons/m^2)

$\overline{\gamma}$＝樁間土壤之平均單位重（tons/m^3）

A＝連結樁群四周所包圍之面積

A_ϕ = 樁群每支樁周長之和

W_p = 每隻樁之重量（tons）

τ = 接觸土壤之抗剪力（tons/m^2）

試題 6.13

將直徑 30cm，長 10m 之離心力鋼筋混凝土樁打入砂質土中，試計算其極限承載力及容許承載力。砂質土單位體積重量 $\gamma_t = 1.8\text{t/m}^3$，內部摩擦角 $\phi = 35°$，平均 N = 25。

解：

(1)以 Dorr 公式解題

(a)$Q_p = \gamma \times L \times A_p \times \tan^2(45° + \frac{\phi}{2})$

$= 1.8 \times 10 + \frac{\pi}{4} \times (0.3)^2 \times \tan^2(45° + \frac{35°}{2})$

$= 1.273\tan°62.5° = 1.273 \times 1.921 = 2.45(\text{tons})$

(b)$Q_f = \frac{1}{2} \times \gamma \times L^2 \times U_\mu \times (1 + \tan^2\phi)$

$= \frac{1}{2} \times 1.8 \times 10^2 \times \pi \times 0.3 \times \frac{3}{4}\tan 35° \times (1 + \tan^2 35°)$

$= 66.4(\text{tons})$

$\therefore Q_u = Q_p + Q_s = 2.45 + 66.4 = 68.9(\text{tons})$ $\therefore Q_a = \frac{68.9}{3} = 28.0(\text{tons})$

(2)以 Terzaghi 公式解題

(a)$q = 0.3 \times 1.8 \times 0.3 \times 24 + 1.8 \times 10 \times 26$

$= 3.89 + 468.0 = 471.9(\text{t/m}^2)$

$\therefore q \times A_p = 471.9 \times 0.0707 = 33.4(\text{tons})$

$f_s \times U \times L = 6.0 \times 0.3 \times \pi \times 10 = 56.5(\text{tons})$

$Q_u = q \times A_p + f_s \times U \times L = 33.4 + 56.5 = 89.9(\text{tons})$

$$\therefore Q_a = \frac{89.9}{3} = 30(\text{tons})$$ ◆

試題 6.14

如圖之堅滯性土層，打入直徑 20cm，長 10m 之離心力鋼筋混凝土椿，試計算樁之承載力。

GL + 0.0

1.0m	Layer 01
3.0m（地下水位於 Layer 02 頂面以下 1.5m）	Layer 02
1.0m	Layer 03
1.0m	Layer 04
2.5m	Layer 05
1.5m	Layer 06

Layer 01: $\gamma_t = 1.6\text{tons/m}^3$，$\phi = 8°$，$N = 4$，$C = 1.5\text{tons/m}^2$

Layer 02: $\gamma_t = 1.6\text{tons/m}^3$，$\phi = 8°$，$N = 10$，$C = 6.0\text{tons/m}^2$，

$\gamma'_t = 1.0\text{tons/m}^3$

Layer 03: $\phi = 8°$，$N = 10$，$C = 6.0\text{tons/m}^2$，$\gamma'_t = 1.0\text{tons/m}^3$

Layer 04: $\phi = 8°$，$N = 7$，$C = 3.0\text{tons/m}^2$，$\gamma'_t = 1.0\text{tons/m}^3$

Layer 05: $\phi = 8°$，$N = 22$，$C = 10\text{tons/m}^2$，$\gamma'_t = 1.0\text{tons/m}^3$

Layer 06: $\phi = 8°$，$N = 30$，$C = 12\text{tons/m}^2$，$\gamma'_t = 1.0\text{tons/m}^3$

解：

(1)以 Dorr 公式解：

$$Q_p=\gamma \times L \times A_p \times \tan^2(45°+\frac{\phi}{2})$$

$$=\{(1.6 \times 1.0)+(1.6 \times 1.5)+(1.0 \times 1.5)$$

$$+(1.0 \times 1.0)+(1.0 \times 1.0)+(1.0 \times 2.5)+(1.0 \times 2.5)\} \times \frac{0.3^2\pi}{4}$$

$$\times \tan^2(45°+\frac{8°}{2})$$

$$=11.5 \times 0.0707 \times \tan^2 49°$$

$$=11.5 \times 0.0707 \times 1.15^2$$

$$=1.074\text{t}$$

$$Q_f=\frac{1}{2}\gamma L^2 U_\mu(1+\tan^2\phi)$$

$$=\frac{1}{2}\{(1.6 \times 1.0^2)+(1.6 \times 1.5^2)+(1.0 \times 1.5^2)$$

$$+(1.0 \times 1.5^2)\} \times 0.942 \times \frac{3}{4}\tan 8° \times (1+\tan 8°)$$

$$=\frac{1}{2} \times 17.95 \times 0.942 \times \frac{3}{4} \times 0.141 \times (1+0.141^2)=0.911\text{t}$$

$$Q_c=CUL=\{(1.5 \times 1.0)+(6.0 \times 3.0)+(6.0 \times 1.0)$$

$$+(3.0 \times 1.0)+(10.0 \times 2.5)+(12.0 \times 1.5)\} \times 0.942$$

$$=71.5 \times 0.942$$

$$=67.4\text{t}$$

$$\therefore Q_s=Q_p+Q_f+Q_c$$

$$=1.07+0.91+67.40=69.4\text{t}$$

$$\therefore Q_s=\frac{69.4}{3}=23.1\text{t}$$

(2)以 Terzaghi 修正公式解：

$$q=1.3CN_c+0.3\gamma BN_\gamma+\gamma LN_q$$

$$=1.3 \times 12.0 \times 5.3+0.3 \times 1.0 \times 0.3 \times 0$$

$$+\{(1.0\times 7.5)+(1.6\times 2.5)\}\times 1.88$$

$$=82.6+21.6=104.2\text{t/m}^2$$

$$f_s=3.5\text{t/m}^2$$

$$f_s\times U\times L=3.5\times 0.942\times 10.0=33.0\text{t}$$

$$\therefore Q_u=q\cdot A_p+f_s\cdot U\cdot L=7.4+33.0=40.4\text{t}$$

$$\therefore Q_s=\frac{40.4}{3}=13.5\text{t}$$

⑶以 Meyerhof 公式解：

$$Q_u=43\times 30\times 0.0707+15\times 0.942\times 1.5\times\frac{1}{6}=91.0+3.5=94.5$$

$$\therefore Q_a=\frac{94.5}{3}=31.5\text{t}$$

◆

試題 6.15

如下圖之砂質地盤，打入直徑 30cm，長 10m 之離心力鋼筋混凝土樁，試計算樁之承載力。

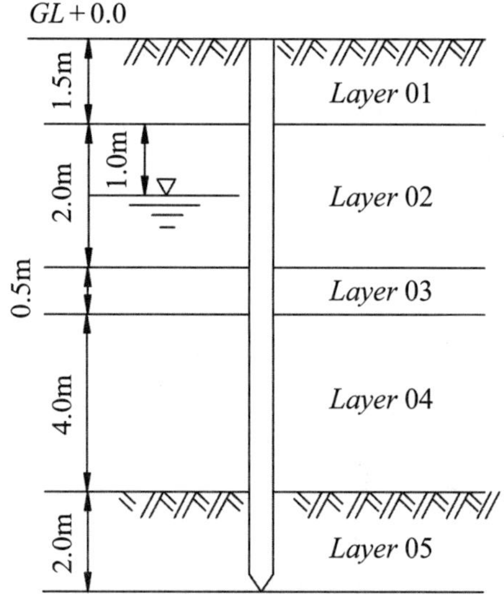

Layer 01: $\gamma_t = 1.6\text{tons/m}^3$，$\phi = 0°$，$N = 6$，$C = 1.5\text{tons/m}^2$

Layer 02: $\gamma_t = 1.8\text{tons/m}^3$，$\phi = 28°$，$N = 5$，$C = 0\text{tons/m}^2$，$\gamma'_t = 0.8\text{tons/m}^3$

Layer 03: $\phi = 41°$，$N = 50$，$C = 0\text{tons/m}^2$，$\gamma'_t = 1.0\text{tons/m}^3$

Layer 04: $\phi = 35°$，$N = 25$，$C = 0\text{tons/m}^2$，$\gamma'_t = 1.0\text{tons/m}^3$

Layer 05: $\phi = 39°$，$N = 40$，$C = 0\text{tons/m}^2$，$\gamma'_t = 1.0\text{tons/m}^3$

解：

(1)以 Dorr 公式解之：

$$Q_p = \gamma L A_p \tan^2(45° + \frac{\phi}{2})$$

$$= 1.0 \times 2.0 \times 0.0707 \times \tan^2(45° + \frac{39°}{2})$$

$$= 0.141 \times \tan^2 64.5° = 0.618\text{t}$$

$$Q_f = \frac{1}{2}\gamma L^2 U_\mu (1 + \tan^2\phi)$$

$$= \frac{1}{2} \times 0.942 \times [\{(1.0 \times 2.0^2) \times \frac{3}{4}\tan 39° \times (1 + \tan^2 39°)\}$$

$$+ \{(1.0 \times 4.0^2) \times \frac{3}{4}\tan 35° \times (1 + \tan^2 35°)\}$$

$$+ \{(1.0 \times 0.5^2) \times \frac{3}{4} tam\, 41° \times (1 + \tan^2 41°)\}$$

$$+ \{(0.8 \times 1.0^2 + 1.8 \times 1.0^2) \times \frac{3}{4}\tan 28° \times (1 + \tan^2 28°)\}]$$

$$= \frac{1}{2} \times 0.942 \times 17.1 = 8.05\text{t}$$

$$Q_c = CUL = 1.5 \times 0.942 \times 1.5 = 2.14(\text{tons})$$

$$\therefore Q_u = Q_p + Q_f + Q_c = 0.618 + 8.05 + 2.12 = 10.79(\text{tons})$$

$$\therefore Q_a = \frac{10.8}{3} = 3.6\text{t}$$

(2)以 Terzaghi 公式解之：

$$q = 1.3CN_c + 0.3\gamma BN_\gamma + \gamma LN_q$$

$$= 0.3 \times 1.0 \times 0.3 \times 82 + \{(1.0 \times 2.0 \times 78) + (1.0 \times 4.0 \times 26)$$

$$+(1.0\times 0.5\times 81.2)+(0.8\times 1.0+1.8\times 1.0)\times 7.1$$
$$+(1.6\times 1.5\times 1.0)\}$$
$$=7.37+(156+104+40.6+18.5+2.4)=328.9\text{t/m}^2$$

$$q\cdot A_p=328.9\times 0.0707=32.9\text{t}$$

$$f_s=5\text{t/m}^2$$

$$f_s\times U\times L=5\times 0.942\times 8.5=40.1\text{t}$$

$$\therefore Q_s=q\cdot A_p+f_s UL=32.9+40.1=73.0\text{t}$$

$$\therefore Q_a=\frac{73.0}{3}=24.3\text{t}$$

⑶以 Meyerhof 公式解之：

$$Q_u=43\times 40\times 0.0707+25.3\times 0.942\times 8.5\times \frac{1}{6}$$
$$=121.5+33.8=155.3\text{t}$$

$$\therefore Q_a=\frac{155.3}{3}=51.8\text{t}$$

由以上之結果，Dorr 公式應用於滯性土層，計算摩擦樁之承載力可得較好之值。於砂層承載樁的場合，較難適用。 ◆

試題 6.16

將容許承載力 45t的離心力鋼筋混凝土樁，用單動式蒸汽錘打入，錘之落下高度為 90cm，錘重 2.3t，試計算其沉陷量。

解：

應用 Wellington 公式

$$S=\frac{W_H\cdot H}{6R_a}-0.254$$
$$=\frac{2.3\times 90}{6\times 45}-0.254$$
$$=0.51\text{cm}$$

◆

試題 6.17

如下圖之黏土地盤，打入直徑 30cm，長 12m，重 1.5t 之離心鋼筋混凝土椿 9 隻，其間隔為 1m，試計算單樁及群樁之長期容許承載力。

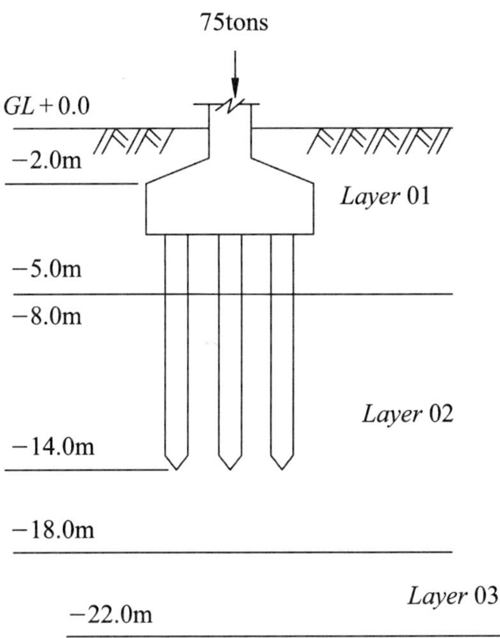

Layer 01: $\gamma_t = 1.7 \text{tons/m}^3$，$\phi = 2.5°$，$C = 2.0 \text{tons/m}^2$

Layer 02: $\gamma_t = 1.5 \text{tons/m}^3$，$\phi = 28°$，$N = 5$，$C = 2.5 \text{tons/m}^2$，

$\gamma'_t = 0.9 \text{tons/m}^3$，$e_o = 0.74$，$C_c = 0.33$

Layer 03: $C = 1.8 \text{tons/m}^2$，$\gamma'_t = 0.8 \text{tons/m}^3$，$C_c = 0.66$，$e_o = 0.84$，

解：

承載力計算

(1)以 Dorr 公式解之：

$$Q_p=\gamma \times L \times A_p \times \tan^2(45°+\frac{\phi}{2})$$

$$=[\{1.7 \times 3.0 \times \tan^2(45°+\frac{2.5°}{2})\}$$

$$+\{(1.5 \times 3.0+0.9 \times 6.0) \times \tan^2(45°+\frac{3°}{2})\}]$$

$$=\{5.1\tan^2 46.25°+9.9\tan^2 46.5°\} \times 0.0707$$

$$=(5.1 \times 1.045^2+9.9 \times 1.054^2) \times 0.0707$$

$$=(5.57+11.02) \times 0.0707=1.17(\text{tons})$$

$$Q_f=\frac{1}{2}\gamma \times L^2 \times U_\mu(1+\tan^2\phi)$$

$$=\frac{1}{2} \times 0.942 \times [\{1.7 \times 3.0^2 \times \frac{3}{4}\tan 2.5° \times (1+\tan^2 2.5°)\}$$

$$+\{(1.5 \times 3.0^2+0.9 \times 6.0^2) \times \frac{3}{4}\tan 3° \times (1+\tan^2 3°)\}]$$

$$=0.471 \times \{(11.48 \times 0.044 \times 1.002)+(34.4 \times 0.052 \times 1.003)$$

$$=0.471 \times (0.51+1.79)=0.471 \times 2.30=1.08(\text{tons})$$

$$Q_c=C \times U \times L$$

$$=0.942 \times \{2.0 \times 3.0+2.5 \times 9.0\}$$

$$=0.942 \times 28.5$$

$$=26.84\text{t}$$

$$\therefore Q_s=Q_p+Q_f+Q_c$$

$$=1.17+1.08+26.84$$

$$=29.1\text{t}$$

$$\therefore Q_c=\frac{29.1}{3}=9.7\text{t}$$

(2)以 Terzaghi 修正公式解之：

$$q=1.3 \times C \times N_c+\gamma \times L \times N_G$$

$$=1.3 \times 2.5 \times 5.3+[(0.9 \times 6.0+1.5 \times 3.0) \times 1.25+(1.7 \times 5.0 \times 1.2)]$$

$$=17.2+12.4+10.2=39.8\text{tons/m}^2$$

$q \times A_y = 39.8 \times 0.0707 = 2.81\text{t}$

$f_s \times U \times L = \{(1.5 \times 3.0) + (3.0 \times 9.0)\} \times 0.942$

$= (4.5 + 27.0) \times 0.942 = 31.5 \times 0.942 = 29.6(\text{tons})$

$\therefore Q_s = q \times A_p + f_q \times U \times L$

$= 2.8 + 29.6 = 32.4(\text{tons})$

$\therefore Q_a = \frac{32.4}{3} = 10.8\text{t}$

由以上之兩種計算方法，單樁之長期容許承載力為 10tons

(3)檢討因群樁影響之承載力：$\gamma = 0.15\text{m}$，$L = 12\text{m}$，

$$D_o = 1.5\sqrt{\gamma \times L} = 1.5\sqrt{0.15 \times 12} = 1.5 \times 1.34 = 2.01\text{m}$$

樁間隔 1m 較此為小

$$P_{ae} = \frac{1}{n}[A(q_a - \overline{P}) + \phi \times L \times \frac{\tau}{3}]$$

(4)考慮群樁之影響，計算樁之長期容許承載力

$q_a = \frac{1}{3}q = \frac{1}{3} \times 39.8 = 13.3\text{t/m}^2$

$A = 2 \times 2 = 4\text{m}^2$

$P = \frac{1.5 \times 9 + (1.7 \times 3.0 + 1.5 \times 3.0 + 0.9 \times 6.0) \times 4}{4} = 18.4\text{t/m}^2$

$\phi = 2 \times 4 = 8$，$\tau = 2.4\text{t/m}^2$

$R_{ac} = \frac{1}{9}[4 \times (13.3 - 18.4) + 8 \times 12.0 \times \frac{2.4}{3}]$

$= \frac{1}{9}[-20.4 + 76.8] = \frac{1}{9} \times 56.4 = 6.3\text{pcs}$

考慮群樁的影響 $R_{ac} = 6\text{tons/pc}$，而每單樁的長期容許承載力由 10tons 降低為 6tons。載重為 75tons。

(5)壓密沉陷量計算。

將土層分為 Layer A (GL−10m～−14m)，Layer B (GL−14m～−18

m)， Layer C (GL－18m～－22m)

(a)有效土壓 P_o 之計算

A 層：$P_{OA}=1.7\times5.0+1.5\times3.0+0.9\times4.0=8.5+4.5+3.6$

$=16.6\text{tons/m}^2$

B 層：$P_{OB}=16.6+0.9\times4.0=16.6+3.6=20.2\text{t/m}^2=20.2\text{t/m}^2$

C 層：$P_{OC}=20.0+0.9\times2.0+0.8\times2.0=20.2+1.8+1.6=23.6\text{t/m}^2$

(b)壓密應力 ΔP 之計算：$q=\dfrac{75}{4}=18.8\text{t/m}^2$

(c)壓密沉陷量之計算：$S=\dfrac{C_c}{1+e}H\log\dfrac{P_o+\Delta P}{P_o}$

	（中心點）	（角偶）
A 層	$m=\dfrac{1.5}{2}=0.75=n$	$m'=\dfrac{3.0}{2}=1.50=n'$
	$\Delta P_A=18.8\times0.136\times4=10.2\text{t/m}^2$	$\Delta P'_A=18.8\times0.215=4.04\text{t/m}^2$
B 層	$m=\dfrac{1.5}{6}=0.25=n$	$m'=\dfrac{3.0}{6}=0.50=n'$
	$\Delta P_B=18.8\times0.028\times4=2.11\text{t/m}^2$	$\Delta P'_B=18.8\times0.084=1.58\text{t/m}^3$
C 層	$m=\dfrac{1.5}{10}=0.15=n$	$m'=\dfrac{3.0}{10}=0.30=n'$
	$\Delta P_C=18.8\times0.011\times4=0.828\text{t/m}^2$	$\Delta P_B'=18.8\times0.037=0.695\text{t/m}^2$

A 層：$S_A=\dfrac{0.33}{1+0.74}\times400\times\log\dfrac{16.6+7.12}{16.6}=11.8\text{cm}$

B 層：$S_B=\dfrac{0.33}{1+0.74}\times400\times\log\dfrac{20.2+1.85}{20.2}=2.9\text{cm}$

C 層：$S_C=\dfrac{0.66}{1+0.84}\times400\times\log\dfrac{23.6+0.762}{23.6}=1.9\text{cm}$

$\therefore S=S_A+S_B+S_C=11.8+2.9+1.9=16.6\text{cm}>10\text{cm}$（一般基腳基礎之容許沉陷量） ◆

chapter 7

擋土牆設計應依據其功能要求、基地之地形、地質與環境條件，以及容許變位量等，充分檢討其整體穩定性與牆體結構安全性，並妥適評析擋土牆之景觀調和性及施工性。

1. 擋土牆型式之選擇基本上應考慮以下各種條件：

(1-1)擋土牆構築之目的及功能

(1-2)擋土牆之重要性及其行為之可靠性

(1-3)基地之地質、地形、地層構造及地下水因素之適用性

(1-4)擋土牆施工方式及難易度

(1-5)擋土牆周邊既有構造物及管線設施之安全性

(1-6)擋土牆用地之限制

(1-7)工程造價之經濟性及工期長短

(1-8)擋土牆對周邊景觀及環境之衝擊及影響程度。

2. 擋土牆設計應考慮下列三項主要重點：

(2-1)對於作用於擋土牆之靜態及動態側向土壓力，需依牆體斷面幾何形狀及尺寸、牆身前後土岩體性質及分佈、牆身前後地表規則性及坡度、牆體與土岩體間互制行為特性等條件，研判並考慮採用適用該狀態土壓力之計算方法。對於作用於擋土牆之水壓力，亦需視地下水狀況及排水濾層之設置方式，考量其計算方式。

(2-2)擋土牆牆體及整體穩定性需針對各項可能破壞型式採用適用之方法分析其安全性。在靜態條件下，擋土牆可能之破壞型式包括：傾覆（前傾或後傾）破壞、滑動破壞（淺層或深層全面破壞）、塑性流動破壞、基礎承載破壞。在動態條件下，擋土牆可能之破壞型式包括：牆背或牆基土壤液化導致破壞，牆體前後動態側壓力增量造成傾覆或滑動破壞。

(2-3)核算擋土牆結構體之斷面應力，包括牆身及基礎版之彎矩應力、剪應力等，以及剪力榫之檢核等。

7.1 作用力

作用於擋土牆之側向壓力受牆體與地層間之相對變位行為、地下水位、地層特性、周圍載重狀況及地震等因素之影響。設計時應考慮之作用力如下：

(1)側向土壓力，包含如主動土壓力、被動土壓力及靜止土壓力等。

(2)水壓力如靜水壓力、滲流壓力及上浮力等。

(3)地震所產生之土壓力、水壓力及慣性力等。

(4)地表上方超載。

(5)牆背回填土所產生之回脹壓力。

(6)擋土牆結構體之靜載重。

1. 擋土牆之設計應就各作用於牆體之作用力檢核擋土牆之整體穩定性及結構斷面應力，並應於擋土牆背側設置適當之排水及濾層設施。

2. 擋土牆之回填土不宜採用高塑性或具回脹性凝聚性土壤，以避免凝聚性土壤吸水回脹對牆背產生額外側壓，凝聚性土壤之回脹壓力宜藉由室內試驗結果評估之。為減低牆背回填土之回脹壓力可考慮下列方式處理：

(2-1)選用非凝聚性粗粒料土壤填築於牆背與凝聚性土層之間。

(2-2)設置完善之濾層排水設施。

(2-3)置換牆背具回脹性凝聚性土壤。

3. 背填土為透水性良好的砂、礫石材料且長期有高地下水存在時，於地震時應考慮動水壓力。

4. 寒冷地區應考慮地層受冰凍所引起之壓力。

7.2 靜止土壓力

擋土牆不發生或不容許其產生側向變位時，作用於牆背之側向土壓力應採靜止土壓力計算。在土壤之單位面積靜止土壓力$\varepsilon_h=0$，土壤單元處於靜止狀態。

作用於牆 AB 上之側向土壓力稱為靜止土壓力。

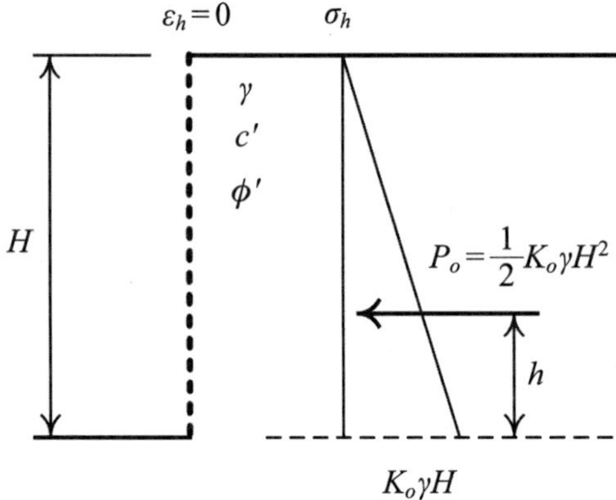

無地下水位之單一土層靜止側向應力分佈圖

7.2.1 靜止土壓力

單一土層且無地下水位，靜止側向作用力：

$$\sigma_o=k_o\times\gamma\times h$$

$P_o=\frac{1}{2}K_o\times\gamma\times H^2$，作用位置：$h_o=\frac{H}{3}$

σ_o = 單位面積靜止土壓力（tons/m^2）

P_o = 靜止土壓力合力（tons/m）

K_o = 靜止土壓力係數，其值得依經驗推估之，但不得小於 0.5，如土壤為過壓密狀態者，應詳加考慮其過壓密性質並酌予提高

k_o 經驗式：

(1)粗粒或粒狀土壤：$k_o=1-\sin\phi'$

(2)正常壓黏土：$k_o=0.95-\sin\phi'$

(3)過壓密凝聚性土壤：$k_o=(0.95-\sin\phi')\sqrt{(OCR)}$

式內之 ϕ' 為牆背土壤之有效內摩擦角。

h = 距擋土牆頂之深度 (m)

H = 擋土牆總高度 (m)

γ = 土壤單位重，位於地下水位者，以有效單位重計 (tons/m^3)

(4)靜止側向應力之計算

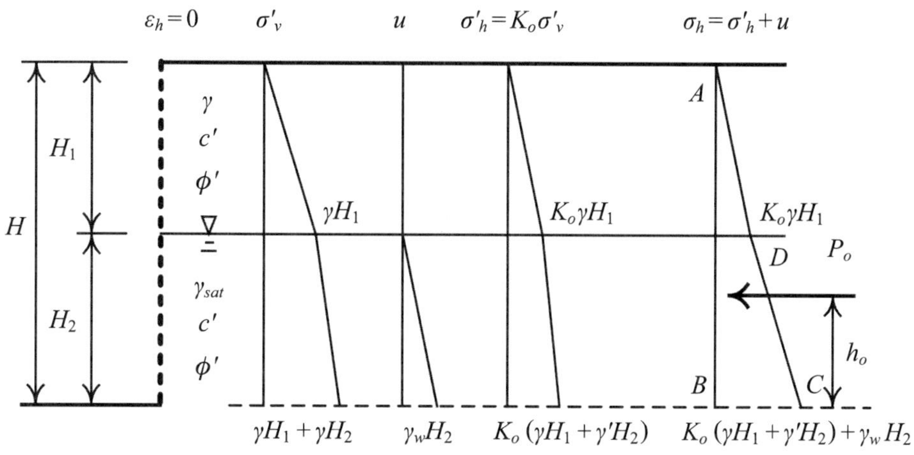

靜止狀態下之靜止側向應力分佈示意圖

試題 7.1

如上圖所示之土層，試求作用於每單位寬度擋土牆之靜止側向作用力及其作用位置。

解：

(a)$k_o = 1 - \sin\phi = 1 - \sin 30° = 0.5$

(b)作用於牆每單位寬度 P_o

$$P_o = \frac{1}{2} \times k_o \times \gamma \times H^2 = \frac{1}{2} \times 0.5 \times 18.5 \times 5^2 = 115.6(\text{kn/m})$$

(c)$h_o = \frac{5}{3} = 1.67(\text{m})$

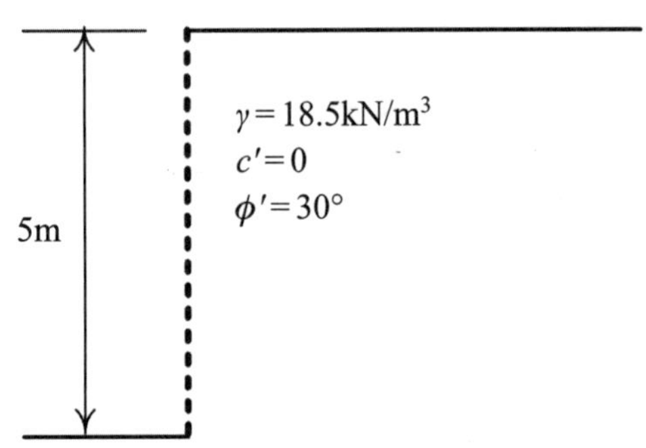

◆

試題 7.2

如下圖所示之土層，試求作用於每單位寬度擋土牆之靜止側向作用力及其作用位置。

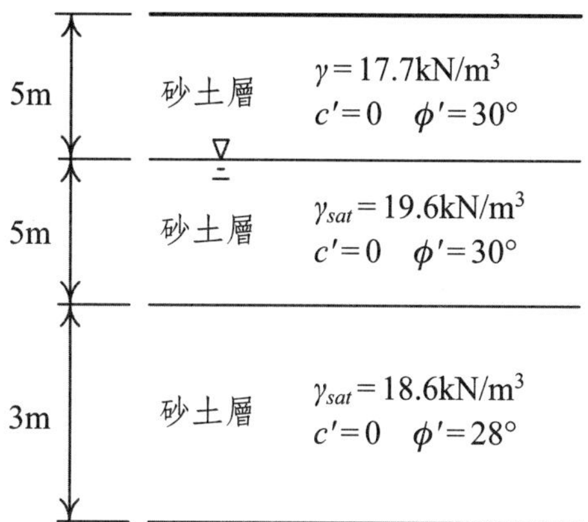

解：

(a)估計各土層之 Ko

砂土 $k_o = 1 - \sin\phi' = 1 - \sin 30° = 0.5$

黏土 $k_o = 1 - \sin\phi' = 1 - \sin 28° = 0.531$

(b)σ'_v，u，σ'_h，σ_h 隨深度變化情形

$$\sigma'_h = k_o \times \sigma'_v \text{，} \sigma_h = \sigma'_h + u$$

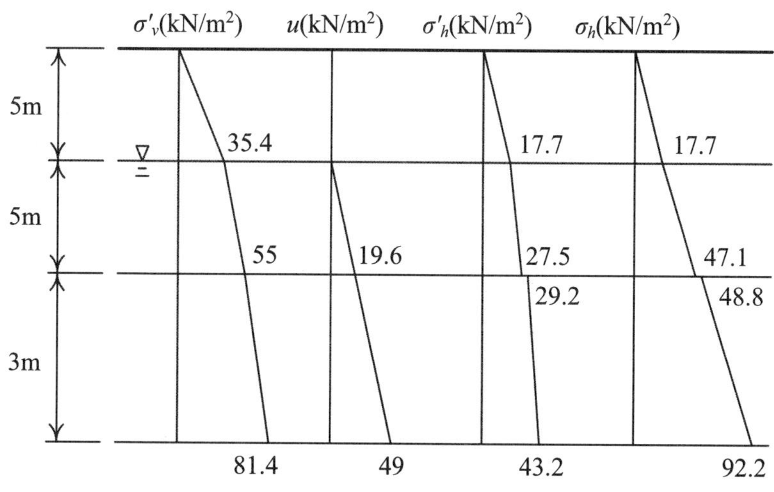

(c)作用於牆每單位寬度之靜止側向作用力

$$P_o=\frac{17.7\times 2}{2}+\frac{17.7+47.1}{2}\times 2+\frac{48.8+92.2}{2}\times 3=294(\text{kn/m})$$

(4)P_o 作用平均位置距離牆底高 h_o，$P_o\times h_p=\Sigma$（$\sigma\times$ 力距)

$$\begin{aligned}P_o\times h_o=&\left[\frac{1.77\times 2}{2}\times\left(5+\frac{2}{3}\right)\right]+\left[17.7\times 2\times\left(3+\frac{2}{2}\right)\right]\\&+\left[\frac{47.1-17.7}{2}\times 2\times\left(3+\frac{2}{3}\right)\right]+\left(48.8\times 3\times\frac{3}{2}\right)\\&+\left(\frac{92.2-48.8}{2}\times 3\times\frac{3}{3}\right)\\=&\,634.4(\text{kn/m/n})\end{aligned}$$

◆

7.2.2 主動土壓力

擋土牆設計所考慮之主動土壓力係擋土牆向外變位時，作用於牆背之最小土壓力。

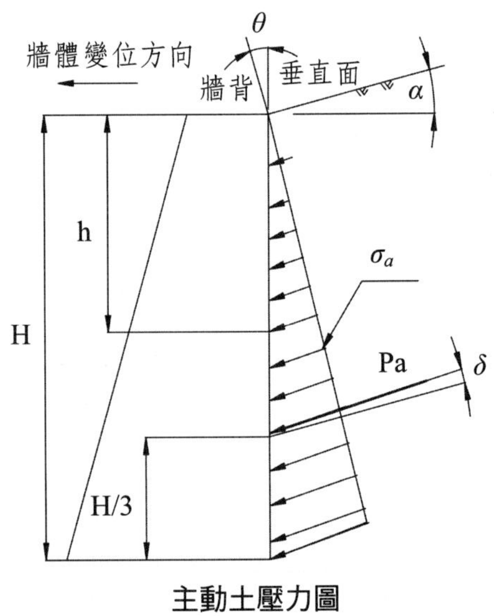

主動土壓力圖

牆背 h 深度處之單位面積主動土壓力 $\sigma_a = k_a \times \gamma \times h$，其合力 $P_a = \frac{1}{2} \times k_a \times \gamma \times H^2$，合力作用點在基礎版底以上三分之一牆高 ($H$) 處。

其中，k_a 為主動土壓力係數，可依下列方式考慮之。

1. 一般狀況時：

$$k_a = \frac{\cos^2(\phi - \delta)}{\cos^2\theta \times \cos(\theta + \delta) \times \left[1 + \sqrt{\frac{\sin(\phi + \delta) \times \sin(\phi - \alpha)}{\cos(\delta + \theta) \times \cos(\theta - \alpha)}}\right]^2}$$

若 $\phi < \alpha$，則假定 $\sin(\phi - \alpha) = 0$

2. 如地表面呈水平，牆背面為垂直面，且不考慮牆面摩擦時：

$$k_a = \tan^2\left(45° - \frac{\phi}{2}\right)$$

名詞解釋：

σ_a = 單位面積主動土壓力 (tons/m^2)

P_a = 主動土壓力合力 (tons/m)

γ = 土壤單位重，位於地下水位以下者，以浸水重計 (tons/m^3)

c = 土壤凝聚力 (tons/m^2)

H = 牆之垂直高度 (m)

h = 牆頂地表面至欲求土壓力點之垂直深度 (m)

ϕ = 牆背土壤之內摩擦角（度）

δ 牆背面與土壤間之摩擦角（度）

α 牆背地表面與水平面之交角（度）

θ = 牆背面與垂直面交角，以逆時針方向為正，順時針方向為負（度）

(2-1)朗金主動土壓力 $\sigma_a = \sigma_v \times \tan^2(45° - \frac{\phi}{2}) - 2c \times \tan(45° - \frac{\phi}{2})$

主動土壓力係數 $k_a = \frac{1 - \sin\phi}{1 + \sin\phi} = \tan^2(45° - \frac{\phi}{2})$

$\therefore \sigma_a = \sigma_v \times k_a - 2c \times \sqrt{k_a}$

(2-2)破壞面和水平面之夾角

$$\alpha_f = 45° + \frac{\phi}{2}，L_a = \frac{H}{\tan(45° + \frac{\phi}{2})}$$

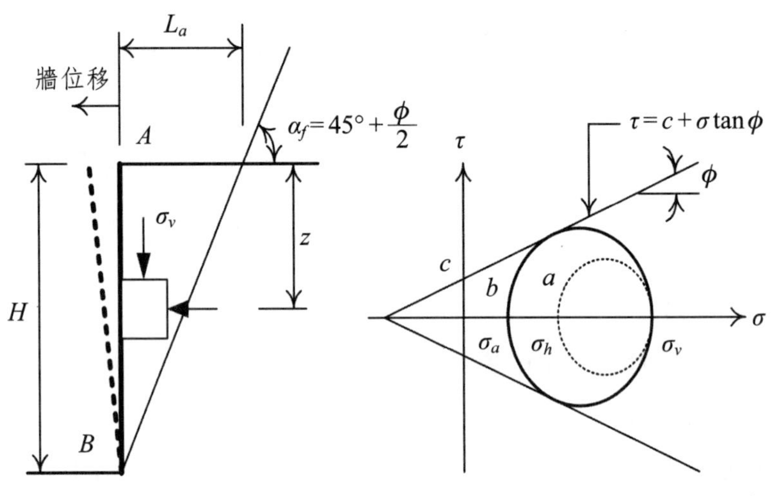

(a)良金的主動狀態　(b)靜止狀態及主動狀態之應力莫爾圓

(2-3)如牆背填土具凝聚力者，h & H 以 h_c & H_c 代替，

$$H_c = H - \frac{2c}{\gamma} \times \tan(45° + \frac{\phi}{2})，h_c = h - \frac{2c}{\gamma} \times \tan(45° + \frac{\phi}{2})$$

上兩式中，如 $h_c \leq 0$ 時，h_c 以零計算；如 $H_c \leq 0$ 時，則應考慮長期效應所造成之土壓力，採總應力分析，利用總應力強度參數 c，ϕ，理論上應採 UU 或 UC 試驗的結果：

$$\phi = 0，c = S_u，\sigma_a = \sigma_v k_a - 2c\sqrt{k_a}，k_a = \tan^2(45° - \frac{\phi}{2})，P_a = \text{面積 (DBC)}$$

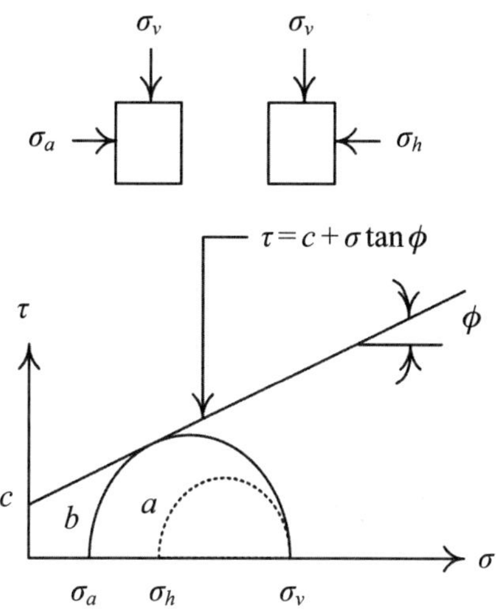

凝聚性土壤靜止狀態及主動狀態之應力莫爾圓

張力裂縫深度 $Z_c=\dfrac{2c}{\gamma\times\sqrt{k_a}}$，$\sigma_a=\gamma\times z_c\times k_a-2C\sqrt{k_a}=0$

$\because\phi=0$，$c=s_u$，$\therefore Z_c=\dfrac{2s_u}{\gamma}$

在張力裂縫產生前：

$$P_a=\text{面積 (DBC)}-\text{面積 (MDE)}$$

在張力裂縫產生後：

$$P_a=\text{面積 (DBC)}$$

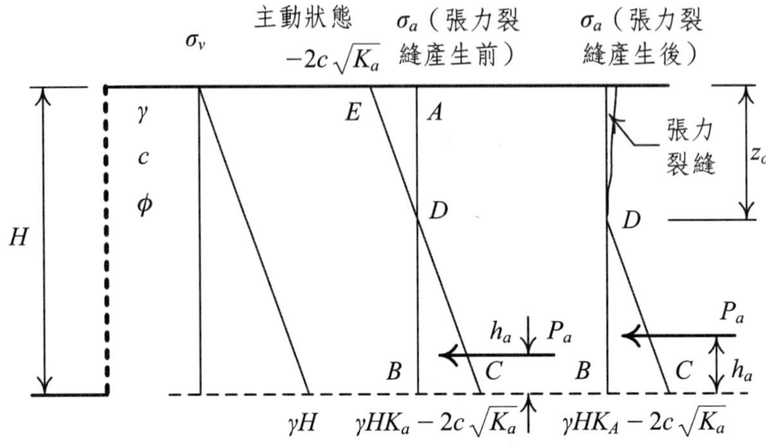

凝聚性土壤主動應力分佈示意圖

試題 7.3

如下圖所示之重力式擋土牆，試以朗金土壓力理論決定：

(a)作用於擋土牆單位寬度所受之總主動作用力 Pa

(b)Pa 作用位置距擋土牆底端之高度。

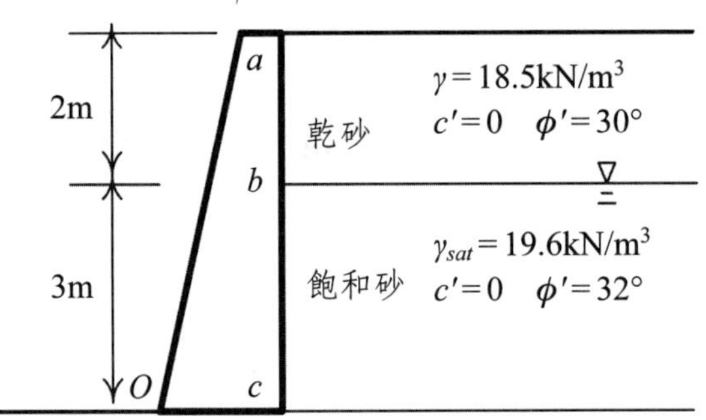

解：

(a-1)計算主動土壓力係數

$$乾砂：K_{a1}=\tan^2(45°-\frac{30°}{2})=0.333$$

$$濕砂：K_{a2}=\tan^2(45°-\frac{32°}{2})=0.307$$

(a-2)σ'_v，u，σ'_a，σ_a，隨深度變化情形

$$\sigma'_a=\sigma'_v\times k_a，\sigma_a=\sigma'_a+u$$

(a-3)作用於擋土牆每單位寬度之主動作用力 Pa

$$P_a=\frac{12.3\times 2}{2}+\frac{11.4+49.8}{2}\times 3=104.1(\text{kn/m})$$

(b)Pa 之作用位置距離牆底高 ha，$P_a\times h_a=\Sigma$ ($\sigma\times$ 力距)

$$P_a\times h_a=\frac{12.3\times 2}{2}(3+\frac{2}{3})+11.4\times 3\times\frac{3}{2}+\frac{49.8-11.4}{2}\times 3\times\frac{3}{3}$$
$$=154(\text{kn}-\text{m/m})$$

$h_a=1.48(\text{m})$

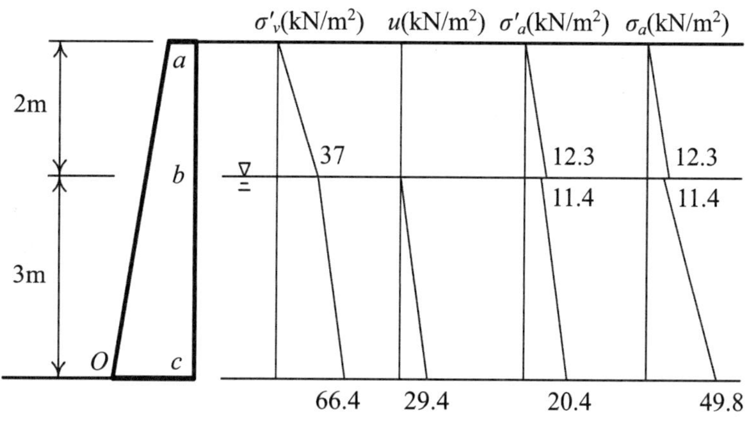

(2-4)無凝聚性土壤：利用有效應力參數 c'，ϕ' 採有效應力分析法

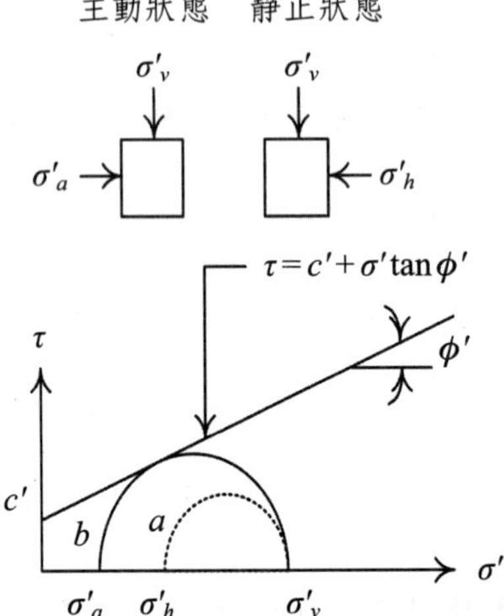

無凝聚性土壤靜止狀態及主動狀態之有效應力莫爾圓

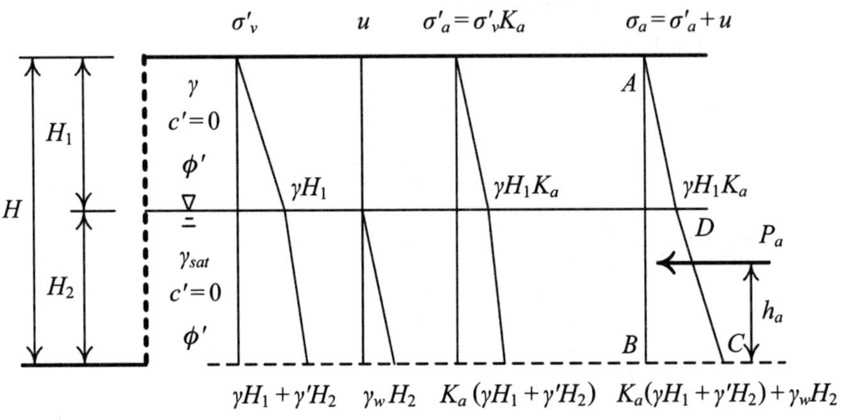

無凝聚性土壤主動應力分佈示意圖

$$\sigma'_a=\sigma'_v \times k_a - 2c' \times \sqrt{k_a}，k_a=\tan^2(45° - \frac{\phi'}{2})$$

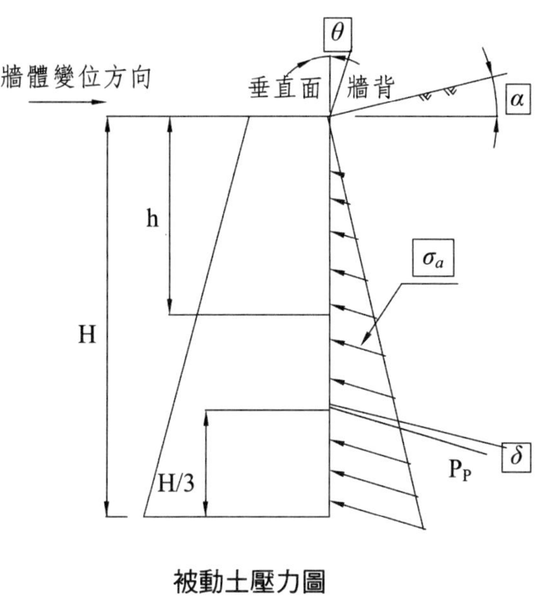

被動土壓力圖

$$\sigma_a=\sigma'_a+u\text{，}P_a=\text{面積 (ABCD)}\text{，}\alpha_f=45^\circ+\frac{\phi}{2}$$ ◆

7.2.3 被動土壓力

擋土牆設計所考慮之被動土壓力係指擋土牆向內變位時，作用於牆背之最大側向土壓力，其值應依下列規定計算之。牆背 h 深度處之單位面積被動土壓力 $\sigma_p=k_p\times\gamma\times h$，其合力 $P_p=\frac{1}{2}\times k_p\times\gamma\times H^2$，合力作用點在基礎版底以上三分之一牆高 ($H$) 處。其中，$k_p$ 為被動土壓力係數，可依下列方式考慮之：

(1)一般狀況時：

$$k_p = \frac{\cos^2(\phi+\delta)}{\cos^2\theta \times \cos(\theta-\delta) \times \left[1-\sqrt{\frac{\sin(\phi+\delta)\times\sin(\phi+\alpha)}{\cos(\theta+\delta)\times\cos(\theta-\alpha)}}\right]^2}$$

⑵如地表面呈水平，牆背面為垂直面，且不考慮牆面摩擦時：

$$k_p = \tan^2(45° + \frac{\phi}{2})$$

P_p＝牆背之被動土壓力合力 (tons/m)

σ_p＝牆背 h 深度處之單位面積被動土壓力 (tons/m^2)

其餘符號與主動土壓力相同

⑶朗金被動土壓力理論力學意義：

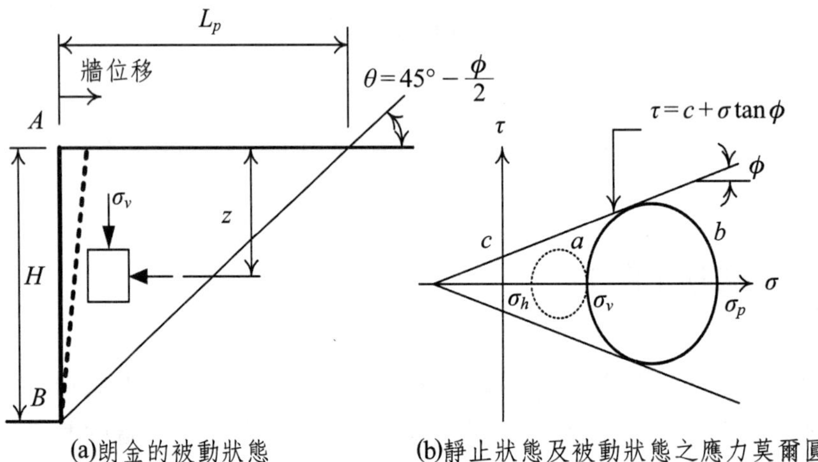

(a)朗金的被動狀態　　(b)靜止狀態及被動狀態之應力莫爾圓

朗金被動土壓力 $\sigma_p = \sigma_v\tan^2(45° + \frac{\phi}{2}) + 2c\tan(45° + \frac{\phi}{2})$

被動土壓力係數 $k_p = \frac{1+\sin\phi}{1-\sin\phi} = \tan^2\left(45° + \frac{\phi}{2}\right)$，$\therefore \sigma_p = \sigma_v k_p + 2c\sqrt{k_p}$

⑷破壞面和水平面之夾角：

$$\theta = 45° - \frac{\phi}{2} \text{，} L_p = \frac{H}{\tan\left(45° - \frac{\phi}{2}\right)}$$

(5)無凝聚性土壤之被動側向應力之計算：

採有效應力分析,利用有效應力強度參數 c'，ϕ'

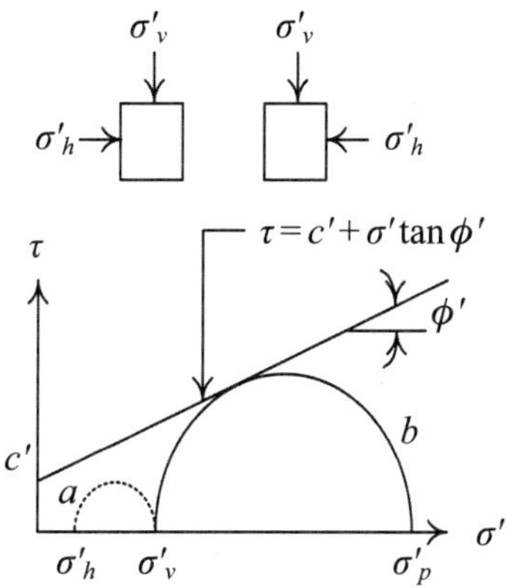

無凝聚性土壤靜目狀態及被動狀態之有效應力莫爾圓

$$\sigma'_p = \sigma'_v \times k_p + 2c'\sqrt{k_p} \text{，} k_p = \tan^2\left(45° + \frac{\sigma'}{2}\right)$$

$$\sigma_p = \sigma'_p + u \text{，} P_p = \text{面積 (ABCD)} \text{，} \theta = 45° - \frac{\theta'}{2}$$

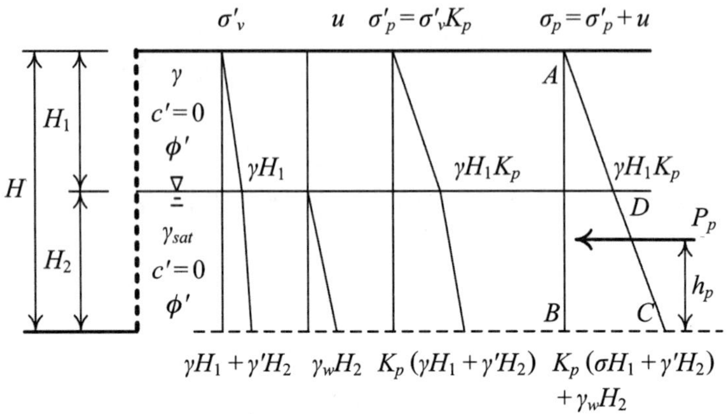

無凝聚性土壤被動應力分佈示意圖

(6)凝聚性土壤之被動側向應力之計算：

採總應力分析，利用總應力強度參數 c，ϕ

$$\phi=0 \text{，} c=S_u$$

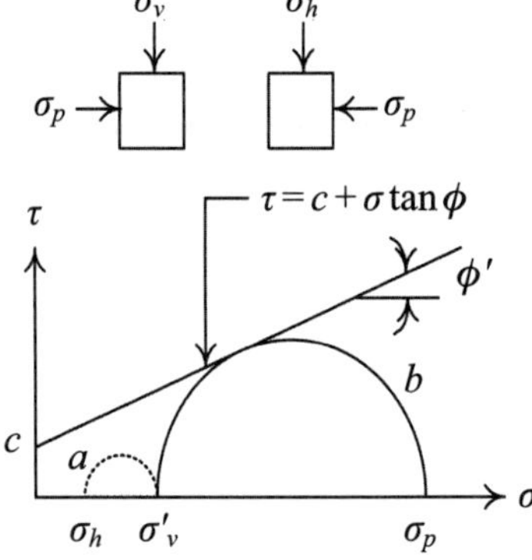

凝聚性土壤靜止狀態及被動狀態之總應力莫爾圓

$$\sigma_p = \sigma_v \times k_p + 2c\sqrt{k_p}\text{，}k_p = \tan^2(45° + \frac{\delta}{2})$$

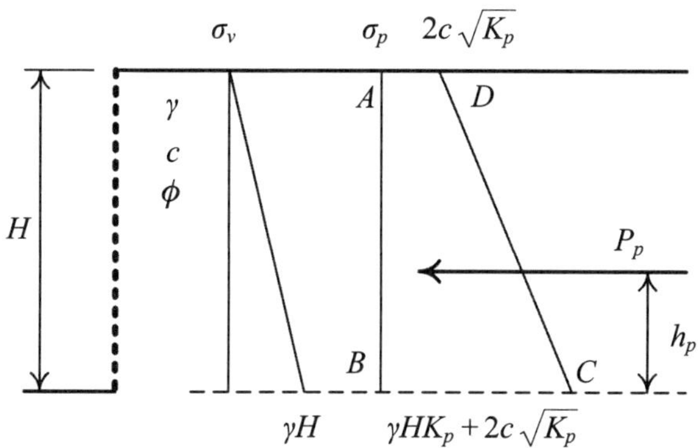

凝聚性土壤被動應力分佈示意圖

作用於牆單位寬度被動作用力 P_p = 面積 (ABCD)

試題 7.4

有一高 6m 之垂直擋土牆，其牆後為水平之回填土，土壤單位重為 1.8tons/m²，凝聚力為 3.5tons/m²，內摩擦角為 18°，試以朗金 (Rankine) 公式計算作用於擋土牆上之主動及被動土壓力。

解：

(a)主動土壓力係數：$k_a = \tan^2(45° - \frac{18°}{2}) = 0.528$

(b)被動土壓力係數：$k_p = \tan^2(45° + \frac{18°}{2}) = 1.894$

$$\sigma_a = \sigma_v \times k_a - 2c\sqrt{k_a}\text{，}\sigma_p = \sigma_v \times k_p - 2c\sqrt{k_p}$$

張力裂縫產生後之 σ_v，σ_a 及 σ_p 隨深度變化情形如下圖

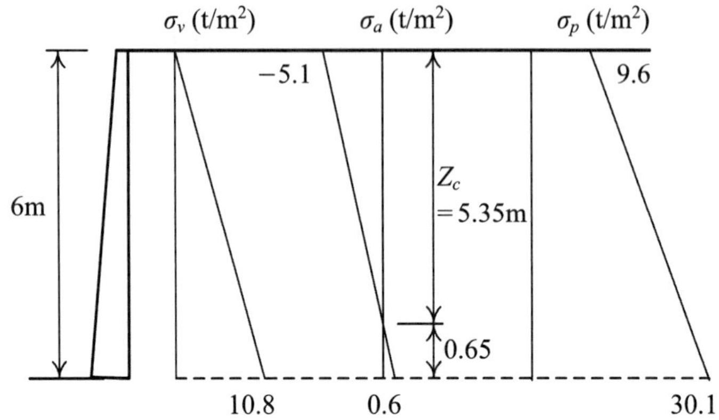

(c)$Z_c=\dfrac{2c}{\gamma\times\sqrt{k_a}}=\dfrac{2\times3.5}{1.8\times\sqrt{0.528}}=5.35(\text{m})$ 裂縫深度

(d)裂縫產生後之 $P_a=\dfrac{1}{2}\times0.6\times(6-5.35)=0.2$ (tons/m)

裂縫產生後之 $P_p=\dfrac{1}{2}\times(9.6+30.1)\times6=119.1$(tons/m) ◆

試題 7.5

如圖所示，一無摩擦牆高 4m，牆後為水平之回填土，土壤單位重為 18kn/m²，凝聚力為 5kn/m²，內摩擦角為 25°，回填土表面承受 20kn/m²，求作用於牆背的被動作用 P_p 力及其作用位置。

⑴被動土壓力係數 $k_p=\tan^2(45°+\dfrac{25°}{2})=2.46$

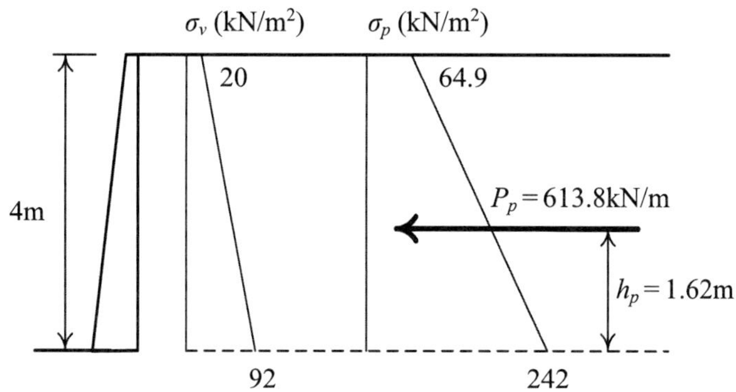

σ_v 及 σ_p 隨深度變化情形

(2)$\sigma_p=\sigma_v\times k_p+2c\sqrt{k_p}$

(3)$P_p=\dfrac{(54.9+242)}{2}\times 4=613.8(\text{kn/m})$

(4)P_p 作用位置距牆底高$=h_p$，$P_p\times h_p=\Sigma\ (\sigma\times$ 力距)

(5)$P_p\times h_p=[64.9\times 4\times\dfrac{4}{2}]+[\dfrac{(242-64.9)\times 4}{2}\times\dfrac{4}{3}=991.5(\text{kn}-\text{m/n})$

$\therefore h_p=1.62(\text{m})$ ◆

7.2.4 庫倫(Coulomb)的土壓力理論

1. 基本假設：

(1-1)土壤為均向且均質

(1-2)破壞面為一平面

(1-3)牆體和破壞面間之土壤作用如剛性土楔

(1-4)剛性土楔沿牆背移動並沿牆和土楔界面產生摩擦力

2. 主動土壓力

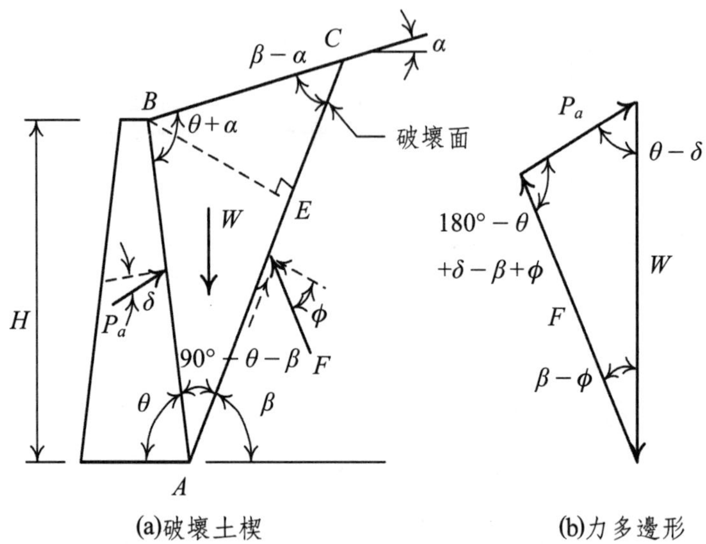

(a)破壞土楔　　(b)力多邊形

庫倫的主動土壓力

$$P_a=\frac{\sin(\beta-\phi)}{\sin(180°-\theta+\delta-\beta+\phi)}\times W$$

$$W=\frac{1}{2}\times\gamma\times\overline{AC}\times\overline{BE}$$

$$\overline{AC}=\overline{AB}\times\frac{\sin(\theta+\alpha)}{\sin(\beta-\alpha)}，\overline{BE}=\overline{AB}\times\sin(90°-\theta-\beta)，\overline{AB}=\frac{H}{\sin\theta}$$

(2-1)破壞面角度 β 未知時 $\frac{dP_a}{d\beta}=0$，

解得 β 值後，可得 P_a 之最大值 $P_a=\frac{1}{2}k_a\times\gamma\times H^2$

(2-2)主動土壓力係數

$$k_a=\frac{\sin^2(\phi+\delta)}{\sin^2\theta\times\sin(\theta-\delta)\times\left[1+\sqrt{\frac{\sin(\phi+\delta)\times\sin(\phi-\alpha)}{\sin(\theta-\delta)\times\sin(\theta+\alpha)}}\right]}$$

(2-3)假設條件：

$\theta=90°$（牆背垂直時），

$\alpha=0°$（牆後之回填表面為水平）

$\delta=0°$（土壤和牆之間無摩擦力）

主動土壓力係數 $k_a=\dfrac{1-\sin\phi}{1+\sin\phi}=\tan^2\left(45°-\dfrac{\phi}{2}\right)$

3. 被動土壓力

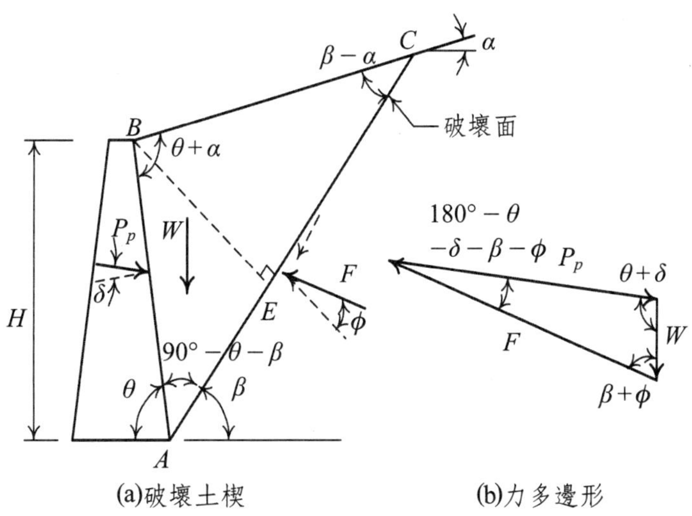

(a)破壞土楔　　(b)力多邊形

庫倫的被動土壓力

$$P_p=\frac{\sin(\beta+\phi)}{\sin(180°-\theta-\delta-\beta-\phi)}\times W$$

(3-1)破壞面角度 β 未知時 $\dfrac{dP_p}{d\beta}=0$，

解得 β 值後，可得 P_p 之最大值 $P_p=\dfrac{1}{2}k_p\times\gamma\times H^2$

(3-2)被動土壓力係數

$$k_p = \frac{\sin^2(\theta-\phi)}{\sin^2\theta \times \sin(\theta+\delta) \times \left[1+\sqrt{\dfrac{\sin(\phi-\delta)\times\sin(\phi+\alpha)}{\sin(\theta+\delta)\times\sin(\theta+\alpha)}}\right]}$$

(3-3)假設條件：

$\theta=90°$（牆背垂直時），

$\alpha=0°$（牆後之回填表面為水平）

$\delta=0°$（土壤和牆之間無摩擦力）

被動土壓力係數 $k_a=\dfrac{1-\sin\phi}{1+\sin\phi}=\tan^2(45°-\dfrac{\phi}{2})$

4. 主動土壓力之作用點

(4-1)O 點為土楔 ABC 之重心

(4-2)過 O 點劃平行破壞面 AC 之線，交牆背於點 O'，O'點即 Pa 之作用點

(4-3)若牆背地表面為水平，Pa 作用點距牆底 1/3 高

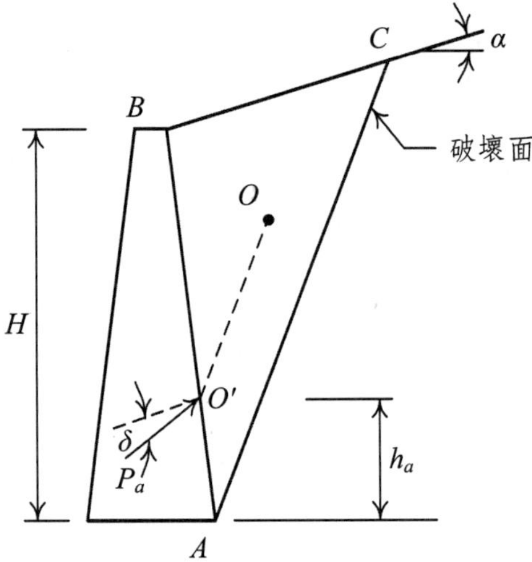

庫倫主動土壓作用力之作用位置近似解法

試題 7.6

有一高 4m 之擋土牆，牆背與土壤之摩擦角 $\delta = 20°$，土壤為砂土，其參數為 $c = 0$，$\phi = 30$，單位重 $\gamma = 10$kn/m^2，牆後地表坡度為 10°，若假設滑動面傾角為 60°，請以庫倫 (Coulomb) 法求主動土壓力合力之大小、方向、作用位置。

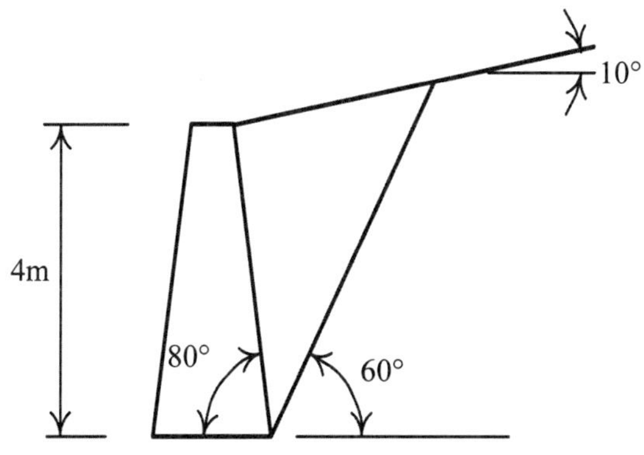

解：

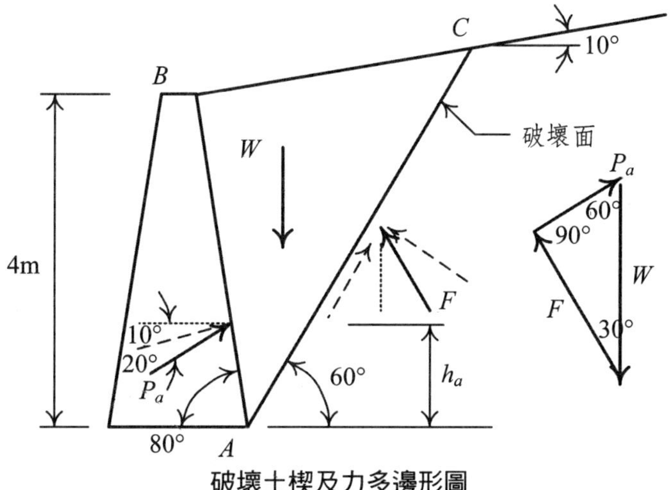

破壞土楔及力多邊形圖

⑴計算破壞土楔 ABC 之重量

$$\overline{AB}=\frac{4}{\sin 80^\circ}=4.06(\text{m})\text{，}\overline{BC}=4.06\tan 40^\circ=3.41(\text{m})$$

$$W=\frac{1}{2}\times\gamma\times\overline{AB}\times\overline{BC}=\frac{1}{2}\times 19\times 4.06\times 3.41=131.52(\text{kn/m})$$

⑵計算主動土壓力之合力

$$P_a=W\times\sin 30^\circ=131.52\times\sin 30^\circ=65.76(\text{kn/m})$$

⑶ Pa 之作用位置距離牆底高 $h_a=\frac{4}{3}=1.33(\text{m})$ ◆

試題 7.7

某擋土牆高 5m，牆背垂直，牆背回填砂土，其參數為 $c=0$，$\phi=30^\circ$，單位重 $\gamma=18\text{kn/m}^2$，回填之地表為水平，牆背與土壤之摩擦角 15°，若土壤處於被動狀態，滑動面傾角為 30°，試以庫倫 (Coulomb) 法求被動土壓力合力之大小。

解：

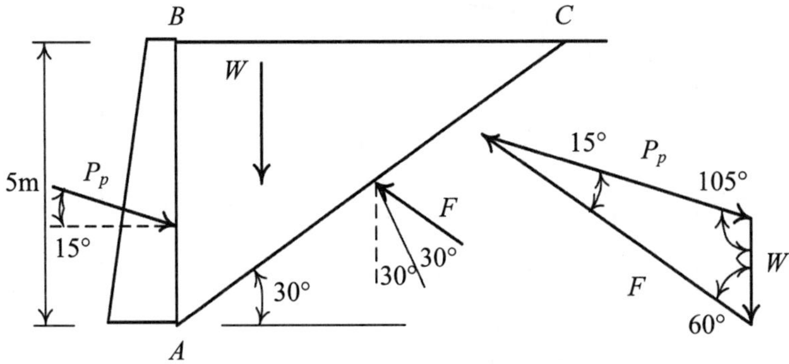

破壞土楔及力之多邊形圖

⑴計算破壞土楔 ABC 之重量

$$\overline{BC}=\frac{\overline{AB}}{\tan 30^\circ}=\frac{3}{\tan 30^\circ}=8.66(\text{m})$$

$$W=\frac{1}{2}\times\gamma\times\overline{AB}\times\overline{BC}=\frac{1}{2}\times 18\times 5\times 8.66=389.7(\text{kn/m})$$

⑵計算被動土壓力之合力

$$P_p=\frac{\sin 60^\circ}{\sin 15^\circ}\times W=\frac{\sin 60^\circ}{\sin 15^\circ}\times 389.7=1304.0(\text{kn/m})$$ ◆

7.2.5 水壓力

當擋土牆背後上層中有 H_w 高度之水位時，擋土牆背除承受側向土壓力之外，亦應計算牆背水位造成之水壓力，其合力作用點位於基礎底面以上水位高度 H_w 之三分之一處

(a)牆背之水壓力 $P_w=\frac{1}{2}\times\gamma_w\times H_w^2$，

H_w = 牆背水位高度 (m)，γ_w = 水單位重 (tons/m^3)

(b)擋土牆之一側若為水時,地震引致之動水壓力可依下列方式計算

$$\Delta P_w=\frac{7}{12}\times k_h\times\gamma_w\times b\times H^2，H_{ave}=\frac{2}{5}H$$

ΔP_w 作用於擋土牆之動水壓合力 (tons)

k_h = 水平向地震係數

γ_w = 水之單位重 (tons/m^3)

b = 與動水壓作用方向垂直之擋土牆寬度，可取 1m 計

H_{ave} = 動水壓合力作用點之高度 (m)

(c)至於擋土牆土側之地下水，因其屬受限水，地震引致動態水壓

力之力學機制相當複雜，不易估計，建議直接採用水側動態水壓力值 ΔP_w = 之 70%計算。

chapter 8

邊坡的穩定性

8.1 邊坡破壞的原因

土壤邊坡上所起之破壞稱為坍方，坍方之發生可能範圍廣大而突出，坍方之形成，主要是由於人為因素（挖掘、超載、掏空等）或由自然因素影響（冰凍、滲流、排水、析離、分解等）。

1. 由力學的角度來看

(1-1)使潛在滑動面上之剪應力增加

(1-2)使潛在滑動面上之剪力強度減小

2. 造成潛在破壞面上之剪應力增加的因素

(2-1)邊坡側向支撐移除，如邊坡坡趾受沖蝕，或坡趾被挖掘等。

(2-2)邊坡底部支撐移除，如地下之溶蝕作用，將岩層下方碳酸鹽質岩石溶解。

(2-3)側向壓力增加，如雨水或地下水流入節理或張力裂縫中，致使水壓力增加，產生側向推力，或岩石材料吸水膨脹產生張力等。

(2-4)坡頂或坡面荷重增加，如填方、建材或廢土的堆積、建築物的荷重等。

(2-5)地震引致水平及垂直方向之加速度，增加邊坡下滑的驅動力。

8.2 邊坡穩定之安全係數之選擇

邊坡破壞之發生，係當邊坡某一臨界面上，發生之剪應力超過該土壤之抗剪強度時，即發生崩坍。而邊坡穩定分析即在核算破壞面上之抗剪強度與產生之剪應力關係兩者之比值，以表示安全因數。

安全因素之決定，可用下列諸形式表示之：

1. 沿著可能滑動破壞面之抵抗力與驅動力之比值。

2. 抗剪力對可能滑動破壞弧面圓心之力矩與驅動破壞力對同一圓心之力矩之比值。

3. 沿著可能滑動破壞面之抗剪強度與土壤之平均剪應力之比值。

4. 由理論計算所得允許臨界高度與實際坡高之比值。

5. 經由安全因數，可使沿著某一已知滑動面之抗剪強度參數值降低，使邊坡坡面成為極限平衡狀態。

6. 最小允許安全因數之決定，係由下列諸因素決定之。

7. 抗剪強度參數、孔隙水壓分佈、土層性質與類型、邊坡幾何形狀等資料獲得之可靠性程度。

一般言之，獲取資料之可靠性程度愈低，安全係數決定值愈高，下列所示之安全因數值，可作為參考之用：

邊坡破壞之重要性與損失	設計參數之可靠性	
	高	低
1. 修護費用相當於施工費用 2. 不危及人民生命與財產之安全	F.S = 1.25	F.S = 1.5
1. 修護費用大於施工費用甚多 2. 危及人民生命與財產之安全	F.S = 1.5	F.S ≥ 2.0

8.3 邊坡破壞的種類

無論是岩石邊坡或土壤邊坡，當其可能滑動破壞面上抗剪強度與作用於滑動面上平均剪應力相同時，則邊坡處於即將破壞之極限平衡狀態下，剪應力稍微再增加則邊坡失去穩定性，土塊或岩塊即行滑落，此稱為坍方 (Lands lide)。

1. 平面破壞：這種破壞常見於填土載築在堅硬斜層上才會發生，土壤沿著斜面而滑下，如圖所示。

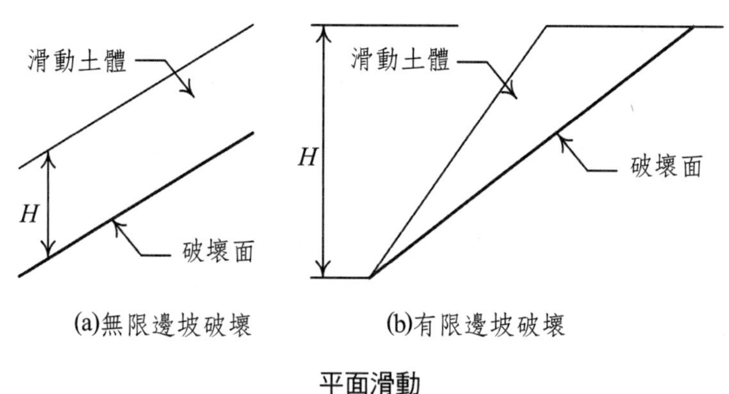

平面滑動

2. 曲面破壞（旋轉式滑動）

(2-1)坡底破壞 (Base Failure)：如圖所示，通常發生於具有凝聚力的土壤邊坡，在邊坡頂上由於剪力破壞而產生拉力裂縫，然後沿滑動面產生剪力破壞。

(2-2)坡面破壞如圖所示，亦發生於具有凝聚力的土壤斜坡上。首先在邊坡頂部產生拉力裂縫，然後在邊坡內沿滑動面產生剪力破壞，但破壞面則交於坡面。

(2-3)坡趾破壞如圖所示，通常發生於較陡而為具有 $\phi > 0$ 之土壤邊坡上，其破壞面則交於坡趾。

以上所述之分類，係為方便說明而設，實際上所起之破壞，大多數是由至少兩種形式同時發生者。

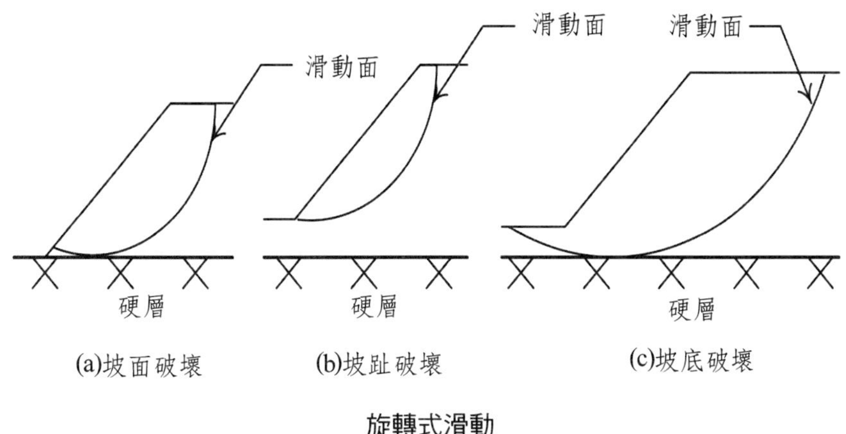

旋轉式滑動

3. 流動

分為土流，泥流等數種，其中黏性或泥質土壤之土流常在大雨中或大雨後發生，其破壞由於孔隙水壓逐漸上升，土壤強度減少所致。土流流動之速度從慢至快不等，取決於邊坡傾斜度及土壤含水量。

8.4 邊坡穩定分析方法

分析邊坡穩定情形所採用之土壤抗剪強度計有兩種。一為採用總應力，一為採用有效應力。採用前者，稱為總應力分析法，採用後者稱為有效應力分析法。由於決定土壤剪力強度者為有效應力，因此若能正確地掌握孔隙水壓以有效應力分析法是最準確的，但是在某些土壤，某些情況下，孔隙水壓不易準確的求得（如黏土在短期條件下之穩定分析），欲以有效應力分析是不可能的，此種情況可由總應力法分析。理論上若能正確的求得孔隙水壓，則以有效分析法或總應力分析法所得之結果是相同的。

8.4.1 總應力分析法

本分析法採用之剪力強度參數為不排水式試驗所得剪力強度 c_u 而取 $\phi_u=0$，以 $\tau_f=c_u+\sigma_u\tan\phi_u$ 表示。如泰勒氏法，圓弧分析法、Culmann 法等，適用於：

⑴正常壓密黏土或輕微預壓黏土邊坡穩定性之分析，此種邊坡之臨界條件達到前，超額孔隙水壓並無多大之消散。

⑵在無排除孔隙水設施黏土層上快速填築之路堤或建造結構物之穩定性分析。

8.4.2 有效應力分析法

本分析法採用之剪力強度參數為 CU 試驗所得 c_{cu}、ϕ_{cu}、$c_{c'u}$、$\phi_{cu'}$，或者採用 CD 試驗之 c_d、ϕ_d 值；此種分析法必須估計滲流或壓密而導致之孔隙水壓，以 $\tau_f=c_d+(\sigma_u-u)\tan\phi_d$ 表示，如 Bishop 法、Mogenstern 法等，適用於：

⑴透水非壓縮粗粒土壤邊坡之長期穩定性及積水急速洩降時穩定性分析，使用剪力強度參數而忽略。分析時考慮地下水或滲流造成之孔隙水壓。

⑵密實中等壓縮性土壤，如土填填土穩定性分析，使用剪力強度參數 $c_{cu'}$ 與 $\phi_{cn'}$。分析時考慮滲流、洩降及壓密時之孔隙水壓。

⑶載重作用期間某種程度之排水容許產生之壓縮性土地邊坡，採用剪力強度參數 c_{cu} 與 ϕ_{cu}，分析時考慮地下水及壓密時孔隙水壓。

8.4.3 邊坡穩定之安全係數 FS 之定義

$$F.S = \frac{F_r}{F_d}$$

F_r：潛在破壞面上可提供之抵抗力

F_d：潛在破壞面上所作用之驅動力

邊坡穩定的安全係數一般採剪力強度表示：

$$F.S = \frac{\tau_f}{\tau_d}$$

τ_f= 潛在破壞面上提供之平均剪力強度

$\tau_f = c + \sigma \tan\phi$

τ_d= 潛在破壞面上發展之平均剪應力

$\tau_d = c_d + \sigma \tan\phi_d$

c_d= 潛在破壞面上驅動之凝聚力

ϕ_d 潛在破壞面上驅動之摩擦角

安全係數可表示為：

$$FS = \frac{c + \sigma \tan\phi}{c_d + \sigma \tan\phi_d}$$

凝聚力安全係數：$F_d = \dfrac{e}{e_d}$

摩擦角安全係數：$F_\phi = \dfrac{\tan\phi}{\tan\phi'}$

習慣上假設：$FS = F_C = F_\phi$

8.4.4 邊坡臨界高度

當 $F.S = 1.0$ 時，代表邊坡處於臨界破壞狀態

利用邊坡高度定義安全係數：

$$F.S = \frac{H_{er}}{H}$$

H_{cr} = 邊坡臨界高度

H = 邊坡實際高度

8.4.5 力矩定義安全係數

用於破壞面為圓弧時：

$$F.S = \frac{M_r}{M_d}$$

M_r = 抗剪力對圓弧破壞面之圓心的力矩

M_d = 驅動力對圓弧破壞面之圓心的力矩

8.5 邊無限邊坡之穩定分析

無限邊坡定義為滑動土層厚度與邊坡高度之比很小時。

若破壞面與坡面平行，則此種破壞屬於無限邊坡破壞，其發生之情況為砂性土壤之邊坡，因坡底部為一與坡面平行之堅實土層或岩盤面。

8.5.1 砂土無滲流時之無限邊坡

假設單位寬度之重量 W 為：

$$W=\text{（}abcd\text{ 之面積）}\times\text{（土壤之單位重）}=\gamma\times L\times H$$

$$N=W\times\cos\beta=\gamma b\times H\times\cos\beta\text{，}T=W\times\sin\beta=\gamma\times b\times H\times\sin\beta$$

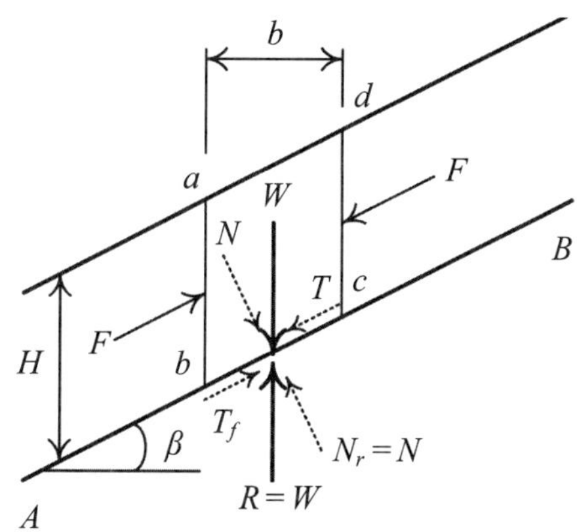

無滲流時之無限邊坡分析

作用於土體單元 $abcd$ 底面，無滲流時之無限邊坡分析

⑴正向應力：

$$\sigma=\frac{N}{\left(\dfrac{b}{\cos\beta}\right)\times 1}=\gamma\times H\times\cos^2\beta$$

⑵驅使土體下滑之剪應力：

$$\tau_d=\frac{T}{\left(\dfrac{b}{\cos\beta}\right)\times 1}=\gamma\times H\times\cos\beta\times\sin\beta$$

⑶抗剪強度：

$$\tau_f=\frac{T_f}{\left(\frac{b}{\cos\beta}\right)\times 1}=c+\sigma\times\tan\phi=c+\gamma\times h\times\cos^2\beta\times\tan\phi$$

當極限平衡時 F.S＝1.0，此時 $\tan\beta=\tan\phi$，即 $\beta=\phi$，表示當邊坡坡度 $\beta>\phi$ 角時，則造成坍方，$\beta\leq\phi$ 角時，則為穩定狀態。

⑷無滲流下無限邊坡之安全係數：

$$F.S=\frac{c}{\gamma\times H\times\cos\beta\times\sin\beta}+\frac{\tan\phi}{\tan\beta}$$

⑸無凝聚性砂土無限邊坡之安全係數：

$$c'=0，\phi'\neq 0，F.S=\frac{\tan\phi'}{\tan\beta}$$

無限邊坡的 $F.S$ 與H無關，邊坡 $\beta<\phi'$（$F.S>1$）理論上即可維持邊坡之穩定

⑹$c-\phi$ 土壤之無地下水位之無限邊坡：

(6-1)$F.S=\dfrac{c}{\gamma\times H\times\cos\beta\times\sin\beta}+\dfrac{\tan\phi}{tam\,\beta}$

(6-2)臨界深度 H_{cr} ($F.S=1$)，

$$H_{cr}=\frac{c}{\gamma}+\frac{1}{\cos^2\beta(\tan\beta-\tan\phi)}$$

⑺浸水之無限邊坡

(7-1)$F.S=\dfrac{c'}{\gamma'\times H\times\cos\beta\times\sin\beta}+\dfrac{\tan\phi'}{tam\,\beta}$

(7-2)臨界深度 H_{cr} ($F.S=1$)，

$$H_{cr}=\frac{c'}{\gamma'}+\frac{1}{\cos^2\beta(\tan\beta-\tan\phi')}$$

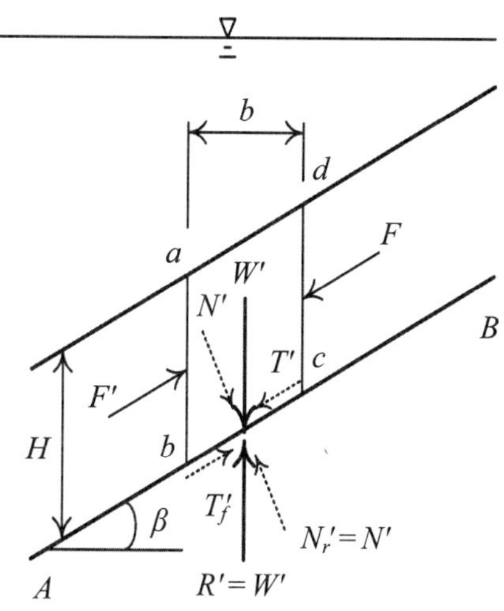

浸水時之無限邊坡分析

8.5.2 黏性土壤之無限邊坡

$$F.S=\frac{c}{\gamma'\times H\times\cos\beta\times\sin\beta}+\frac{\tan\phi}{tam\,\beta}$$

⑴無水流狀況，如下圖所示

抵抗力

$$T_f=c+\sigma_n\tan\phi\text{，}T_f=c+\gamma\times H\cos^2\times\beta\tan\phi$$

驅動力

$$F=W\times\sin\beta\text{，}T=\frac{F}{\dfrac{b}{\cos\beta}\times 1}=\gamma\times H\sin*\beta\cos\beta$$

安全係數

$$FS=\frac{T_f}{T}=\frac{c+\gamma\times H\cos^2\times\beta\tan\phi}{\gamma\times H\sin\times\beta\cos\beta}=\frac{c}{\gamma\times H\sin\times\beta\cos\beta}+\frac{\tan\phi}{\tan\beta}$$

當 $F.S=1$ 時邊坡處於臨界狀況下，臨界坡高為

$$H_{cr}=\frac{c}{\gamma\times\cos^2\times\beta\times(\tan\beta-\tan\phi)}=\frac{c}{\gamma\times(\tan\beta-\tan\phi)}$$

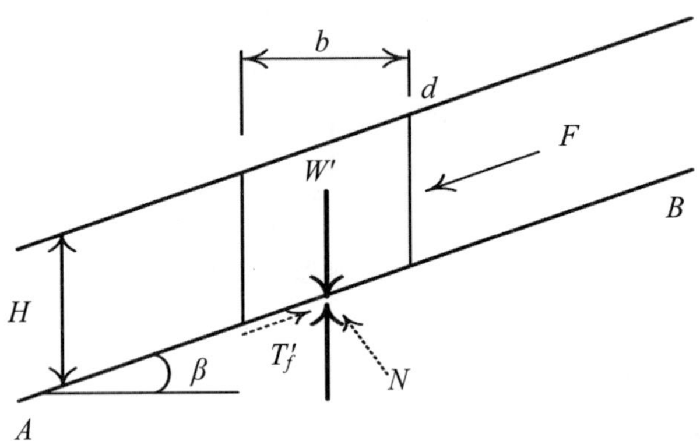

無水流時之無限邊坡分析

(2)滲流平行於坡面，如下圖所示

驅動力

$$F=\gamma'\times b\times H\times\sin\beta+\gamma_{wx}d\times H\times\sin\beta=\gamma\times H\times b\times\sin\beta$$

$$\therefore\tau=\frac{F}{\frac{b}{\cos\beta}\times 1}=\gamma\times H\times\sin\beta\times\cos\beta$$

抵抗力

$$\tau_f=c'+\gamma'\times H\times\cos^2\times\beta\tan\phi'$$

安全係數：

$$F.S=\frac{\tau_f}{\tau}=\frac{c'+\gamma'\times H\times\cos^2\beta\times\tan\phi'}{\gamma\times H\times\sin\beta\times\cos\beta}=\frac{c'}{\gamma\times H\times\sin\beta\times\cos\beta}+\frac{\gamma'}{\gamma}\frac{\tan\phi'}{\tan\beta}$$

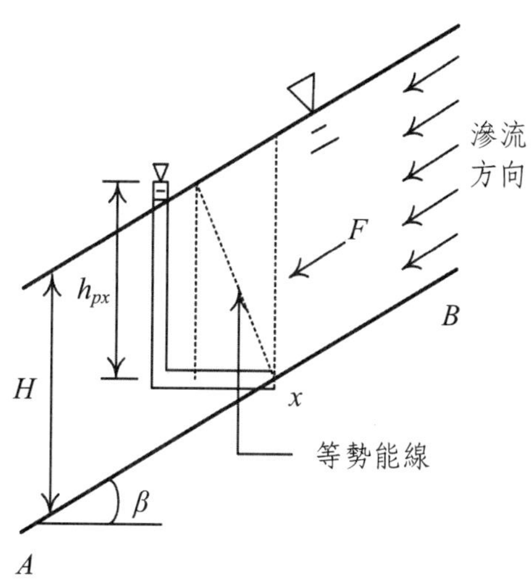

水位在坡面時滲流方向平行坡面之壓力水頭

8.5.3 地下水位於地表面下，且滲流平行坡面

地下水位以上之土壤單位重，而地下水位以下之土壤為飽和單位重 γ_{sat}

(1)滲流力

$$F_s=\gamma_w\times i\times A=\gamma_w\times\frac{h}{\frac{b}{\cos\beta}}\times mH\times b=\gamma_w\times b\times mH\times\sin\beta$$

(2)驅動力

$$F=[(1-m)\times\gamma+m\times\gamma']H\times b\times\sin\beta+\gamma_w\times b\times mH\times\sin\beta$$

$$\tau=\frac{F}{\left(\frac{b}{\cos\beta}\right)\times 1}$$
$$=[(1-m)\times\gamma+m\times\gamma']\times H\sin\beta\times\cos\beta+\gamma_w\times m\times H\times\sin\beta\times\cos\beta$$
$$=[(1-m)\gamma+m\times\gamma_{sat}]\times H\times\sin\beta\times\cos\beta$$

(3)抵抗力

$$N=[(1-m)\times\gamma+m\times\gamma']\times H\times b\times\cos\beta$$
$$\tau_f=[(1-m)\gamma+m\gamma']\times H\times\cos^2\beta\times\tan\varphi'+c'$$

(4)安全係數

$$F.S=\frac{[(1-m)\times\gamma+m\times\gamma']\times H\times\cos^2\beta\times\tan\varphi'+c'}{[(1-m)\times\gamma+m\times\gamma_{sat}]\times H\times\sin\beta\times\cos\beta}$$

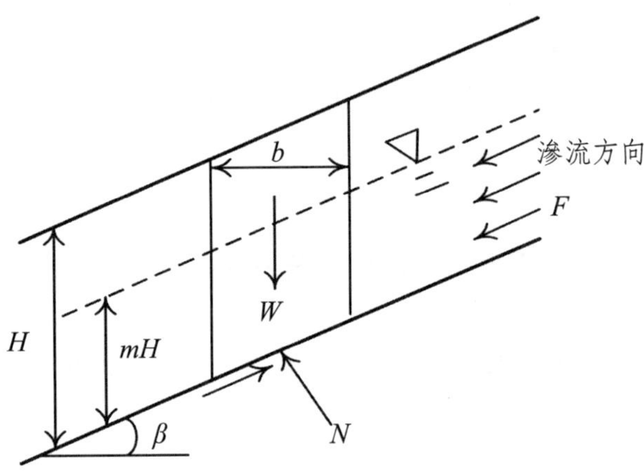

水位在坡面下滲流方向平行坡面時壓力水頭

上式為砂性與黏性土壤邊坡之通式

$c'=0$，$m=0$ 時，則為砂性邊坡的 case 1.

$c'=0$，$m=1$ 時，則為砂性邊坡的 case 2.

$c' \neq 0$，$m=0$ 時，則為黏性邊坡的 case 1

$c' \neq 0$，$m=1$ 時，則為黏性邊坡的 case 2.

試題 8.1

一無限長之土壤邊坡，如圖所示，試求

(a)當土壤之 $c=0$、$\phi=30°$時，該邊坡之安全係數。

(b)當土壤之 $c=20\text{kN/m}^2$、$\phi=20°$時，該邊坡之安全係數。

(c)當土壤之 $c=20\text{kN/m}^2$、$\phi=20°$時，該邊坡之臨界深度。

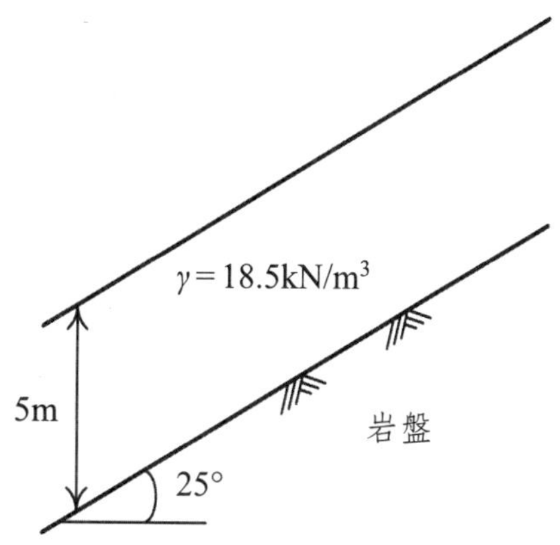

解：

(a)$F.S=\dfrac{\tan\phi}{\tan\beta}=\dfrac{\tan 30°}{\tan 25°}=1.24$

(b)$F.S=1.0=\dfrac{20}{18.5\times H_{cr}\times\sin 25°\times\cos 25°}+\dfrac{\tan 20°}{\tan 25°}$

$\therefore H_{cr}=12.9(\text{m})$ ◆

8.5.4 具滲流時之無限邊坡

$$F.S=\frac{c'+(\sigma-u)\tan\phi'}{\tau_d}$$

$\sigma=\gamma\times H\times\cos^2\beta$

$\tau_d=\gamma\times H\times\cos\beta\times\sin\beta$

u＝孔隙水壓力

$u=h_p\times\gamma_w$

⑴滲流方向平行坡面時之孔隙水壓力

$$u_x=\gamma_w\times h_{px}=\gamma_w\times h\times\cos^2\beta$$

$$u_x=\gamma_w\times H\times\cos^2\beta$$

其無限邊坡安全係數：

$$F.S=\frac{c'}{\gamma'\times H\times\cos\beta\times\sin\beta}+\frac{\gamma'\times\tan\phi'}{tam\,\beta}$$

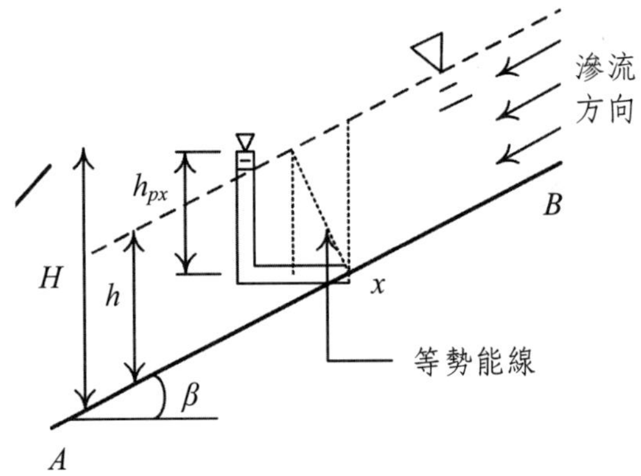

水位在坡面下參流方向平行坡面時壓力水頭

⑵對無凝聚性土壤之無限邊坡（$c'=0$）

無凝聚性土壤無限邊坡安全係數和 H 無關

安全係數 $F.S=\dfrac{\gamma'\tan\phi'}{\gamma\tan\beta}$（滲流將降低邊坡之安全係數）

⑶滲流方向為水平

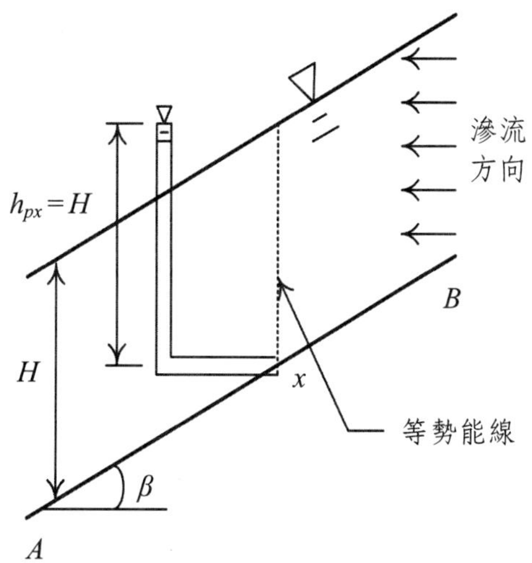

地下水位在坡面滲流方向為水平之壓力

滲流方向為水平之孔隙水壓力：$u_x=\gamma_w\times H$

滲流方向為水平時之無限邊坡安全係數：

$$F.S=\frac{c'}{\gamma\times H\times\cos\beta\times\sin\beta}+\frac{(\gamma-\gamma_w\times\sec^2\beta)}{\gamma}\frac{\tan\phi'}{\tan\beta}$$

試題 8.2

如下圖所示之無限長砂性土壤邊坡，砂土單位重為 19.62kN/m^3，摩擦角 32°，試求(a)邊坡之安全係數為何？(b)若地下水位與坡面齊，且滲流方向平行坡面，則邊坡之安全係數為何？（假設單位重不變）(c)若地下水位與坡面齊，且滲流方向平行坡面，則AB線之孔隙水壓為何？

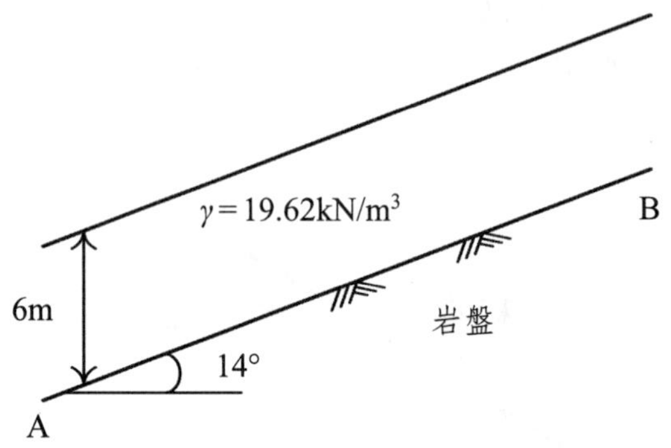

解：

(a)$F.S = \dfrac{\tan\phi}{\tan\beta} = \dfrac{\tan 32°}{\tan 14°} = 2.51$

(b)$F.S = \dfrac{\gamma'\tan\phi}{\gamma\tan\beta} = \dfrac{(19.62 - 9.81)\tan 32°}{19.62\tan 14°} = 1.25$

(c)$u = H \times \cos^2\beta \times \gamma_w = 6 \times \cos^2 14° \times 9.81 = 55.42(kPa)$ ◆

試題 8.3

一無限長砂性土壤邊坡如圖所示，地下水位與坡面齊，且滲流平行坡面發生，請問：(a)AB線之孔隙水壓為多少？(b)此邊坡之安全係數為多少？(c)邊坡之最大穩定坡角為多少？

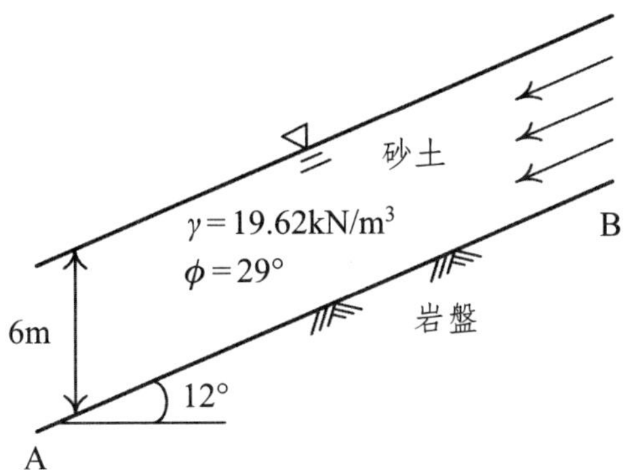

解：

(a) $u = H \times \cos^2\beta \times \gamma_w = 6 \times \cos^2 12° \times 9.81 = 56.3(\text{kPa})$

(b) $F.S = \dfrac{\gamma' \tan\phi}{\gamma \tan\beta} = \dfrac{(19.62 - 9.81)\tan 29°}{19.62\tan 12°} = 1.30$

(c) $FS = 1 = \dfrac{(19.62 - 9.81)\tan 29°}{19.62\tan\beta}$ ◆

8.6 平面破壞之有限邊坡（Culmann's [illegible]

本法係假設破壞面為一通過坡趾的斜平面（不是曲面），如圖所示。

Culmann (1875)將潛在滑動破壞面假設為一個平面某一潛在破壞平面上，假設：

α = 為破壞面與水平面之夾角

τ_d = 驅使土體滑動的剪應力

τ_f = 邊坡之岩土材料之剪力強度

$\tau_d > \tau_f \rightarrow$ 土體將沿該平面發生滑動破壞

所有平面中，τ_d/τ_f 最小者為臨界破壞面。

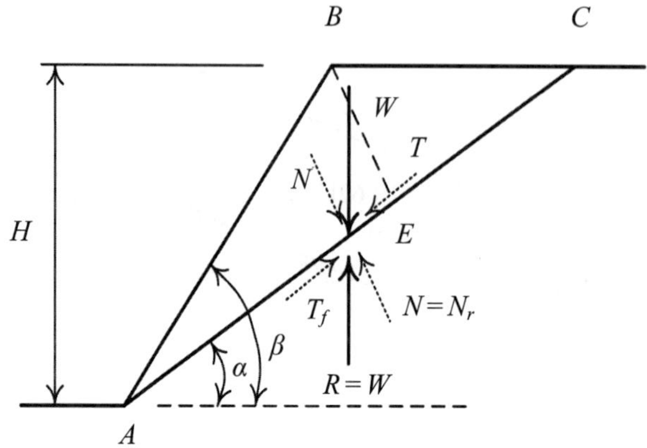

平面破壞之有限邊坡分析示意圖

⑴單位寬度滑動土楔 ABC 重量：

$$W=（土楔\ ABC\ 之面積）\times 1 \times \gamma$$
$$=\frac{1}{2}\gamma \times \overline{AC} \times \overline{BE}$$
$$=\frac{1}{2}\gamma \times H^2 \times \frac{\sin(\beta-\alpha)}{\sin\beta \times \sin\alpha}$$
$$N=W \times \cos\beta，T=W \times \sin\beta$$

⑵作用於平面 AC 正向應力

$$\sigma=\frac{N}{A \times C}=\frac{1}{2} \times \gamma \times H \times \frac{\sin(\beta-\alpha)}{\sin\beta \times \sin\alpha} \times \cos\alpha \times \sin\alpha$$

⑶驅使土體下滑之剪應力：

$$\tau_d=\frac{T}{C}=\frac{1}{2}\gamma \times H \times \frac{\sin(\beta-\alpha)}{\sin\beta \times \sin\alpha} \times \sin^2\alpha$$

⑷抗剪強度：$\tau_f=\dfrac{T_f}{A \times C}=c+\sigma \times tam\phi$

$$\tau_f=c+\frac{1}{2}\gamma \times H \times \frac{\sin(\beta-\alpha)}{\sin\beta \times \sin\alpha} \times \cos\alpha \times \sin\alpha \times \tan\phi$$

⑸試算平面 AC 處之安全係數：

$$F.S=\frac{\tau_f}{\tau_d}=\frac{2c}{\gamma\times H}\times\frac{\sin\beta}{\sin(\beta-\alpha)\times\sin\alpha}+\frac{\tan\phi}{\tan\alpha}$$

⑹破壞平面為 AC 之有限邊坡臨界高度（$F.S=1.0$）

(a)$H_{cr}=\dfrac{2c\times\sin\beta}{\gamma\times\sin(\beta-\alpha)(\sin\alpha-\cos\alpha\tan\phi)}$

(b)$\dfrac{\partial H_{cr}}{\partial\alpha}=0$

⑺平面破壞有限邊坡之臨界破壞面仰角 $\alpha=\alpha_{cr}=\dfrac{\beta+\phi}{2}$

⑻對應 α_{cr} 之有限邊坡的臨界高度為 $H_{cr}=\dfrac{4c}{\gamma}\cdot\dfrac{\sin\beta\times\cos\phi}{1-\cos(\beta-\phi)}$

(a)當 $\phi=0$ 時（黏土有限邊坡）：$H_{cr}=\dfrac{4c}{\gamma}\times\cot\dfrac{\beta}{2}$

(b)當 $\beta=90°$時（垂直邊坡）：$H_{cr}=\dfrac{4c}{\gamma}\times\tan(45°+\dfrac{\phi}{2})$

試題 8.4

某一斜坡層 $c=16\text{kN/m}^2$、$\phi=25°$、$\gamma=19.5\text{kN/m}^3$，試求該邊坡破壞之安全係數。

解：

⑴計算土楔 ABC 之重量 W

$\overline{AC}=\dfrac{8}{\sin 30°}=16(\text{m})$

$\overline{BE}=\dfrac{8}{\sin 60°}\times\sin(60°-30°)=4.62(\text{m})$

$W=\dfrac{1}{2}\gamma\times\overline{AC}\times\overline{BE}=\dfrac{1}{2}\times 19.5\times 16\times 4.62=720.72(\text{kN/m})$

⑵$\tau_d=\dfrac{W\sin 30°}{\overline{AC}}=\dfrac{720.72\times\sin 30°}{16}=22.52(\text{kN/m}^2)$

$\sigma=\dfrac{W\sin 30°}{\overline{AC}}=\dfrac{720.72\times\cos 30°}{16}=39.01(\text{kN/m}^2)$

$\tau_f = c + \sigma \tan\phi = 16 + 39.01 \tan 25° = 34.19 (kN/m^2)$

(3) $F.S = \dfrac{\tau_f}{\tau_d} = \dfrac{34.19}{22.52} = 1.52$

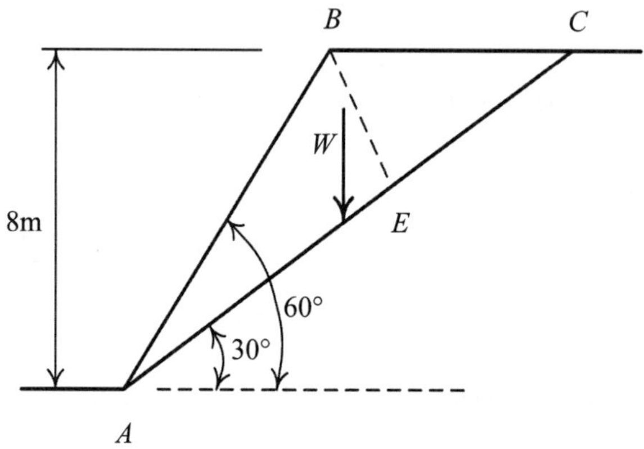

◆

試題 8.5

某開挖邊坡，設計之坡度為 45°，安全係數 FS 必須大於 1.5，土壤之強度參數由試驗得知凝聚力 $c = 16 kN/m^2$，內摩擦角 $\phi = 10°$，單位重 $\gamma = 17.7 kN/m^3$ 分析時假設地下水位很深，且邊坡可能發生平面滑動 (plan failure)，則容許之開挖深度 H 為若干？

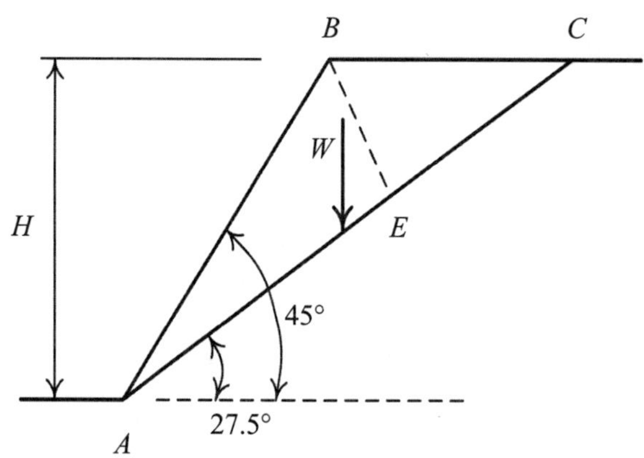

解：

(1)臨界滑動面之角度

$$\alpha_{cr}=\frac{45°+10°}{2}=27.5°$$

(2)計算土楔 ABC 之重量 W

$$\overline{AC}=\frac{H}{\sin 27.50}=2.166H$$

$$\overline{BE}=\frac{H}{\sin 45°}\times \sin(45°-27.5°)=0.425H$$

$$W=\frac{1}{2}\gamma\times\overline{AC}\times\overline{BE}=\frac{1}{2}\times 17.7\times 2.166H\times 0.425H$$

$$=8.147H^2(\text{kH/m})$$

(3) $\tau_d=\dfrac{W\sin 30°}{\overline{AC}}=\dfrac{8.147H^2\times\sin 27.5°}{21.66H}=1.737H(\text{kN/m}^2)$

$$\sigma=\frac{W\cos 30°}{\overline{AC}}=\frac{8.147H^2\times\cos 27.5°}{2.166H}=3.336H(\text{kN/m}^2)$$

$$\tau_f=c+\sigma\tan\phi=10+3.336H\tan 10°=(10+0.588H)(\text{kN/m}^2)$$

(4) $F.S=1.5=\dfrac{\tau_f}{\tau_d}=\dfrac{10+0.588H}{1.737H}$，$\therefore H=4.96(\text{m})$ ◆

8.7 護坡工程之種類及優缺點探討

8.7.1 護坡的種類

廣義的山坡地護坡工程可概分為二類：

1. 純為了抗風化及抗沖蝕的坡面保護工

2. 可提供抗滑穩定及克服地形高差之擋土護坡，坡面保護工程

護坡本身並不能承受側土壓力，或僅能承受少許之側土壓力

坡面保護工的方法分為：植生方法及工程方法

水土保持植生方法：

係以草類、林木或殘株等植物性材料為主，將之覆蓋於裸露之地表上，以保護土壤避免受雨滴打擊或逕流沖蝕，並由此等植生材料提供有機質，以改善土壤物理性質，使土壤具有良好滲透性與飽水性，充分達到涵蓄水資源之功能與防止土壤流失之效果。

一般植生方法有採用活植物之覆蓋方式，如地表種植草類、林木等，稱之為覆蓋 (Cover)。

亦有用死植物之覆蓋方式，如稻草，割下之草莖、枯枝落葉等之覆蓋，則此種覆蓋方式則稱之為敷蓋 (Mulch)。

森林覆蓋為水土保持之最佳植生方法。

以塑膠布等非植物性材料覆蓋地表，以保護土壤者，亦稱之為敷蓋，此等非植物性材料之敷蓋方式，僅有保護土壤避免雨滴打擊之功能，而無改善土壤性質之功能。

植生方法：

噴植法、植生帶法、草苗植生法、草苗舖植法

工程方法：

打樁編柵法、固定框法、噴漿護坡、景觀式擋土護坡

常見的坡面保護工：植生帶植生護坡、萌芽樁植生護坡、自由格梁護坡、景觀式擋土護坡

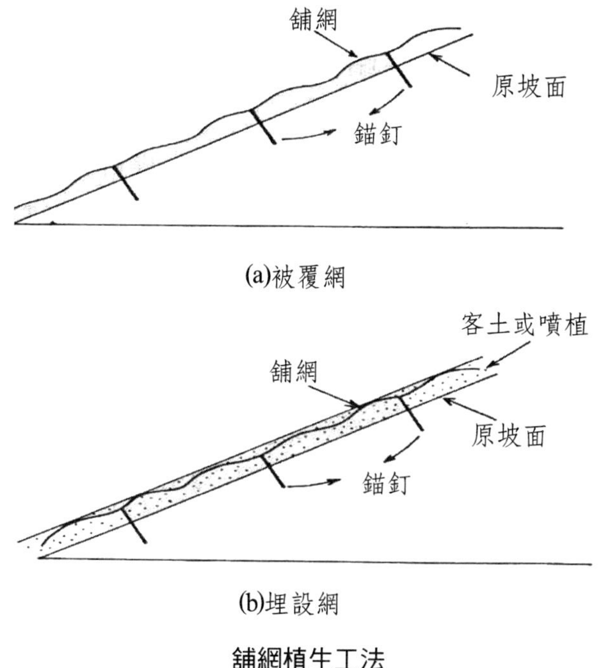

(a)被覆網

(b)埋設網

舖網植生工法

8.7.2 坡面保護工考慮要點為

何種植物或坡面保護工，能有效覆蓋裸露之坡面，以減少雨水或逕流造成坡面之沖蝕及風化，避免沖蝕擴大誘發淺層之崩坍。

坡面保護工僅適於平緩且穩定之土坡或無滑動之虞的岩坡上護坡本身並不能承受側土壓力，或僅能承受少許之側土壓力。

坡面保護工的方法分為植生方法及工程方法

坡面保護工之種類及適用性：

	工法種類	分類	適用範圍
植生方法	噴植法	1. 薄層噴植法	適用土質坡面
		2. 中層噴植法	適用軟岩坡面
		3. 厚層噴植法	適用硬岩坡面
	植生帶法	1. 稻草植生帶法	坡度<45°之土質邊坡
		2. 纖維植生帶法	
	草苗植生法	1. 等高現植草苗法	坡度<35°之土質邊坡
		2. 育苗袋育苗穴植法	
	草皮鋪植法		坡度<45°之挖方邊坡 需快速覆蓋之填方邊坡
工程方法	打樁編柵法	1. 萌芽樁法	坡度<45°之邊坡
		2. 不萌芽樁法	崩積土或淺層崩塌坡面
	固定框法	1. 預鑄式水泥框法	適用硬岩坡面
		2. 鐵製框法	坡度<45°～60°之邊坡
		3. 自由格梁法	表面呈風化或崩落之邊坡
	噴漿護坡		坡度無限制 不適合地下水豐富之土坡， 適合岩石坡面
	景觀式擋土護坡		適合穩定之挖方邊坡

擋土護坡工，主要目的係提供抗滑及穩定功能

常見的擋土護坡工有：

砌石擋土牆、重力式擋土牆、RC擋土牆、蛇籠擋土牆、格床式擋土牆、加勁擋土牆、錨拉式擋土牆、抗滑樁、土釘工法及輕量回填土工法等。

1. 重力式擋土牆：

以其本身厚重之牆身重量，抵抗土、水壓力，提供抗滑動及抗翻倒之功能。

重力式擋土牆構身以無筋混凝土或卵（塊）石混凝土澆置而成，其高度在 6m 以下較經濟。

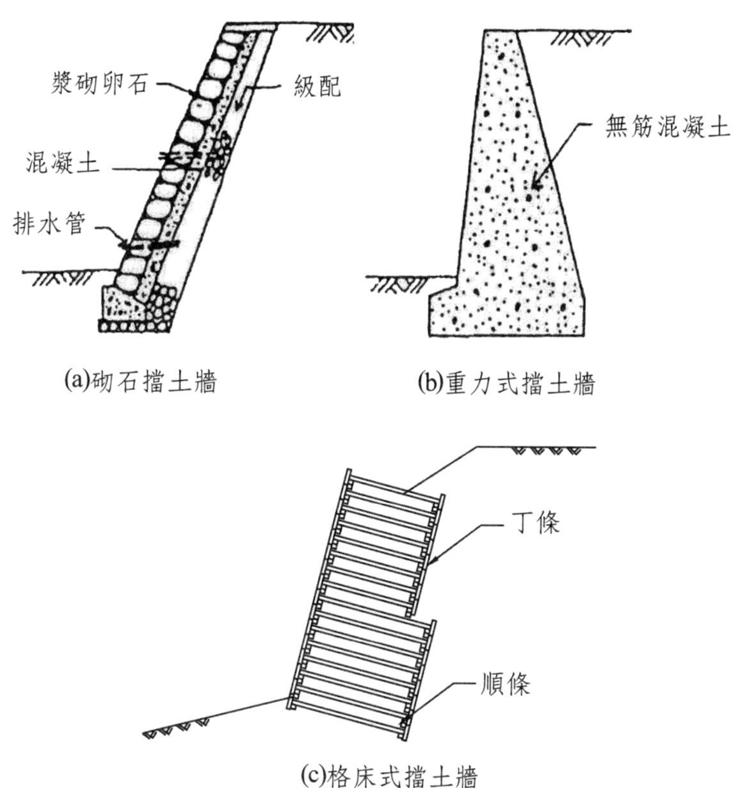

(a)砌石擋土牆 (b)重力式擋土牆

(c)格床式擋土牆

2. 格床式擋土牆：

係由木條、預鑄混凝土條或金屬條疊砌成框形體，框中再以卵(塊)石或粗粒料填築而成。

一般採用之牆面傾廣為 1：6（水平：垂直），牆身高度不得高於牆底寬度之兩倍。

由於此型擋土牆過高時，對於橫向差異沉陷較敏感，易發生丁條斷裂情事，故一般合宜之擋土高度以不超過 3 公尺為佳。

3. 半重力式擋土牆：

以其本身的重量及擋土牆底版上方之土體重抵抗土、水壓力，提供抗滑動及抗翻倒之功能，其擋土高度，如考慮經濟原則，於承受較大彎矩之斷面（受拉應力部位），即牆背下段與牆基趾端下緣，排組少量鋼筋增強抗拉強度，提供抗彎及抗剪之功能，使牆體減薄。

擋土高度，一般為 3～8 公尺為宜

4. RC 懸臂式擋土牆：

係由牆之自重與牆基正上方之土重，提供其擋土抗力，由於所需之混凝土量，較重力式擋土牆為少牆基地盤條件受限亦較小，且其經濟性及施工性皆甚佳，故廣被採用。

擋土高度以 5～8 公尺範圍為最理想

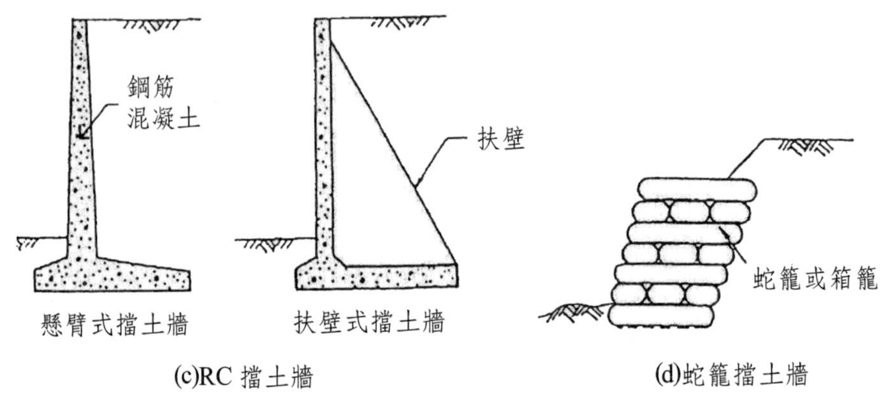

(c)RC 擋土牆

(d)蛇籠擋土牆

5. RC 扶壁式擋土牆：

擋土原理與懸臂式擋土牆相同，牆體構造亦類似，僅較懸臂式多設置一垂直於牆面版與牆基版之扶壁版，以減少牆面版反牆基版所受之應力，並可提高牆身之剛度，當擋土高度愈高時，此型式擋土牆之經濟性愈佳。

一般較理想之擋土高度為5～10公尺。

8.8 監測系統之設置

8.8.1 監測系統設置之目的包括：

⑴設計條件之調查及確認-包括地下水位及滑動面之調查
⑵施工安全之掌握-包括擋土護坡及邊坡施工中之穩定性
⑶長期行為驗證-包括擋土牆及地層長期之穩定性研判
⑷回饋分析設計-包括驗證原設計假設條件之合理性

8.8.2 坡地護坡工程監測系統的主要觀測項目包括：

⑴觀測滑動面位置，確認破壞規模及破壞原因
⑵觀測位移速率及滑動方向，瞭解邊坡穩定情形
⑶觀測地下水壓，校核水壓力是否超出原設計之假設條件
⑷觀測結構物或地錨等擋土措施之應力，避免發生擋土結構破壞

8.8.3 以深開挖工程為例，完整的監測系統量測項目包括：

⑴擋土壁側向變位及開挖區外側地層之側向變位
⑵附近結構物及地表沈陷量
⑶擋土壁之鋼筋應力（或擋土壁之彎矩）
⑷支撐荷重或地錨荷重

⑸作用於擋土壁體外側及內側之土壓力

⑹作用於擋土壁之孔隙水壓

⑺開挖區外側地層中垂直沈陷量及開挖區內側地層之隆起量

山坡地之地層變化較平地更為複雜，許多潛在可能滑動面在地質調查時不易查覺，地下水狀況不易掌握

為彌補地質調查時之不足，並校核設計之假設，監測系統的設置，對於已有滑動徵兆的邊坡或重要性較高的邊坡都是十分必要的常用的監測儀器包括：

⑴水位觀測井

⑵水壓計

⑶傾斜觀測管

⑷地表沈陷點

⑸地表伸縮儀（地滑計）

⑹鋼筋計

⑺結構物傾度盤

⑻地錨荷重計

⑼裂縫計

⑽雨量計

⑾地層中多點式沈陷計

其中水位觀測井、水壓計、傾斜觀測管及結構物傾度盤使用最為普遍，有效利用監測儀器之量測結果，使之能充份反應實際地層或擋土結構行為。

⑴傾斜觀測管，主要用於監測土岩層邊坡和擋土牆之側向變位量與滑動深度，其設備組成包括埋於地中或擋土牆中之傾度管與專業量測用之測傾儀。

⑵地表沈陷點，固定於地表之鋼釘等物，主要用於地表土壤垂直

與水平方向變位量之監測。

(3)地表伸縮儀（地滑計），地滑計主要用於大區域地表邊坡滑動之監測，設備組成包括：錮鋼線、兩端點基座及專業量測讀計，必要時可連接警報器。

(4)鋼筋計，量測擋土牆或結構體鋼材之長短期應變，確保結構體處於安全狀況。

(5)結構物傾度盤，用於監測房屋或擋土牆之傾斜程度，其設備組成包括裝置於房屋柱位或擋土牆上之傾斜盤與專業量測用之測讀儀。

(6)地錨荷重計，用於監測擋土牆或邊坡上地錨之受力情形，其設備組成包括裝置於錨頭之荷重環與專業量測用之測讀儀。

(7)裂縫計，用於監測房屋、擋土牆或結構體裂縫寬度長期變化。

(8)雨量計，用於監測常時或暴雨時之雨量監測，以便了解其與原始設計條件之異同。

(9)地層中多點式沈陷計，用於監測地層不同深度處之垂直變位量。

大地工程涉及地層之多變性、複雜性及存在外來諸多未確定性因素，運用監測系統以確保工程設計及施工之安全。

chapter 9

基地開挖與土壤液化評估

9.1 開挖之設計

為確保開挖時基地內及其鄰近範圍之安全，須依照規定進行基地調查，其中應特別調查下列各項重點，以為設計防護措施之依據：

1. 鄰近構造物之狀況及其基礎型式。

2. 鄰近地下構造物及設施之位置及構造型式。

3. 基地底下是否含有地下障礙物。

4. 地基開挖時所引致的擋土結構體側向位移及地表沉陷，可能影響鄰近構造物的結構安全，其影響程度因鄰近構造物的強度、離基地開挖面的距離及其基礎的型式、大小、深度等而有所差異。

5. 基礎或道路開挖常會遭遇到箱涵、管線、舊建物基礎等地下障礙物，尤其是公共管線，處理工作至為繁雜費時，卻常為規劃設計者所忽略，以致工程發包開工後常有意外狀況之發生，不但影響工程之進行，甚至常造成安全上的問題；因此於開挖前，應事先詳細調查地下障礙物之有無、種類、位置、形狀等，再決定處理方式。處理方式於開挖前先做好管線遷移，無法遷移者則於開挖施工中施以吊掛保護並採補強措施等。

9.2 安全措施

基礎開挖必須依照建築技術規則建築設計施工編及本章之各項規定設置適當之開挖及擋土安全措施，並應符合相關法令之要求。

1. 基礎開挖安全之目標，狹義的解釋為工程本體不發生安全問題，廣義的解釋為本體工程安全外，鄰產亦能保持安全，例如開挖工地鄰近道路，房子不產生沉陷、龜裂、傾斜；排水、交通不受影響、各類管線保持完好等基本要求。因此開挖工程之設計，除依據力學學理分析外，亦須考量工程本體及鄰近地層整體之變位量。

2. 基礎工址及鄰近地層因開挖解壓而產生變位，包括沉陷、隆起、水平位移等，其變位影響範圍視土層類別、土層強度、開挖深度、開挖方法及擋土方法等而定。當鄰近結構物或管線座落在變位影響範圍內，即可能被波及。鄰近結構物依其結構強度及基礎型式，通常可容許一定量之變位量及變形量，尚不致產生損壞，目前多依構造類別及基礎型式列舉，此類容許變位量較適用於新建結構物。對於老舊結構物，因使用與維護上不同，興建後迄今已發生之變位量若無紀錄可循，則其容許變位量在「消耗」後之殘餘量為不可知。當鄰地開挖引致變形量超出可允許之殘餘量時，即造成結構物損壞。因此，開挖設計時，應調查鄰近結構物之現況，評估其允許殘餘變位量。

3. 開挖設計時，對於鄰地埋設有壓力管線時，尤應慎重。壓力油管與瓦斯管受損後，易引致火災，造成二次災害。高壓水管滲漏則可能淘空地層，導致開挖工地全面坍垮。

9.3 地下水位控制

基礎開挖深度在地下水位以下時，應設置水位控制設施，以確保開挖作業之安全。

水位控制方法須依據地層之地下水位、透水性、水量、及是否含有受壓水層等進行規劃，必要時應實施現場抽水試驗，以決定該地層之適用方法。

降水設計必須考慮對周圍環境之影響，並適度防止土壤流失及地層變形，避免因水位下降而造成鄰地塌陷或鄰房損害，必要時應採取截水、補注地下水或鄰房保護等輔助措施防護之。

1. 基地開挖面若在地下水位之下，為了使開挖面或邊坡保持穩定狀態，以及工作面保持乾燥便於施工作業，一般均將地下水位降至開挖面下 1～2 公尺。降低地下水位所用方法，視開挖方式、含水層透水性及土層性質而定。常用方法有：

(1-1)重力式排水：以集水坑或集水井集水後，以抽水泵浦排出基地。

(1-2)裝置一排或數排小口徑點井：點井直徑 50～60 厘米，開口長度為 0.5～1.0 公尺，每點井間隔約 1～3 公尺，點井上接豎管及集水幹管，使用抽水泵浦抽出地下水降低水位。

若使用多段式 (multi-stage) 降水，每段之高差不超過 5 公尺。

(1-3)鑽掘抽水深井，井內填塞濾料及安裝沉水式泵浦抽水。深井亦可設計成單排或數排。必要時，亦可用多段式。真空抽水井：利用真空泵浦抽水，最高降水約可達 6m。

(1-4)採用明挖方法施工之工地，重力排水之滲出量，可用達西定律概估其單位時間之滲流量：$Q=k\times i\times A$

Q= 流量 (cm^3/sec)

k= 含水層之滲透係數 (cm/sec)

$i=h/L$ 水力坡降

h = 水頭差 (cm)

L = 滲流長度 (cm)

A = 滲流斷面積 (cm^2)

(1-5)採用擋土式開挖之工地，假設擋土措施水密性良好，但尚未貫入不透水層，從開挖面之滲出量，可用下式概估其單位時間之滲流量。若須較精確之估算，可依地層之分佈，繪畫流線網計算之。

$$Q=k_y \times A \times \frac{h}{d_1+d_2}$$

(1-6)說明：

Q＝流量 (cm^3/sec)

k_y＝含水層之垂直向滲透係數 (cm/sec)

A＝開挖面之水平面積 (cm^2)

h＝開挖基地內外水頭差 (cm)

d_1＝基地外側滲流長度 (cm)，

d_2＝基地內側滲流長度 (cm)

(1-7)當進行以抽水井降水時，抽水量乃依水井外緣水位（抽水後）、井徑及含水層之透水性而定。抽水至平衡狀態，地下水位以該井為中心呈倒圓錐形下降，其水位下降之影響半徑R，可用下式估算之：

$R=3000 \times S \times \sqrt{k}$，R＝影響半徑 (m)

S＝水井外緣水位下降量 (m)

k＝含水層之滲透係數 (m/sec)

各類土壤之粒徑及抽水影響半徑

土壤類別		粒徑，d(mm)	影響半徑，R(m)
卵礫石	粗	10	1500
	中至細	1～10	400～1500
砂	粗砂，中砂	0.25～1	100～400
	細砂	0.05～0.25	10～100
	粉土質砂	0.025～0.05	5～10

⑴當數個抽水井同時進行抽水時，若水下降影響範圍相交疊，交疊部份水位最終下降量為各井在相交疊部份下降量之和。

⑵地下水位下降後，土層之有效應力增加，對具有高壓縮性粘土

地層，可引起地層沉陷。另外，地下水位下降，對於原水位下之結構物例如地下室筏基等，浮力減少，結構物內應力改變，地層應力增加，亦可能引起結構物沉陷。

9.4 邊坡式開挖

9.4.1 適用範圍

基地開挖若採用邊坡式開挖，其基地狀況通常必須具有下列各項條件，但對高地下水位且透水性良好之砂質地層，並不適宜。

⑴基地為一般平地地形。

⑵基地周圍地質狀況不具有地質弱帶。

⑶基地地質不屬於疏鬆或軟弱地層。

所謂邊坡式開挖即明挖斜坡施工法，當基地周圍無緊鄰之建築物或設施、具有足夠之空間可設置邊坡時，若基地地質狀況良好且不具有地質弱帶者（岩層面，節理面，斷層，剪裂面等），可考慮採用邊坡式開挖方式進行基礎開挖。

疏鬆之砂土層邊坡極易因雨水沖蝕而流失。軟弱地層之邊坡式開挖，開挖區外圍常因邊坡蠕動潛變而下陷。

9.4.2 邊坡穩定分析考慮因素

基地開挖若採用邊坡式開挖，所開挖邊坡之穩定分析應就以下因素作適當考慮：

1. 正常及暴雨期間地下水位之影響。

2. 施工期間之地表上方超載重。

3. 施工期間可能發生之地震影響。

4. 施工期間之地表逕流，可能產生之沖刷影響。

5. 開挖對周圍環境之影響。

施工期間因雨水滲入地下，將造成地下水位升高，增加對邊坡作用力。地表逕流也將對邊坡造成沖刷作用，影響邊坡穩定及施工安全。因此在決定採用邊坡開挖方式施工前必須在基地周圍做好完善的排水系統，有效截流雨水；至於防止地表逕流所可能產生的沖刷破壞，則可於坡面進行覆蓋或噴漿保護之。

邊坡式開挖之施工法，開挖完成後，在無任何支撐系統保護下，施工人員於開挖面上構築，必須特別注重施工安全。於設計開挖邊坡坡度、分階高度及土堤寬度應盡量保守分析，而施工期間可能發生的地震、車輛或施工機具載重均須納入考慮。

邊坡穩定分析方法大致分成兩類：

(1)有效應力分析方法－適用於無地下水或確知地下水壓之邊坡。

(2)總應力分析方法－適用於地下水壓不明確之邊坡。

依邊坡土層之性質不同，例如砂質土、黏質土、兼具凝聚力及內摩擦力之 $(c-\varphi)$ 土，其滑動模式可分為邊坡滑動、底部滑動、圓弧狀及非圓弧狀滑動等。

(3)過壓密黏土（含泥岩，頁岩）邊坡在開挖後，其剪力強度可因解壓而逐漸降低，因此，其穩定分析及坡度設計時，應以殘餘強度為宜。又此類黏土極易吸水軟化，坡面應有適當防水措施。

(4)邊坡穩定分析之傳統方法，考慮土壤之塑性平衡，以滑動面之剪力強度抵抗邊坡滑動力量，決定其安全係數。對於邊坡及其周圍之變形量，卻無法分析。因此在考慮開挖邊坡可能對周圍環境影響時，其設計之安全係數，宜採保守，或以有限元素數值分析法分析其變形量。

9.5 擋土式開挖

基礎開挖時，若無法以邊坡式開挖維護開挖安全，則基地周圍應以合適的擋土設施保護之。

選擇擋土設施時，一般考慮其施工難易、水密性及其剛性。

擋土設施之設計至少應考慮下列因素：

1. 基地地質特性及擋土設施型式。
2. 地下結構物之構築方式。
3. 擋土設施之材料強度。
4. 擋土設施之水密性。
5. 擋土結構系統之勁度及變位對周圍環境之影響。
6. 基地開挖過程中各階段開挖面之穩定性。
7. 擋土設施與支撐之施工程序、時機及預力。
8. 擋土設施基本上應為臨時結構物；但若作為永久結構物時，其設計應符合建築技術規則建築構造編各相關之規定，並應對施工期間各構件所產生之殘餘應力作適當考慮。

支撐設施之型式

基礎開挖若採用擋土式開挖時，應視需要採用支撐設施，以抵抗側壓力並確保施工安全。

支撐設施包含內撐及背拉等型式。

1. 現時建築基地開挖之內撐設施幾乎全部都採用 H 型鋼，包括水平支撐、中間柱、圍令（亦稱橫擋）及角撐等。以雙向對撐支承擋土壁。圍令放置於擋土壁之托架上。水平支撐雙向之相交點，以中間柱支承。中間柱本身以打擊貫入或以鑽掘樁方式固定在開挖面以下。水平支撐若須施加預力，可安裝油壓千斤頂，同步進行。

2. 各層水平支撐之間距，以3至4公尺為最普遍，安裝之位置，最好能配合地下室樓版位置，使兩者之施工，各不干擾。

3. 特殊形狀之基地，例如小型工作井，可用環狀內撐（只有圍令及角撐）。狹長型條狀開挖，可用單向對撐（不用中間柱）。

4. 斜撐亦為內撐之一種，但效果較差。施加預力時以平版式千斤頂進行。

5. 逆築工法以樓版及梁柱結構物支承擋土壁，亦應視為內撐設施。其優點是樓版勁度大，全面支承擋土壁。其缺點是混凝土樓版在澆注後會產生乾縮現象，並且無法施加預力。

6. 背拉設施多採用地錨或岩錨。淺層開挖，亦可用鋼纜索及固定座，繫杆及錨碇樁等。

9.6　設計考慮

支撐設施應足以承受由擋土設施所傳達之荷重，以抑制或減少其變位。所考慮之荷重應包含：

(a)側向土壓力，(b)地下水壓力，(c)地表上方載重，(d)施工期間之臨時載重，(e)地震影響

其說明如下：

9.6.1 側向土壓力計算

作用於支撐設施之側向土壓力，應視地層分佈、土壤特性，支撐型式及擋土結構變位而定。

1. 內撐式支撐設施

作用於內撐式支撐設施之側向土壓力，可依據彈塑性分析模式所得結果或 Terzaghi-Peck 之視側壓力分配所得結果，取較大者為設計之土壓力值,內撐式支撐設施通常在分層開挖後逐層架設支撐，因而擋土設施之側向變位亦隨開挖之進行而逐漸增加，但擋土設施所受之側向壓力，同時受牆背之土層特性、支撐預力、開挖程序與快慢、支撐架設時程等諸因素影響，使牆背之側向土壓力呈不規則分佈，而與一般擋土牆設計採用之主動土壓力，有明顯之不同。

2. 背拉式支撐設施

作用於背拉式支撐設施之側向土壓力分佈，通常與主動土壓力分佈情形相似，且接近開挖底部有趨近於靜止土壓力之情形。在計算側向土壓力 (P) 時，應考量鄰近構造物之位移量而選取主動土壓力及靜止土壓力間之數值計算。若背拉式支撐設施之側向位移量類於內撐式設施時，亦可採用 Terzaghi-Peck 之視側壓力分佈值。

9.6.2 地下水壓力

若開挖面在地下水位以下，且所選擇之擋土設施具有擋水功能時，則必須考慮擋土設施背側之水壓力作用。

擋土設施背側之水壓力可依其存在狀態分成靜止水壓、動態水壓及滲流水壓。

(a)當擋土設施底部貫入不透水地層（$k<10^{-7}$），背側之地下水無法滲入開挖面時，若地下水呈靜止狀態，則考慮背側承受靜止水壓力，在地震作用時，則應考慮額外增加之動態水壓力。當擋土設施底部貫入砂性地層，背側之地下水可經底部流至開挖面時，應考慮地下水在滲流狀態下對背側所產生之滲流壓力。

(b)若擋土設施貫入深度內之地層為互層，並含有壓力水層，則背側之水壓力應按各層之水壓力分別考慮。

9.6.3 地表上方載重

擋土牆背地表受有均佈超載重時，該載重得折算成等值填土高度，並依前節計算方法計算其對擋土牆造成之側向壓力。

擋土牆背地表受有線形超載重或集中超載重時，得依據主動土壓破壞面之影響範圍。

1. 開挖面附近之結構物重量、交通及其他地表超載均應考慮其對擋土設施所造成之側向壓力，線形及集中超載荷重之側壓力計算方法如下：

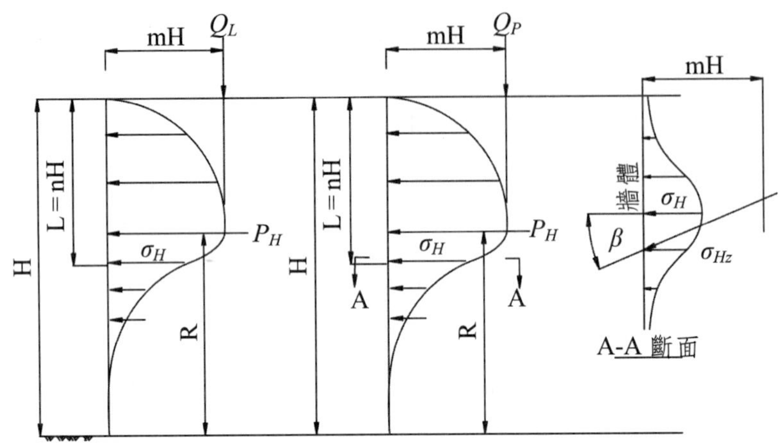

線形及集中超載荷重之側壓力圖

(1-1)$m \leq 0.4$，則 $\sigma_H \times \dfrac{H}{Q_L} = \dfrac{0.2 \times n}{(0.16 + n^2)} \times \sigma_H \times \dfrac{H^2}{Q_P} = \dfrac{0.28n^2}{(0.16 + n^2)^3}$，$P_H = 0.55Q_L$

(1-2)$m > 0.4$，則 $\sigma_H \times \dfrac{Q^2}{Q_L} = \dfrac{1.77 \times m^2 \times n^2}{(m^2 + n^2)^3}$，$\sigma_H \times \dfrac{H}{\sigma_L} = \dfrac{1.28 \times m^2 \times n}{(m^2 + n^2)^2}$

$\sigma_{Hz} = \sigma_H \times COS^2(1.10\beta)$，$\therefore P_H = \dfrac{0.64\,Q_L}{(m^2 + 1)}$（集中超載狀況）

2. 牆體滑動

擋土牆抵抗滑動之安全係數，於長期載重狀況應大於 1.5，於地震時應大於 1.2，安全係數之計算原則為：

安全係數 =（作用於牆前被動土壓力 + 牆底摩擦力）／（作用於牆背之側壓力）

3. 其他考慮

(3-1)擋土牆背回填土或牆背之地層非為均質時，應採用其他適當方法，計算擋土牆所受之土壓力。

(3-2)採用其他較複雜型式之擋土牆時，應考慮該擋土牆本身之特性及其與牆背土壤間之互制關係。

採用地錨作為擋土牆之穩定安全輔助設施時，須依據錨碇段地層之性質、強度、地下水狀況，以及擋土牆之型式、規模、性質等資料進行設計，同時應符合以下各項規定：

(3-3)地錨之間隔、長度與容許拉拔力等，可參考中國土木水利工程學會之「地錨設計與施工準則暨解說」中之相關規定進行設計。

(3-4)其他有關端錨等之設計，應依建築技術規則之規定辦理。

9.6.4 擋土式開挖之穩定性分析

有關擋土式開挖之穩定性，應檢核下列項目：

1. 貫入深度，*2.* 塑性隆起，*3.* 砂湧，*4.* 上舉

說明如下：

1. 擋土壁貫入深度

擋土壁應有足夠之貫入深度，使其於兩側之側向壓力作用下，具足夠之穩定性。擋土壁之貫入深度D，可依下列公式計算其安全性：

(a)$F.S = \dfrac{(F_P \times L_P) + (M_S)}{F_A \times L_A} \geq 1.5$

F_A = 最下階支撐以下之外側作用側壓力（有效土壓力 + 水壓力之淨值）之合力 (tons/m)

$L_A = F_A$ 作用點距最下階支撐之距離 (m)

M_S = 擋土設施結構體之容許彎矩值 (tons-m/m)

F_P = 最下階支撐以下之內側作用側土壓力之合力 (tons/m)

$L_P = F_P$ 作用點距最下階支撐之距離 (m)

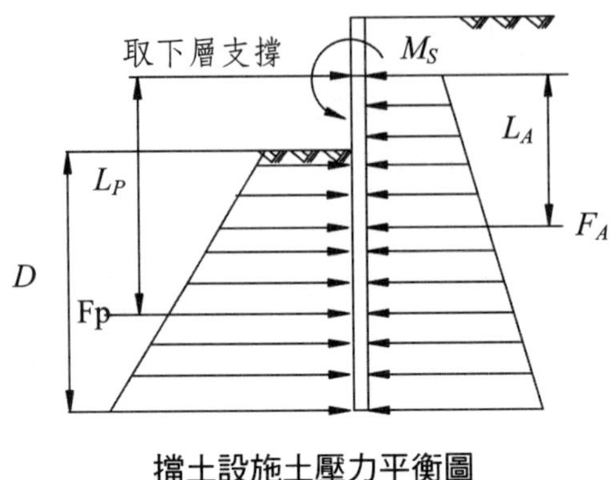

擋土設施土壓力平衡圖

公式(a)係將作用於擋土壁之側向壓力簡化為主動土壓力及被動土壓力。在此假設前提下，已容許壁體底部出現變位，以產生極限被動土壓，然而當擋土壁貫入深度足夠時，貫入部份應有固定不動點存在，此點與上述假設不盡相符。

一般在分析時，由於 M_S 為未知數，亦可忽略不算。

(b)$F.S = \dfrac{F_P \times L_P}{F_A \times L_A} \geq 1.2$

9.6.5 底面隆起

隆起破壞之發生，係由於開挖面外土壤載重大於開挖底部土壤之抗剪強度，致使土壤產生滑動而導致開挖面底部土壤產生向上拱起之現象，工程上用於檢討隆起之極限分析計算公式有許多，開挖底面下方土層係軟弱黏土時，應檢討其抵抗底面隆起之穩定性。可依下列公式計算其安全性：

$$F.S = \frac{M_y}{M_d} = \frac{X\int_0^{\frac{X}{2}+\alpha} S_u\,(Xd\theta)}{W \times \dfrac{X}{2}} \geq 1.2$$

M_y = 抵抗力矩 (tons-m/m)，M_d = 傾覆力矩 (tons-m/m)

S_u = 黏土之不排水剪力強度 (tons/m^2)，X= 半徑 (m)

W= 開挖底面以上，於擋土設施外側 X 寬度範圍內土壤重量與地表上

方載重 (q) 之重量和 (tons/m)

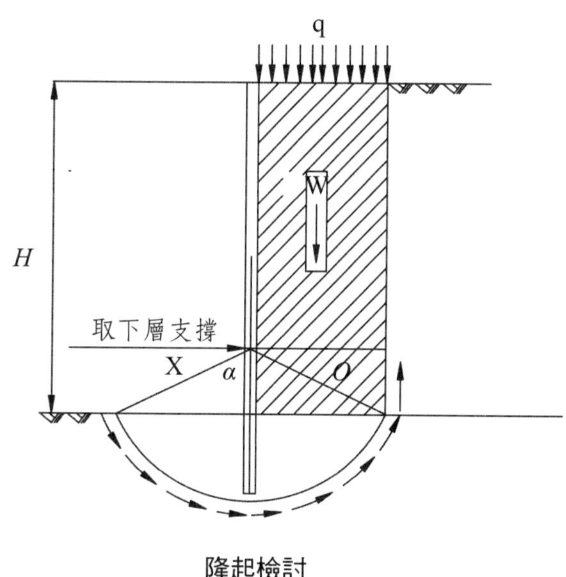

隆起檢討

9.6.6 砂湧

如擋土壁下方為透水性佳之砂質土壤，且擋土壁未貫入不透水層時，即應檢討其抵抗砂湧之安全性。分析方法可用滲流解析方式、臨界水力坡降解析方式、或以下列兩公式分別計算之，擇其中貫入深度最大者為設計依據。

$$F.S = \frac{2 \times \gamma_{sat} \times D}{\gamma_w \times \Delta H_w} \geq 1.5 \quad F.S = \frac{\gamma_{sat}(\Delta H_w + 2D)}{\gamma_w \times \Delta H_w} \geq 2.0$$

γ_{sat} = 砂質土壤之有效單位重 (tons/m^3)

D = 擋土設施之貫入深度 (m)

γ_w = 地下水之單位重 (tons/m^3)

ΔH_w = 擋土設施內外兩側地下水位之水頭差 (m)

開挖面下為透水性良好之土壤時，由於開挖側抽水使內外部有水頭差而引致滲流現象，當上湧滲流水之壓力大於開挖面底部土壤之有效土重時，滲流水壓力會將開挖面內之土砂湧舉而起，造成破壞。

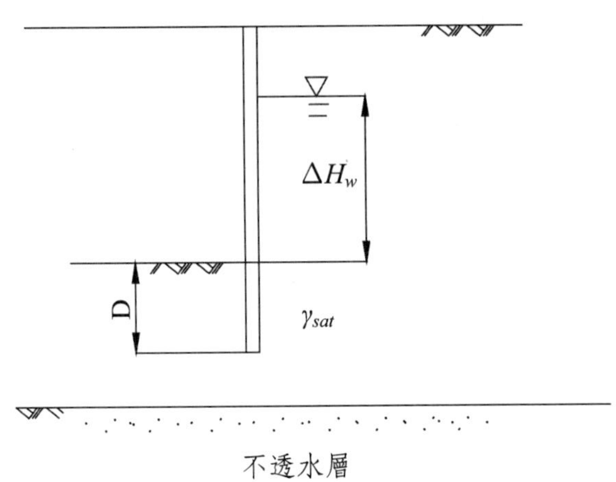

砂湧檢討

9.6.7 擋土壁之變形及控制

由擋土壁及支撐設施所構成之擋土結構系統，須具有適當之勁度，並應事先評估開挖後所導致擋土結構體之變位及其對鄰近構造物之影響。必要時應輔以完善的輔助措施，以避免擋土壁外側地表產生有害之沉陷。

地下深開挖因擋土結構體的側向變位導致周邊的地表沉陷問題，常形成嚴重的公害，其周邊的地表面沉陷量與擋土設施的型式、支撐方式、土壤分類、開挖深度、地下室構築方式、施工程序等均有相當密切的關係，故其因素至為複雜。即使以有限元素法應用於深開挖之分析設計已行之多年，但實際上，其分析結果與現地觀測之結果仍有一段差距。

最常採用之周邊地表沉陷評估方法，大都是以彈塑性分析所得之擋土壁變形量，配合壁體變形與地表沉陷之關係公式或圖表之半經驗法評估。評估方法細節部份可參閱相關文獻。

基地開挖宜利用適當之儀器，量測開挖前後擋土結構系統、地層及鄰近結構物等之變化，以維護開挖工程及鄰近結構物之安全。

開挖安全監測對基地開挖而言，其目的可以簡單說明如以下各項：

1. 設計條件之確認：由觀測所得結果與設計採用之假設條件比較，可瞭解該工程設計是否過於保守或冒險，另外可適時提供有關工程變更或補救處理所需之參數。

2. 施工安全之掌握：在整個開挖過程中，監測系統可以隨時反應出有關安全措施之行為訊息，作為判斷施工安全與否之指標，具有預警功效。必要時可做為補強措施及緊急災害處理之依據。

3. 長期行為之追蹤：對於特殊重要之建築物於完工後，仍可保留部份安全監測系統繼續作長期之觀測追蹤。如地下水位的變化、基礎沉陷等現象，是否超出設計值。此外，長期之觀測追蹤結果亦可做為鑑定建築物破壞原因之參考資料。

4. 責任鑑定之佐證：基礎開挖導致鄰近結構物或其它設施遭波及而損害，由監測系統所得之資料，可提供相當直接的技術性資料以為

責任鑑定之參考，以迅速解決紛爭，使工程進度不致受到不利之影響。

5. 相關設計之回饋：對於基礎開挖擋土安全設施之理論，至今仍難以做妥善圓滿之模擬；因此，一般基礎開挖擋土安全之設施與施工，工程經驗往往佔有舉足輕重的地位，而工程經驗皆多半由監測系統所獲得之資料整理累積而成。所以監測系統觀測結果經由整理歸納及回饋分析過程，可了解擋土設施之安全性及其與周遭地盤之互制行為，進而修正設計理論及方法，提升工程技術。

9.6.8 監測規劃

監測工作應依開挖深度、土層構造及土壤性質、地下水位、水壓及水流情形、施工時間長短、擋土結構型式、支撐型式、開挖及支撐步驟、施工困難度、開挖區四周環境等因素，做適當之規劃與設計。

監測系統之規劃及設計應根據其擋土支撐系統之設計理念，並參酌施工方式、施工環境及可引用之監測儀器性能，綜合考量，規劃及設計出適當的監測系統。其規劃設計要領簡述如下：

⑴監測參數之選定：基本考慮為開挖工程施工安全之掌握所需之資料，一般包括：

1. 地下水位及水壓
2. 土壓力及支撐系統荷重
3. 擋土結構變形及應力變化
4. 開挖區地盤之穩定性
5. 開挖區外圍之地表沉陷
6. 鄰近結構物與地下管線等設施之位移、沉陷量及傾斜量
7. 鄰近結構物安全鑑定所需之資料（如結構物之裂縫寬度等）

9.6.9 監測項目

安全監測之項目一般包括下列各項，可視現場條件及設計需求作適當之選擇。

⑴開挖區四周之土壤側向及垂直位移。

⑵開挖區底部土壤之垂直及側向位移。

⑶鄰近結構物及公共設施之垂直位移、側向位移及傾斜角等。

⑷開挖影響範圍內之地下水位及水壓。

⑸擋土設施之受力及變位。

⑹支撐系統之受力與變形。

9.7 土壤液化

建築物基地應針對基地之土層進行土壤液化潛能分析，評估地震時是否產生地盤破壞現象，作為建築物基礎耐震設計之依據。

地震時飽和土壤之液化為工程結構物受損之主要原因之一。飽和土壤產生液化之基本機制為土壤內孔隙水壓因受地盤震動作用而上升，引致土壤剪力強度減小，當孔隙水壓上升至與土壤之有效應力相等時，即產生土壤液化現象，而造成嚴重之損壞，諸如基礎支承力的喪失，崩潟、建築物坍陷、地盤側向擴張及下陷等現象，依土壤變形程度常分為液化及反覆流動兩種情況，兩種情況均須按下列規定加以評估其安全性。

9.8 設計地震

土壤液化評估所採用之設計地震應依工程之重要性、基地之地質特性及地震資料以機率法決定之，或參考內政部「建築物耐震設計規範與解說」之震區加速度值選取適合該工程使用之設計值。

對一基地受地震作用時，影響地盤振動之因素包括地震之震源位置、震源機制、傳播路徑及基地之地盤性質等。因此，欲評估基地之設計地震大小，應以或然率理論為基礎，考慮該區域之地質環境（包括板塊運動、地質構造、斷層位置及活動性等），以及已往所發生地震之規模及發生機率，最後並考慮基地土層之性質，進行地盤反應分析，決定地表運動之特性及大小，作為設計之基準。

對於重大建築物之基地，應進行詳細之地震危害度評估選取具代表性之設計地震。對於一般之小型建築物而言，欲針對其基地進行上述之機率分析，將有實質上之困難，而且亦不需要，可直接引用已有之分析結果。

9.9 土壤液化潛能評估

基地土壤於地震作用下是否會發生土壤液化現象，係以地震引致地層中之剪應力大小是否大於土壤之抗液化強度作為判斷之標準。在工程應用上，一般使用安全係數來表示，安全係數定義為土壤抗液化強度與地震引致剪應力的比值，即

1. $F.S$＝安全係數＝$\frac{R}{L}$

(1-1)$R=\frac{\tau}{\sigma'_v}$＝土壤在N次反覆荷重作用下達到初始液化或反覆流動所需之反覆剪應力比值，

τ＝土壤抗液化強度，σ'_v＝有效覆土壓力，

(1-2)$L=\sigma_{av}/\sigma'_v$ 設計地震對應於相當於N次反覆荷載作用之平均剪應力與土壤有效覆土壓力之比值。

τ_{av}＝平均剪應力，σ'_v＝有效覆土壓力

2. 土壤液化潛能的評估方法主要包含下列二項工作：

(2-1)評估地震引致之剪應力

欲評估地震引致之剪應力，採用簡化法估計，或依設計地震歷時記錄用類似 SHAKE 程式之單向度擬線性地盤反應分析法計算，所得之剪應力歷時可用「相當於均勻剪應力作用次數」的觀念求取平均剪應力的大小，以代表地盤於地震作用時所受剪應力的大小。Seed et al. (1971) 所提出土壤液化簡易評估法中，採用下式估計地震引致之平均剪應力大小：

$$\frac{\tau_{av}}{\sigma'_v}=0.65\times A_{\max}\times\frac{\sigma_v}{\sigma'_v}\times\gamma_d$$

說明：

$A_{\max}$ 為設計地震的最大地表加速度值（以 g 為單位）。

σ_v＝為土壤之垂直覆土壓力，

σ'_v＝為土壤之有效覆土壓力，

γ_d 為考慮土壤為可變形體之應力折減係數（用經驗式計算）。

(2-2)評估基地土壤之抗液化強度

欲評估基地土壤之抗液化強度須有詳細之地質鑽探與土壤試驗資料，根據土壤動態性質求得，依試驗方式可分為室內試驗法與現地試驗法兩類。

(2-2-1)室內試驗法

於現地鑽取土壤試體，在試驗室求取土壤之抗液化強度，可用動力三軸試驗、反覆單剪試驗、或反覆扭剪試驗等，試驗所用之試體應為具代表現場土壤狀況之試體，並須符合下列各條件：

(a)須作不同剪應力比之試驗，以建立土壤液化曲線。

(b)試驗所用之圍壓必須符合工程完成後之狀況。

(c)試驗時須記錄試體內孔隙水壓及試體變形與反覆振動次數之關係。

(d)應詳細記錄試驗時孔隙水壓消散後之體積變化。

利用試驗室試驗所得資料推估現地土壤之抗液化強度時，須考慮模擬現地情況之各項修正因素，諸如試驗應力環境與現地的差異、土壤試體的擾動程度、沉積時間及地震不規則剪應力效應等因素，此項調整包含有相當程度的經驗判斷，可根據現地試驗資料加以調整。

(2-2-2)現地試驗法

現地試驗法主要係根據現地試驗之資料來評估土壤之抗液化強度，可分為SPT-N法，CPT-q_c法及Vs法等，其中前兩法為工程上較常使用之方法，將其分述如下：

(a)SPT-N法

SPT-N法基本上是根據土壤鑽探時之標準貫入試驗打擊數N來評估土壤液化之潛能，目前常用之分析法有下列數種：

(a-1)Seed et al.簡易經驗法 (1971,1979,1983,1985)

此法為美國H.B. Seed教授所領導之研究群，長期累積相關研究成果所提出之簡易經驗法，為類似方法之原創者，該法主要是蒐集世界上許多規模M≒7.5大地震之案例，估計現地液化及非液化飽和砂土所受之地震反覆剪應力比。對於不同地震規模，則利用規模與振動作用周數之經驗關係,建立了不同地震規模之臨界曲線。如此，即可直接利用現地 SPT-N 值評估地層在不同地震規模作用下之液化潛能，在使用上甚為簡便。此法廣泛應用於歐美大陸，並已納入AASHTO規範中，在我國早期亦廣為工程界使用，為工程師較熟悉之液化評估方法。

(a-2)CPT-q_c 法

基本上，此法之精神與 SPT-N 法一樣，其差別僅在於改使用圓錐貫入阻抗 q_c 作為評估之參數，在 Seed et al. (1983) 及 Robertson (1985) 之研究中，僅將 SPT-N 與 CPT-q_c 間作轉換，所用之現地案例還是 SPT-N 案例，故此法實質上係由 SPT-N 法換算而得，至於所採用 CPT-q_c 與 SPT-N 值間的相關性須以適合於現地土壤之關係式為原則，一般常用的平均式為：

$$淨砂：q_c=4\sim5N$$

$$粉泥質砂：q_c=3.5\sim4.5N$$

9.10 損害評估

建築物基地若具有高液化潛能之土層，應評估其受地震作用時之可能損害程度，以進行地層改良設計或於結構物耐震設計時加以考量。

發生土壤液化現象之地盤，其損害程度隨液化土層之深度、厚度及液化程度而定，國際土壤力學與基礎工程學會大地地震工程技術委員會所建議之損害評估方法有二：

1. 相對厚度

地表是否產生土壤液化破壞現象決定於液化土層厚度與其上非液化土層厚度之比值，當地表非液化土層之厚度 H_1 大於其下液化土層之厚度 H_2 時，地表將不會產生顯著之破壞現象，

2. 液化潛能指數

$$P_L = \int_0^{20} (F_z \times W_z)\, d_z$$

說明：

P_L = 液化潛能指數，介於 0～100 之間

z = 地盤深度 (m)，考慮之深度範圍為 0～20m

F_z = 抗液化係數，介於 0～1 之間，以下式估計

$F_z = 1 - F_L$ 若 $F_L > 1$ 則 $F_z = 0$

W_z = 深度權重係數，以下式計算

$W_z = 10 - 0.5 \times z$

損害程度如下所示：

$P_L > 15$ 嚴重液化

$5 < P_L < 15$ 中度液化

$P_L < 5$ 輕微液化

依上分析，對於具高液化潛能之基地，應視基地之地層特性、結構物型式及其重要性，參照第九章所述之方法進行地層改良，進行耐震設計，以免地震時發生土壤液化引致之災害。

9.11 地盤流動化之基礎耐震設計

建築物基地若位於可能發生土壤液化流動現象之地盤時，設計時

應適當考量地盤流動化之影響。

地震作用時，發生土壤液化現象之地盤，隨土壤支承力之降低，若因地形或其他因素而有偏土壓作用時，就有可能發生地盤流動現象。

目前對地盤流動化之發生條件尚未十分明白，所引致之地震力亦無一致之標準，會發生液化之砂質土層厚度在 5m 以上，且該液化土層從水際線往內陸水平方向連續存在之地盤。

同時，該準則亦列有液化土層與非液化土層作用在構造物上流動力之計算式，可供參考使用。

9.12 液化地層土質參數之折減

對於判定會液化之土層，在設計分析時應將其土質參數作適當之折減，作為耐震設計之依據。

液化後之砂質土層，其強度及支承力會降低，因此，依規範判定會液化之砂質土層，應將其土質參數折減作為耐震設計上之土質參數。

耐震設計上土質參數為零或折減之土層，未來若無沖刷及挖除的可能性時，可視為作用在其下地盤之荷載重量。因此在計算基腳底面支承力時，此種土層之重量可以考慮為覆土壓力。

土質參數折減係數 D_E

抗液化安全係數	地表面下深度	土質參數折減係數 D_E	
F_L	z	$R \le 0.3$	$0.3 < R$
$F_L \le 1/3$	$0 \le z \le 10$	0	1/6
	$10 \le z \le 120$	1/3	1/3

$1/3 < F_L \leq 2/3$	$0 \leq z \leq 10$	1/3	2/3
	$10 \leq z \leq 20$	2/3	2/3
$2/3 < F_L \leq 1$	$0 \leq z \leq 10$	2/3	1
	$10 \leq z \leq 20$	1	1

R 為依該規範計算所得之土壤抗液化剪力強度比

chapter **10**

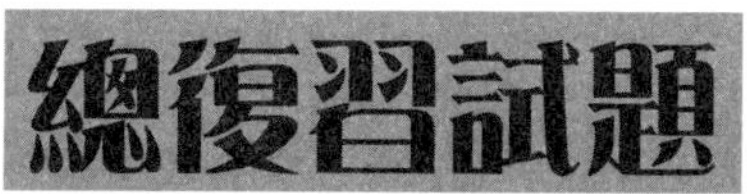

總復習試題

試題 10.1

比較紅土與黃土在成因，土壤結構與特性之不同。

解：

紅土與黃土不同如下表所示：

	成因	土壤結構	特性
紅土	在熱帶地區之火成岩或沉積岩經雨水與高溫作用之下，將氧化矽與碳酸鈣分解後，而土壤內遺留富含鐵與鋁的氧化物，呈磚紅色，稱為紅土。	屬於團粒結構	自然狀態下易透水，經夯實則不易透水，浸水後強度降為原來之 30～40%。 自立性良好，開挖不須支撐。
黃土	由沙漠區經風力作用，吹移至某地區後沉積之沙塵，稱為黃土，屬於風積土。		透水性屬於中等，凝聚力中等，乾燥時強度佳，但浸水後易於地表植生覆蓋影響很大。

◆

試題 10.2

含水量 95%之火山灰 30kg 與含水量 11%之細砂 300kg 均勻混合時。試求混合土含水量。

解：

(1)火山灰乾土重 $W_{S1}=\dfrac{W_1}{1+w_1}=\dfrac{300}{1+0.95}=153.8\text{kg}$

(2)水重 $W_{W1}=W_1-W_{S1}=300-153.8=146.2\text{kg}$

(3)細砂，乾砂重 $W_{S2}=\dfrac{W_2}{1+w_2}=\dfrac{300}{1+0.11}=270.3\%$

(4)水重 $W_{W2}=W_2-W_{S2}=300-270.3=29.7\text{kg}$

(5)混合土重 $W_S = W_{S1} + W_{S2} = 153.8 + 270.3 = 424.1\text{kg}$

(6)水重 $W_W = W_{w1} + W_{w2} = 146.2 + 29.7 = 175.9\text{kg}$

(7)混合土含水量 $w = \dfrac{W_W}{W_S} = \dfrac{175.9}{424.1} \times 100\% = 41.5\%$ ◆

試題 10.3

有一靈敏火山灰黏土，試驗結果如下：

(a)$\gamma_m = 1.28\text{t/m}^3$，(b)$e = 9.0$，(c)$S = 95\%$，(d)$\gamma_s = 2.75\text{t/m}^3$，(e)$w = 311\%$

在檢查上述值時，發現其中有一項與其他各項不一致，求不一致值為那一項，其正確值為若干？

解：

利用下列關係式，檢查其試驗結果的正確性

$$S \times e = W \times G_s，\gamma_d = \frac{\gamma_s}{1+e} = \frac{\gamma^m}{1+w}$$

$$0.95 \times 9.0 = 3.11 \times 2.75$$

(1)$\gamma_d = \dfrac{2.75}{1+9.0} = 0.275\text{tons/m}^3$

(2)$\gamma_d = \dfrac{\gamma_m}{1+w} = \dfrac{1.28}{1+3.11} = 0.31\text{t/m}^3$

(1) ≠ (2)式，又$\because Se = wG_s$已存在，$\therefore \gamma_m = 1.28\text{t/m}^3$有錯誤。

正確 $\gamma_m = \gamma_s \dfrac{1+w}{1+e} = 2.75 \times \dfrac{1+3.11}{1+9.0} = 1.13\text{t/m}^3$ ◆

試題 10.4

試計算下列各立方體之比表面積？分別以面積與 m^2/kg 單位表示，土粒比重為 2.65。

(1)邊長為 10mm (2)邊長為 1mm (3)邊長為 1μm。

解：

(1)比表面積：總表面積／體積 $=\dfrac{6\times(0.01\times0.01)}{(0.01)^3}=600/\text{m}$

$G_S=2.65$，$\gamma_S=2650\text{kg/m}^3$

比表面積 $=\dfrac{W}{A}=\dfrac{6\times(0.01\times0.01)}{(0.01)^3\times.2650}=0.226\text{m}^2/\text{kg}$

(2)比表面積 $=\dfrac{6\times(0.01)^2}{(0.01)^3}=6000/\text{m}=\dfrac{6\times(0.001)^2}{(0.001)^3\times2650}=0.26\text{m}^2/\text{kg}$

(3)比表面積 $=\dfrac{6\times(10^{-6})^2}{(10^{-6})^3}=6000000/\text{m}=\dfrac{6\times(10^{-6})^2}{(10^{-6})^3\times2650}=2264\text{m}^2/\text{kg}$ ◆

試題 10.5

有一可壓縮土層厚 4 公尺，其在四年後可達 90%之壓密，沉陷量為 14 公分。若有一相同之土層，受相同之荷重，但厚為 40 公尺，試計算此土層在一年及四年之沉陷量。

當壓密度 $U<60\%$，時間因素 $T\doteq\dfrac{\pi}{4}(\dfrac{U}{100})^2$

當壓密度 $U\geq60\%$，時間因素 $T\doteq1.781-0.933\log(100-U)$

解：

設土層均為雙向排水→$H_1=2\text{m}$，$H_2=20\text{m}$，

當 $U=90\%$時 $T_{90}=0.848$

由 $C_v=\dfrac{T_{90}H_1^2}{t_{90}}=\dfrac{0.848\times2}{4year}=0.84\text{m}^2/year$

使用相同之土壤故 C_v 值相同

$\therefore C_v=\dfrac{TH_2^2}{t}$

(a)一年時：$0.848=\dfrac{T(20)^2}{1}$　$\therefore T=\dfrac{0.848}{400}=1.12\times10^{-3}$

由已知 $U<60\%$時 $T=\dfrac{\pi}{4}(\dfrac{u}{100})^2$

$\therefore 2.12\times10^{-3}=\frac{\pi}{4}(\frac{u}{100})^2\rightarrow U=0.052=5.2\%(O.K.)$

(b)四年時：$0.848=\frac{T(20)^2}{4}\quad\therefore T=8.48\times10^{-3}$

代入 $T=\frac{\pi}{4}(\frac{U}{100})^2$ 得 $U=0.104=10.4\%(<60\%,ok)$

故就 40m 厚土層而言，一年後達 5.2%之壓密，四年後達 10.4%之壓密，然 40m 厚土層達 100%壓密時之沉陷量計算

$\Delta H=H\frac{C_c}{1+e_o}\log\frac{\sigma_o'+\Delta\sigma'}{\sigma_o'}$，假 設 $\frac{C_c}{1+e_o}\log\frac{\sigma_o'+\Delta\sigma'}{\sigma_o'}$ 在 $H_2=40$m，$H_1=4$m 兩者相同，則厚度為 40m 時總壓密沉陷量

$$\Delta H_2=\Delta H_1\times\frac{H_2}{H_1}=\frac{1.4}{0.9}\times\frac{40}{4}=156\text{cm}$$

故一年之沉陷為 156cm × 5.2% = 8.11cm

四年之沉陷為 156cm × 10.4% = 16.22cm ◆

試題 10.6

在實驗示室中飽和黏土壓密試驗（雙向排水）達到 50%壓密時 20 分鐘，土樣厚 2cm，原含水量 40%，求

(a)此土壤之壓密係數 C_v？

(b)在現地黏土層厚 2m，而且只能單向往上排水，求達 50%壓密需多少時間？

(c)如果在 50%壓密時，含水量為 35%，求 100%壓密時含水量為何？

解：

(a)$T_v=\frac{C_v\times t_{50}}{H^2}\quad\therefore C_v=\frac{T_v\times H^2}{t_{50}}=\frac{0.197\times\left(\frac{2}{2}\right)^2}{20}=9.85\times10^{-3}\text{cm}^2/\text{min}$

(b)$U=50\%$ $\therefore T_v=\dfrac{C_v\times t_1}{\left(\dfrac{H_1}{n_1}\right)}=\dfrac{C_v\times t_2}{\left(\dfrac{H_2}{n_2}\right)}$

$$\therefore t_2=\frac{\left(\dfrac{H_2}{n_2}\right)^2}{\left(\dfrac{H_1}{n_1}\right)^2}\times t_1 \quad \therefore t_2=\frac{\left(\dfrac{200}{1}\right)^2}{\left(\dfrac{2}{2}\right)^2}\times 20=800000\text{min}=556\,days$$

(c)$\varpi=\dfrac{S\times e}{G_s}$ 知，S、G 均保持不變，

原土樣 $\varpi=40\%\,(U=50\%)$ $\varpi=35\%\,(U=0\%)$

$\therefore\Delta\varpi=0.4-0.35=0.05$，$U=100\%$，$\Delta\varpi=0.05\times 2=0.1$

$\therefore$100%壓密時 $\varpi=40\%-10\%=30\%$ ◆

試題 10.7

壓密試驗用土樣，具有內徑 6cm，高度 2cm。

當 80kg 及 160kg 載重載加時。試樣壓密量各為 0.205mm 及 0.294mm。已知試樣烘乾重為 78.36g，土粒比重為 2.63 時，試求在 80kg 及 160kg 載重時之試樣孔隙比。

解：

土樣之體積 $V=\dfrac{\pi}{4}(6)^2\times 2=56.549\text{cm}^3$

土樣之乾土單位重 $\gamma_d=\dfrac{W_s}{V}=\dfrac{78.36}{56.549}=1.386\text{g/cm}^3$

土樣之最初孔隙比 $=e_o$，$\gamma_d=\dfrac{\gamma_s}{1+e_o}$

$\therefore e_o=\dfrac{\gamma_s}{\gamma_d}-1=\dfrac{2.63\times 1}{1.386}-1=0.898$

土壤之壓密沉陷量 $\dfrac{\Delta H}{H}=\dfrac{\Delta e}{1+e_o}$

(a)80kg 載重之孔隙 e_1

$$\frac{\Delta H_1}{H}=\frac{e_o-e_1}{1+e_o} \quad \therefore \frac{0.205}{20}=\frac{0.898-e_1}{1+0.898}，e_1=0.879$$

(b)160kg 載重之孔隙比 e_2

$$\frac{\Delta H_2}{H}=\frac{e_o-e_1}{1+e_o} \quad \therefore \frac{0.294}{20}=\frac{0.898-e_2}{1+0.898}，e_2=0.870$$

◆

試題 10.8

試述：

⑴土層中經由靜力作用引致之液化作用現象。

⑵土層中經由靜力作用引致之液化作用現象。

⑶基礎工程中欲防止液化現象之產生。一般採用之方法及原理。

解：

⑴對於土層中，當靜力之載重作用之下，其作用之速率大於無凝聚性土壤透水速率時，可假設此土層為不排水現象，因此其在承受剪力變形時所激發超額孔隙水壓升高，而使有效圍壓應力降低至最小或零而產生連續性之變形狀態，是為液化。

⑵對於無凝聚性土壤在地震力或爆炸力等動力的作用之下，當所激發之超額孔隙水壓升高至使有效應力降為零或極小時，所產生的連續變形狀態稱為液化。如震動強度越大（0.13g 以上）震動時間越長（超過 90 秒）則液化的可能性愈高。

⑶在基礎工程中為防止液化的可能性採用的方法及原理如下：

液化可能性之分析方法有二：

(a)經驗或半經驗分析法：

根據過去地層觀測資料，以標準貫入試驗 N 值為依據劃分出發生液態化與未發生液態化現象之範圍界限，但此法未將震動持續時間，排水範圍或地下水之因素考慮在內。

(b)試驗分析法：

此乃計算現場應力狀況與試驗室中決定土壤試驗體而導致液化時之應力情況作比較。

(4)減少液化可能性採用方法：

(a)增加土層相度密度：在淺層用震動夯實，深層則採用浮震法。

(b)降低地下水位：降低飽和度，以減少液化之可能性。

(c)改善排水條件：儘快使震動所激發之超額孔隙壓消散，而不致引起高孔隙水壓。

(d)預壓：乃增加土壤之過壓密比，而減少液化之程度及可能性。

(e)為避免靜力載重所造成之液化，可埋設水壓計於預定填土路段，以控制填土方速率以免過快填方導致之液化。 ◆

試題 10.9

有一沉泥質土層位於厚層卵礫石層上，其土層厚度 7mm，此處之地下水位於地表下 1m，此沉泥質土層內開挖至 5m，並將滲入開挖密之地下水予以收集排出，而使土壤之滲流達到穩態流狀況，求開挖面底部殘餘 2m 沉泥質土內之水力坡降，假設飽和沉泥質土 $\gamma_{sat}=1.93\text{g/cm}^3$，開挖底面之土層是否會有擠入 (blow-in) 問題？

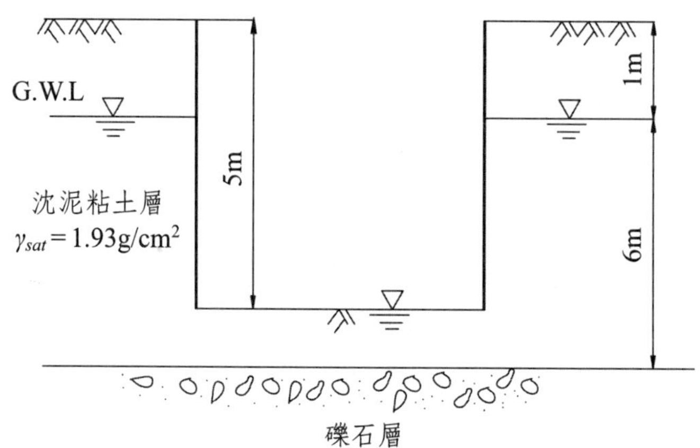

解：

⑴如上圖所示，開挖底部水力坡降 i

$$i=\frac{h}{L}=\frac{5-1}{2}=2$$

⑵開挖底面之土層擠入分析

上浮力 $U=H_b\gamma_w=6\times 1\text{t/m}$

土體重 $W=\gamma_{sat}d=1.93\times 2=3.86\text{t/m}$

安全係數 $FS=\frac{W}{U}=\frac{3.96}{6}=0.64<1.0\ (N.G.)$

故會發生擠入現象。 ◆

試題 10.10

二種土壤放在定水頭滲透管中，其比重及孔隙比分別為；$G_{s1}=2.65$，$G_{s2}=2.69$，$e_1=0.60$，$e_2=0.69$ 當水流向上流過土壤一時，有 25%水頭損失，試求臨界水力坡降及此時之全部水頭損失。

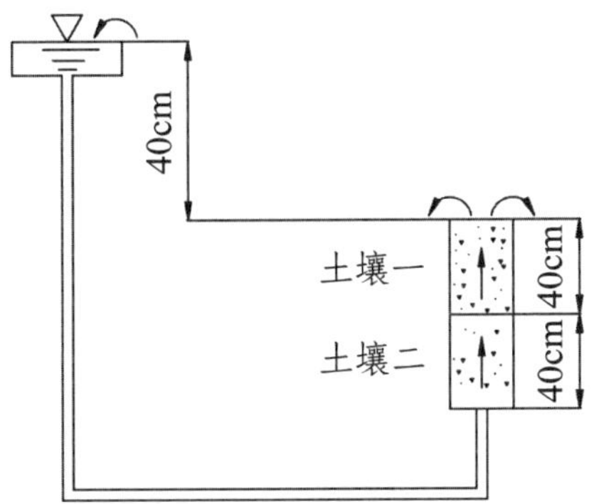

解：

此二種土壤之水力坡降分別為：

$$i_1=\frac{h_1}{L_1}=\frac{0.25\times 40}{40}=0.25$$
$$i_2=\frac{h_2}{L_2}=\frac{0.75\times 40}{40}=0.75$$

土壤二之 i_c 為土壤一之三倍，故土壤二先到達不穩定狀態臨界水力坡降

⑴ $i_c=\frac{\gamma_{sat}}{\gamma_{\varpi}}=\frac{\gamma_{sat}-\gamma_{\varpi}}{\gamma_{\varpi}}$，$\gamma_{sat}=\frac{G_s+e}{e+1}\gamma_{\varpi}$

⑵ $i_c=\frac{G_s-1}{1+e}=1.0=i_{c2}$，$h_{c2}=i_{c2}\times L_2=1.0\times 40=40\text{cm}$

此水頭損失僅為全部損失之 75%，故全部水頭損失

$$h_e=\frac{h_{c2}(i_1+i_2)}{i_2}=\frac{10(1.0)}{0.75}=53.3\text{cm}$$ ◆

試題 10.11

對下列情形，試建議測定剪力強度之方法，可包括試驗室或現場之試驗方法。

⑴過壓密之堅硬有裂隙黏土層。

⑵夯實 (Compacted) 黏土坝之長期穩定分析。

⑶摩擦樁於軟弱靈敏之黏土層。

解：

⑴為避免正常取樣偏差（即沒取得含裂隙之土樣）高估強度，最好取大型試體再進行大型剪力盒直剪試驗可推測得不排水剪力強度。

⑵可取樣進行三軸壓密不排水試驗並測量孔隙水壓求取值，亦可採壓密排水試驗然較費時。

(3)因取樣（不擾動土樣）之不易故可採現地之十字片剪力試驗，以估測其不排水剪力強度。◆

試題 10.12

試說明飽和鬆散細砂與沉泥之孔隙壓力係數 A（或稱孔隙壓力參數 A）之可能數值。這類土壤受到強烈地震時會有什麼反應？試舉實例說明之。

解：

(1)孔隙壓力係數 $A=\dfrac{\Delta u}{(\Delta\sigma_1-\Delta\sigma^2)}$，對飽和鬆散細砂與沉泥之A值約在 1.0～2.5 之間，依土壤之孔隙率 n 與應變大小有關。

(2)飽和鬆散細砂與沉泥若受到地震時，由於土壤不易排水，以致激發之超額孔隙水壓力，當超額之孔隙水壓力增加，使土壤之有效應力減少，當達到 $\sigma'=0$ 時，則土壤喪失剪力強度而破壞，以致土層呈現浮動連續性沉陷變形，而稱之為液化現象 (Liquefaction)。

(3)西元 1964 日本新瀉 (Niigata)，發生 $M=7.5$ 之地震與最近 1989 年 10 月 17 日美國加州洛馬普利塔 (Loma Prieta) 發生 $M=7.1$ 之地震，引起飽和鬆散細砂與沉泥，因液化而使結構物倒塌或傾斜破壞。◆

試題 10.13

試推導出擋土牆主動土壓力，被動土壓力公式，當土壤 c 摩擦角 ϕ，密度 γ，擋土牆高度H，在合理假設下，若地下水位與牆頂平，則其土壓力為多少，若能充分排水則土壓力為若干？

解：

土壤c，ϕ 值已知，密度γ，擋土牆高度H

(1)主動土壓力

依Rankine土壓力理論，$c-\phi$ 土壤之主動土壓力及被動土壓力之莫爾圓如下圖所示：

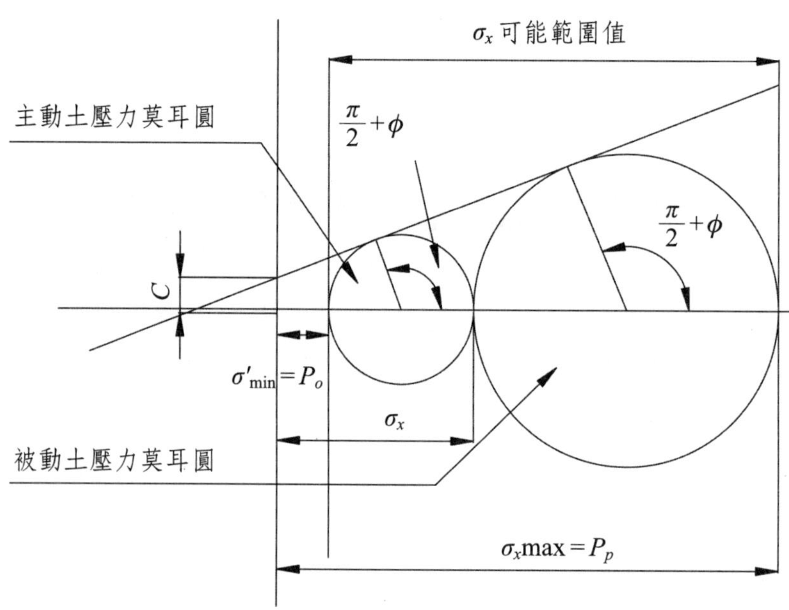

(2)主動土壓力 $P_A=\sigma_x$

$$\frac{\sigma_x-\sigma_z}{2}=\left(\frac{\sigma_z+\sigma_x}{2}+c\cos\varphi\right)\sin\varphi$$

$$\sigma_z-\sigma_x=(\sigma_z+\sigma_z)\sin\varphi+2c\cos\varphi$$

$$P_A=\sigma_x=\left(\sigma_x\times\frac{1-\sin\varphi}{1+\sin\varphi}\right)-\left(2c\times\frac{\cos\varphi}{1+\sin\varphi}\right)$$

$$=\left(\sigma_x\times\frac{1-\sin\varphi}{1+\sin\varphi}\right)\times\left(2c\times\sqrt{\frac{1-\sin\varphi}{1+\sin\varphi}}\right)$$

$$=(\sigma_z\times k_A)=(2c\times\sqrt{k_A})$$

式中 $k_A=\dfrac{1-\sin\varphi}{1+\sin\varphi}$ 為主動土壓力係數

又 $\dfrac{1-\sin\varphi}{1+\sin\varphi}=\tan^2(45°-\dfrac{\varphi}{2})$，故擋土牆背之主動土壓力為：

$$\overline{P_A}=\gamma Hk_A(45°-\frac{\varphi}{2})-2c\tan(45°-\frac{\varphi}{2})=(\gamma\times H\times k_A)-(2c\times\sqrt{k_A})$$

(a)若地下水位與牆頂平，其總主動土壓力為：

$$\overline{P_A}=\left(\frac{1}{2}\gamma_{sat}\times H^2\right)\times k_A-(2c\times H\times\sqrt{k_A})+\left(\frac{1}{2}\gamma_{\varpi}\times H^2\right)$$

(b)若能充分排水時，則總主動土壓力為：

$$\overline{P_A}=\left(\frac{1}{2}\times\gamma_d\times H^2\times k_A\right)-(2c\times H\times\sqrt{k_A})$$

(3)被動土壓力

由 $\dfrac{\sigma_x-\sigma_z}{2}=(\dfrac{\sigma_x-\sigma_z}{2}+c\cos\varphi)\sin\varphi$

及 $p_p=\sigma_x$ 得被動土壓力 p_p 為：

$$\begin{aligned}p_p=\sigma_x&=\sigma_z\cdot\frac{1+\sin\varphi}{1-\sin\varphi}+2c\cdot\frac{\cos\varphi}{1+\sin\varphi}\\&=\sigma_x\cdot\tan^2(45°+\frac{\varphi}{2})+2c\cdot\tan(45°+\frac{\varphi}{2})\\&=\sigma_x k_p+2c\sqrt{k_p}\end{aligned}$$

式中 $k_p=\left(\dfrac{1+\sin\varphi}{1-\sin\varphi}\right)+\left[\tan^2\left(45°+\dfrac{\varphi}{2}\right)\right]$ 為被動土壓力係數，

故擋土牆背之被動土壓力為：

$$p_p=\gamma H\tan^2(45°+\frac{\phi}{2})+2c\tan(45°+\frac{\varphi}{2})=(\gamma\times H\times k_p)+(2c\times\sqrt{k_p})$$

(a)若地下水位與牆頂平，其總被動壓力為：

$$\overline{P_p}=\left(\frac{1}{2}\gamma_{sat}\times H^2\times k_p\right)+(2c\times H\times\sqrt{k_p})+\left(\frac{1}{2}\gamma_{\varpi}\times H^2\right)$$

(b)若能充份排水時，則總被動土壓力為：

$$\overline{P_p}=\left(\frac{1}{2}\gamma'_d \times H^2 \times k_p\right)+(2c \times H \times \sqrt{k_p})$$ ◆

試題 10.14

試述庫倫土壓力理論公式中之牆摩擦角之預估方法。

解：

牆摩擦角 δ 為土壓力與牆背法線之夾角，δ 角之大小主要受到背填土材料之內摩擦角 φ 與擋土牆材料之摩擦係數有關。

根據 Terzaghi (1934)、Meyerhof (1961) 之研究，計算主動土壓力時，可預估 δ 值，$\frac{\delta}{\varphi}=\frac{3}{2}\sim 1.0$，但不可大於 30°，而計算被動土壓力時，$\frac{\delta}{\varphi}\leq\frac{1}{2}$，若 $\delta=\varphi$ 時，則將高估被動土壓力，而不安全。 ◆

試題 10.15

某黏土進行下述(a)～(d)四種情況之試驗，每一種情況為同種試驗（如三軸試驗），試問每種情況中，A、B兩種情形，何者會得到較大之剪力強度？為什麼？

(a)試體 A 之過壓密比比試體 B 之過壓密比大。

(b)試體均為正常壓密黏土，但 A 為排水試驗，B 為不排水試驗。

(c)試體均為高度過壓密黏土，但A為排水試驗，B為不排水試驗。

(d)試體 A 為不擾動試體，試體 B 受到高度擾動，但兩試體孔隙比相等。

解：

(a)過壓密比高者，有較大剪力強度，因其結構較為密實，欲剪動它需較大能量。

(b)正常壓密黏土之試體 A 有較大剪力強度，因不排水試驗下所造成正值孔隙水壓使得試體有效圍壓減少，因此強度減少。

(c)高度過壓密黏土之試體 B 有較大剪力強度，因受剪力破壞時所產生負值孔隙水壓使得試體有效圍壓增大。

(d)試體 A 有較高剪力強度，因試體 B 受高壓擾動而使其結構趨於剪力強度較低之分散結構。 ◆

試題 10.16

於高度 H 之垂直擋土牆，牆後黏土與牆頂齊平，黏土之凝聚力為 c tons/m^2，內摩擦角為 φ^2，單位重為 γ tons/m^3 時，證下列臨界高度 H_C 之關係表示式

$$H_C = \frac{4c}{\gamma} tam\,(45° + \frac{\phi}{2})$$

解：

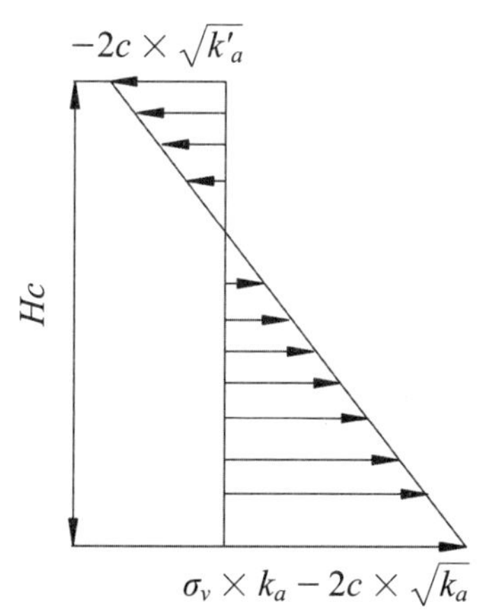

在臨界高度時作用擋土牆之合力（主動土壓力）為 0

$\sigma_a = (\sigma_v \times k_a) - (2c \times \sqrt{k_a})$

$P_A = \left(\frac{H}{2} \times \sigma_v \times k_a\right) - (2c \times H \times \sqrt{k_a})$

$P_A = 0 \quad \sigma_A = \gamma \times H$

$\left(\frac{\gamma \times H^2 \times c}{2}\right) \times k_c - (2c \times H_c \times \sqrt{k_a}) = 0$

$\therefore \gamma \times H_c = \frac{4c}{\sqrt{k_a}} \quad H_c = \frac{4c}{\gamma\sqrt{k_a}}$

$k_a = \tan^2(45° - \frac{\varphi}{2}) \quad \sqrt{k_a} = \tan(45° - \frac{\varphi}{2})$

$\frac{1}{\sqrt{k_a}} = \tan^2(45° + \frac{\phi}{2})$，$\therefore H_c = \frac{4c}{\gamma}\tan(45° + \frac{\varphi}{2})$ ◆

試題 10.17

下圖之擋土斜坡，試求：

(a)未開挖前斜坡是否穩定？

(b)若開挖後未設擋土牆前是否要有水平力（假設水平力與坡面平行）？

(c)若有則此水平力大小為若干？

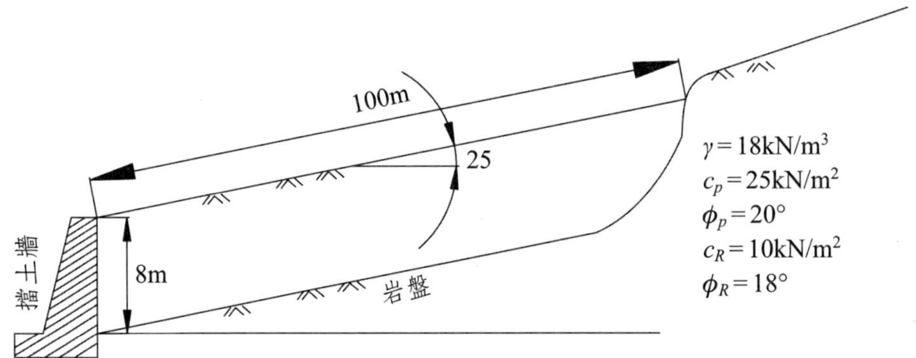

解：

(a) $\dfrac{L}{H}=\dfrac{100}{8}=12.5>5$ 則為無限邊坡

安全係數 $F.S=\left(\dfrac{c}{\gamma\times H\times\sin\beta\times\cos\beta}\right)+\left(\dfrac{\tan\varphi}{\tan\beta}\right)$

未開挖前斜坡，假設不考慮漸進破壞時

$$F.S=\left(\frac{25}{18\times8\times\sin25^\circ\times\cos25^\circ}\right)+\left(\frac{\tan20^\circ}{\tan25^\circ}\right)=0.45+0.78=1.23>1.0$$

斜坡穩定。

(b)開挖後，未設擋土牆，考慮漸進破壞 $c_R=10\text{KN/m}^2$，$\varphi_R=18^\circ$ 為剩餘強度參數

$$F.S=\left(\frac{10}{18\times8\times\sin25^\circ\times\cos25^\circ}\right)+\left(\frac{\tan18^\circ}{\tan25^\circ}\right)=0.18+0.70=0.88<1{,}0$$

故斜坡會造成破壞

(c)假設滑動破壞沿著交界面，則水平力 P

$$\begin{aligned}P&=W\times\sin\beta-(c_R+\gamma\times H\times\cos^2\beta\times\tan\varphi_R)\times(L\times1)\\&=(8\times100\cos25^\circ)\times18\times\sin25^\circ\\&\quad-(10+18\times8\cos^2 25^\circ\times\tan18^\circ)\times100\\&=672.\text{kN/m}\end{aligned}$$

◆

試題 10.18

如圖示圓形基礎直徑 10mm，基礎重 50tons，載重 1950tons，求此基礎中心，因黏土層壓密引起之沉陷，基礎中心之下壓力分佈可用下式計算：

$$\Delta P=q\times\left\{1-\left[\frac{1}{1+\left(\frac{a}{z}\right)^2}\right]^{3/2}\right\}$$

其中 ΔP 為垂直應力，q 為作用於地面壓力，a 為作用壓力半徑，z 為深度，又如果砂土之承力因數 $N_r=20$，$N_q=15$，試求此基礎承載力之安全係數。

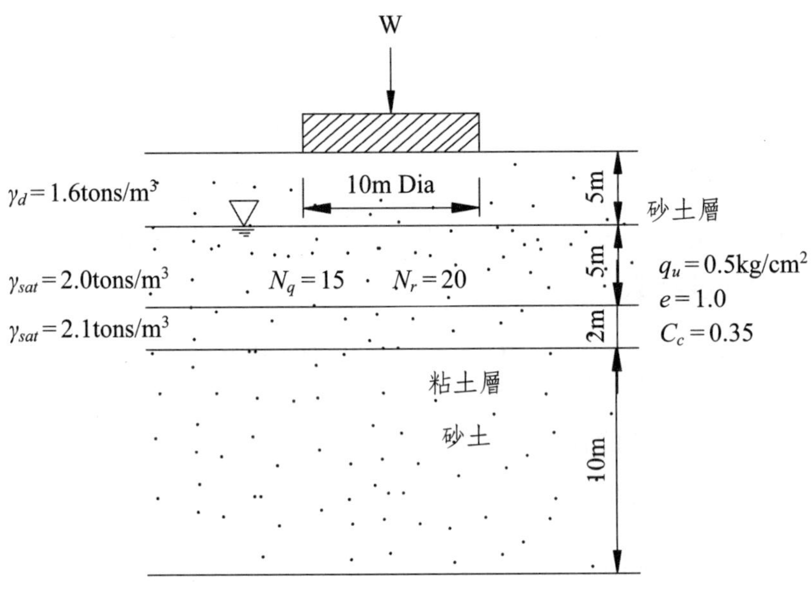

解：

⑴求黏土沉陷量

$$P_o=1.6\times 5+(2.0-1.0)\times 5+(2.1-1.0)\times 1=14.1\text{tons/m}^2$$

$$q=\frac{2000}{\left(\frac{\pi}{4}\times 10^2\right)}=25.46\text{tons/m}^2$$

$$\Delta P=q\times\left\{1-\left[\frac{1}{1+\left(\frac{a}{z}\right)^2}\right]^{3/2}\right\}=25.46\times\left\{1-\left[\frac{1}{1+\left(\frac{5}{11}\right)^2}\right]^{3/2}\right\}$$

$$=6.25\text{tons/m}^2$$

$$\Delta H=H\times\left(\frac{C_c}{1+e_o}\right)\times\log\left(\frac{P_o+\Delta P}{P_o}\right)=200\times\left(\frac{0.35}{1+1.0}\right)\times\log\left(\frac{14.1+6.25}{14.1}\right)$$

$= 5.58\text{cm}$

(2)求基礎承載力之安全係數，假設地下水位面以上均為乾砂

$q_n = 1.3 \times c \times N_c + \gamma_1 \times D_r \times (N_q - 1) + 0.3 \times \gamma_2 \times B \times N_r$

$N_c = 0$，$N_q = 15$，$N_r = 20$，$D_f = 0$

$\gamma_2 = 1.0 + (1.6 - 1.0) \times \frac{5}{10} = 1.3\text{tons/m}^3$

$\therefore q_n = 0.3 \times 1.3 \times 10 \times 20 = 78\text{tons/m}^2$

安全係數 $F.S = \frac{q_n}{q} = \frac{78}{25.46} = 3.06$ ◆

試題 10.19

於一山坡上建築一公路以開挖方式通過該邊坡，其地層為頁岩與砂岩互層。

問：(1)對邊坡穩定的地質因素有那些？

(2)就(1)之因素如何做工程地質調查以作為邊坡穩定分析用。

解：

(1)影響邊坡穩定的地質因素主要為頁岩與砂岩及其互層間之工程特性，岩層地構造與開挖坡面之幾何關係以及地下水坡趾開挖之影響分述如下：

(a)砂岩工程特性：膠結物性質之不同而異，膠結情形良好者強度較高；固結不良者，強度低、透水性高，吸水後易失黏著力，變形性愈高（如泥質砂岩應特別注意）。一般砂岩透水性依 Sorting 的程度而定，Sorting 大則透水性高。

(b)頁岩工程特性：決定於膠結與壓密程度，膠結或壓密程度差者黏土礦物易吸水而失去黏結力，壓密高者孔隙率低，強度較高，另外顆粒間之摩擦力隨塊狀物（如石英等）含量之增

加而增加，頁岩的缺點為受力時易沿層狀礦物之層面滑動而造成破壞。

(c)互層之工程特性：頁岩易風化浸蝕及崩解，砂岩則較穩定，但兩者互層之狀況大部份常決定於頁岩對其斷層節理不連續面之弱面應特別加以留意，開挖面極可能沿著頁岩層面造成滑動，因此，岩層走向及傾斜對基礎斜坡穩定之影響也相當大，當地下水給水之滲入，含水量增加，坡趾開挖之影響皆可能造成邊坡不穩定。

⑵為作邊坡穩定之分析地質調查應包括現場踏勘，地表地質調查、鑽探、工程性質及指數性質試驗以及現場觀測工作，分別敘述如下：

(a)現場踏勘：(a-1)現場拍照，(a-2)斜波斷面測量，(a-3)斷層節理不連續面之傾斜走向以及裂縫大小之調查描繪，(a-4)岩層風化程度判斷，(a-5)以往邊坡滑動資料之收集。

(b)地表地層調查：岩層分佈範圍、層面、節理面及斷層等不連續面依其露出位置標示其走向、傾斜角、裂縫大小、填充材料及不連續面粗糙情形。並由不連續面之方位開挖剖面之空間立體幾何關係判斷公路開挖邊坡可能造成破壞的模式如：(b-1)平面破壞，(b-2)楔形破壞，(b-3)圓弧破壞等。

(c)鑽探：根據現場踏勘及地表地質之調查決定鑽探孔位及深度、孔位至少應能分析描述整面岩層分佈的情況，深度至少深達穩定或未風化的層次

(d)(d-1)指數性質試驗：包括含水量、單位重、比重、顆粒分析、阿太堡試驗。(d-2)工程性質：包括風化程度試驗分析、滲透性試驗、回脹試驗、剪力強度試驗、岩石強度試驗、消化試驗、RMR、NGI 分析評分。

(e)現場觀測：包括：(e-1)地下水位之變化觀測用水位觀測井或水壓計，(e-2)岩層滑動變位傾斜觀測用岩層斜坡傾斜儀，(e-3)岩層裂縫擴張觀測用伸張應變計。◆

試題 10.20

在某地發現山坡張力裂縫，可能發生邊坡滑動災害，倘如你被經派負責處理，宜進行何項工作，試申述之。

解：

坡頂附近之張力裂縫，在雨季期間常因地表逕流之入灌而對可能滑動面產生額外之孔隙水壓驅動力，處理方法因邊坡之重要性及經費而異，若經費少，則可加強坡頂附近之集水，排水設施並廣植草木，以減少地面逕流之入灌張力裂縫，若經費較多，則可另外在坡面或坡頂加設土錨（或岩錨）並穿透可能滑動面以加強抗滑能力。◆

試題 10.21

一單樁其直徑為 300mm，進行樁載重試驗時，將其貫入深度 10m 之均勻黏土層中，此黏土層之無圍壓縮強度 $q_m = 24\text{KN/m}^2$，設對樁底之安全係數為 3 對樁周面之摩擦力安全係數為 1.5，求樁之安全承載荷重為何？

解：

若凝聚力 $c = 24\text{kN/m}^2$ 時，則黏著力因子 (Adhesion Factor)

$$Q_m = Q_o + Q_p$$

$$Q_p = A_p c N_c = \frac{\pi}{4}(0.3)^2 \times \frac{24}{2} \times 9 = 7.63\text{KN}$$

$$Q_n = \alpha c_u A_o = 1 \times 12 \times \pi \times 0.3 \times 10 = 113.1\text{kN}$$

$$Q_n = \frac{Q_p}{F} + \frac{Q_n}{F} = \frac{7.63}{3} + \frac{113.1}{1.5} = 77.94\text{kN}$$ ◆

試題 10.22

試說明樁基工程當樁頂受到橫力作用之情形，應如何設計之？橫力分別考慮：⑴結構作用橫力，⑵橫向土壓力，⑶地震及風力所加之橫力。又我國建築技術規則對此種樁基礎設計有何規定？

解：

依我國建築技術規則第九十三條規定：「基樁如須承受土壓力及支承之長期橫力，應設計以部份斜樁承受之，如僅承受風力或地震力之短期橫力，可以基樁之被動土壓力及樁本身之強度抵抗之。」

一般而言，承受橫力最有效者當屬斜樁，但其裝設較為困難，且用場鑄樁無法打設斜樁，因此在無法採用錘擊式樁區域，如建物人口密集之市區，唯有採用場鑄樁，此時就只有用直樁以抵抗橫力，影響樁抵抗橫力之因素：

⑴樁頭之束制情況。

⑵樁周圍土壤之水平反力係數。

⑶樁本身抗彎曲能力。

若依建技規則規定，結構作用橫力及橫向土壓力屬長期橫力，應以部份斜樁承受之，地震及風力所壓橫力屬短期橫力，則可用直樁亦兼用斜樁。

設計時應先估算作用於單樁橫力，再依樁頭束制情況，及水平受力係數計算樁之最大彎矩，再依之以設計配筋，單樁橫力計算法如下述（近似法）：

1. 樁群為直樁時：

單樁橫力＝作用於基底橫力／樁數，$P_H=\dfrac{H}{n}$

2. 斜樁與直樁混用時：

(1)先依 $P_{vl}=\dfrac{Q}{n}\pm\dfrac{M_x\,y}{I_x}\pm\dfrac{M_y\,x}{I_y}$ 求各樁垂直力

(2)需由樁承受橫力 $H'=H-\Sigma P_{vl}\tan\theta_1$（$\theta_1$ 為樁與垂直線夾角）

(3)各樁承受之水平力 $P_{H1}=\dfrac{H'}{n}$ ◆

試題 10.23

當 m 支樁排成 n 排為群樁時，申述群樁承載重減低率之定義並舉例說明其有關表示式。

解：

在黏土層爭基樁超過一支時若間距不夠時，其樁承載重後應力傳遞呈現重疊現象而減低，其減低率之定義為群樁承載力與單樁承載力乘以樁數之比值。

$$e=\frac{Q_x}{Q_w\times m\times n}$$

依據 Converse-Labarre 之理論群樁承載重減低率以下式表示：

$$e=1-\frac{\theta}{90}\left[\frac{m(n-1)+n(m-1)}{m\cdot n}\right]，\theta=\tan^{-1}\frac{D}{s}$$ ◆

試題 10.24

在某建築物建造在 20m × 20m 正方形筏式基礎上，深 5m。若此筏式基礎置於 20m 厚均勻軟弱黏土層上 ($\varphi=0°$)，今此基礎下土壤需承受

載重為 20tons/m^2，其安全係數為 2.5，試計算該黏土層所需最低平均無圍壓縮強度 q_m 為若干？

$N_c = 7.7$，$\gamma = 1.8\text{t/m}^3$。

解：

$q = 20\text{tons/m}^2$，$\gamma \times D_f = 1.8 \times 5 = 90\text{t/m}^2$

由 $F.S = \dfrac{c_m \times N_c}{(q - \gamma \times D_1)}$

$\therefore 2.5 = \dfrac{c_m \times 7.7}{20 - 9}$，$\therefore c_m = 3.57\text{t/m}^2$，$\therefore q_m = 2c_m = 2 \times 3.57 = 7.14\text{t/m}^2$ ◆

試題 10.25

某筏式基礎 30m × 30m 建於某土層地表下 6m 深處，地下水位在地表下極深處。荷重來自 15 層之辦公樓房（其荷重自行作合理假設）。土壤統體單位重 2tons/m^2，設土壤剪力破壞之安全係數為 3，求土層浮力所提供之承載力及土壤抗剪強度所提供之承載力，分別就下列二種土層情形計算之。

(1)土層為黏土，凝聚力 $c_m = 5\text{tons/m}^2$，$\varphi_m = 0$

(2)土層為砂土，$\varphi' = 30°$，$c' = 0$，$N_q = 18.4$，$N_r = 22.4$

解：

土層浮力所提供之承載力

$$q = \gamma \times D_f = 2 \times 6 = 12\text{tons/m}^2$$

(1)土層為黏土

$$c_M = 5\text{t/m}^2，\phi_M = 0$$

以 Skempton 公式解

$$N_c = 5 \times \left(1 + 0.2\frac{B}{L}\right) \times \left(1 + 0.2\frac{D}{B}\right) = 5 \times \left(1 + 0.2\frac{30}{30}\right) \times \left(1 + 0.2\frac{6}{30}\right) = 6.24$$

黏土抗剪強度所提供之承載力

$$q = \frac{c_m \times N_c}{F.S} = \frac{5 \times 6.24}{3.0} = 10.4\text{tons/m}^2$$

⑵土壤為砂土 $c' = 0$，$\varphi' = 30°$時，土壤抗剪強度所提供之承載力為：

$$q_d = \frac{q_u}{F.S.} - (\gamma \times D_f) = \frac{\gamma \times D_f \times N_q + 0.4 \times \gamma \times B \times N_r}{F.S} - (\gamma \times D_f)$$
$$= \frac{(2 \times 6 \times 18.4) + (0.4 \times 2 \times 30 \times 22.4)}{3} - (2 \times 6) = 240.8\text{t/m}^2$$ ◆

試題 10.26

⑴樁載重試驗結果對樁基礎設計有何重要性？

⑵如何由樁載重試驗，求樁之安全承載力？

解：

⑴樁載重試驗結果可決定工作載重下樁之沉陷量並可決定極限承載力公式正確性。

⑵由樁載重試驗結果可得極限承載力 Q_u 或降伏載重 Q_y，然後依：

$Q_n = \frac{Q_w}{3}$　或　$Q_n = \frac{Q_y}{2}$　以得安全承載力 ◆

試題 10.27

試述單樁在砂土層中所能提供之承載力，試列舉經驗公式說明其特性。

解：

在砂土層中之單樁，其承載力係由樁尖承載力 Q_p 與樁身摩擦力 Q_a 來提供，而 Q_p 與 Q_a 經常利用經驗公式來估計，以 (Meyerhof 1976) 所提出用 N 值來估計之方法：

(1)錘擊樁：$Q_u=\left(Q_p+\sum_{i=1}^{n}Q_{ai}\right)=(40\times N_p\times A_p)+\left(\sum_{i=1}^{n}\frac{N_1}{5}\right)\times A_{ai}$

(2)鑽掘樁：$Q_u=\left(Q_p+\sum_{i=1}^{n}Q_{ai}\right)=(12\times N_p\times A_p)+\left(\sum_{i=1}^{n}\frac{N_1}{10}\right)\times A_{ai}$

式中 Q_{a1} = 第 i 層土壤所提供之表面摩擦力

Q_p = 樁底土壤所提供之承載力

N_i = 第 i 層土壤其 N 之平均值

N_p = 樁尖下 2D 範圍內之平均 N 值

A_p = 樁之底面積

A_{ai} = 第 i 層土壤之樁表面積

上述 N 值須經覆土（或必要時地下水位）修正。 ◆

試題 10.28

試述

(1)一般基礎工程鑽孔深度之決定。

(2)鑽取擾亂試體與不擾亂試體之方法。

(3)不擾亂試體之定義與應用。

解：

(1)鑽孔深度決定原則

(a)單一獨立基腳寬度 1.5 倍或至岩層，取較小值。

(b)具多數獨立柱基結構，應取建物平面寬度 1.5 倍或至岩層，取較小值。

(c)因結構物載重所造成應力增量小於有效覆土壓力 10%之深度。

⑵取擾亂試體方法：採用劈管取樣器。取不擾亂試體方法：用薄管取樣器以靜力壓入方式取得之，其面積比 $A_R \leq 10\%$。

⑶不擾亂試體條件：

(a)土壤組織結構不受擾動。

(b)含水量孔隙比不改變。

(c)物理化學成分不改變。取不擾亂土樣主要目的在測定土壤工程性質。◆

試題 10.29

試述軟弱地盤之土質改良方法？台北盆地基隆河兩岸一帶軟弱土壤之改良，以那種方法最值得信賴？何故？

解：

⑴軟弱地盤之土質改良法：

(a)置換法：挖除軟弱土層，改填砂墊。

(b)排水法：藉頂壓及打設垂直砂樁或垂直排水帶排水，此外可配合電滲法、加熱、離子濃度差法加速排水。

(c)化學改良法：如基質置換法，溫度穩定法，藉改變軟弱土層之化學成份增加土壤之工程性質。

(d)水泥合成土樁改良法：藉鑽孔設備鑽出軟弱土壤，於其中適量填加水泥漿攪拌之使成水泥土壤合成土，俟固化即成水泥合成土樁。

⑵基隆河岸一帶軟弱土壤之改良方法，視工程性質、範圍及時效而有不同之因應改良法。小工程之樓房淺基可採置換法。垂直砂樁排水法，雖常見於一般軟弱土壤之改良，但此種地點軟弱

土壤可能富於有機質，故此法之功效可能不及預期高。建議採用張惠文教授研究並引進之水泥合成土樁改良法。藉適當之配置可於軟弱土壤中形成強度甚高之合成土樁群，提高軟弱土壤之工程性質，此外，此法改良所須之時間，成效均較砂樁排水法為優。◆

試題 10.30

孔隙水壓力探測儀 (Pore Pressure Sounding Instrument) 可探測軟弱土層內孔隙水壓力隨深度變化之情形，其原理為當此探測儀以定速貫入土層中，即可測得各土層內之孔隙水壓力之分佈情形，因而了解土層之組成。試問下圖中A、B、C三個土層，最可能為何種土層？並說明原因。（u_0 為靜水壓力）

解：

超額孔隙水壓＝孔隙水壓－靜態水壓力，一般超額孔隙水壓 (Excess pore Pressure) 之形成必須在不排水條件下，而不排水條件之形成必須為土層載重速率遠大於壓密速率（孔隙水壓消散速率），黏土層壓密速率小，因此靜力載重下即有超額孔隙水壓形成，而砂土層壓密速率大，除載重頻率高之地震力或爆炸力作用下有可能產生超額孔隙水壓外，一般之靜力載重下不易有超額孔隙水壓形成。由圖來看，A 層與 C 層，因具有超孔隙水壓，黏土層可能性最高，而 B 層幾無超額孔隙水壓形成，有可能為砂土層，該層中超額孔隙水壓突升者可能夾有薄層黏土。◆

試題 10.31

黏土之工程性質，在夯實曲線上最佳含水量 (OMC) 之左（乾）側或右（濕）側有顯著之差異，試比較下列各項工程性質在最佳含水量兩側之大小，並說明其原因：

⑴回脹性 (Swelling)

⑵滲透性 (Per meability)

⑶不壓密不排水 (Unconsolidated-Undrained) 剪力強度

⑷應力一應變模數 (Stress-Strain Modulus)

⑸壓縮速率 (Compression Rate)

解：

黏土結構在乾側夯實時易導致絮凝結構 (Flocculated Structure)，而濕夯實時易導致分散結構 (Dispersed Structure)，因此會導致不同工程性質。

⑴回脹性 (Swellng)：因乾側夯實時缺水量 (Water Deficiency) 較多，因此吸水量較大，所導致回脹量也較高，因此側夯實時回脹性高。

⑵滲透性 (Dermeability)：絮凝結構孔隙較大，因此滲透性較高，亦即側夯實時，滲透性較大，

⑶不壓密不排水剪力強度：絮凝結構黏土板片排列較為散慢，剪力作用時需花費部份能量使顆粒重新定位 (Reorientation)，因此抗剪能力高，即乾側夯實時，在小應變下有較高不排水剪力強度，而大應變下因趨於分散結構，兩者差別不大。

⑷應力應變模數：絮凝結構較為不易剪動，因此具有較陡之應力應變曲線，亦即應力應變模數較大。故乾側夯實時應力應變模數較大。

⑸壓縮速率：因乾側夯實時滲透性高（k 大）且較為不易壓縮（即 m_v 較小），由壓密係數 $C_v=\dfrac{k}{\gamma_w m_y}$ 式可知，乾側夯實時 C_v 值較

大，所以壓縮速率較快。◆

試題 10.32

試估計圖上所示橫撐材 (Strut) 之軸向荷重及開挖底部隆起之安全係數，上層如圖所示，其中 C_u 為不排水剪力強度，γ 為土壤單位重。

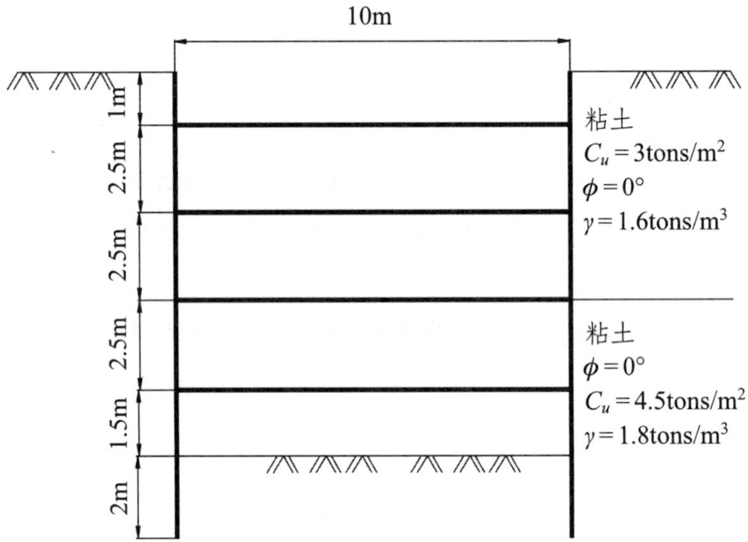

解：

(1)求平均單位重

$$\gamma_{av} = \frac{1}{H}(\gamma_1 H_1 + \gamma_2 H_2) = \frac{1}{10}(1.6 \times 6 + 1.8 \times 4) = 1.68\text{t/m}^3$$

$$c_{av} = \frac{1}{H}(c_1 H_1 + c_2 H_2) = \frac{1}{10}(3 \times 6 + 4.5 \times 4) = 3.60\text{tons/m}^2$$

(2)開挖底部隆起安全係數分析

假設 $N_c = 6$

$$\therefore FS = \frac{c_m \times N_c}{\gamma \times H \times q} = \frac{4.5 \times 6}{1.68 \times 10 + 0} = 1.6 > 1.5(\text{o.k.})$$

(3)橫撐才軸向載重計算

依 Peck (1969) 所建議

$\frac{\gamma \times H}{c_{av}} = \frac{1.68 \times 10}{3.60} = 4.67 > 4$

$\therefore P_a = \gamma \times H \times \left[1 - \left(\frac{4c}{\gamma \times H}\right)\right]$

$= 1.68 \times 10 \times \left[1 - \left(\frac{4 \times 3.6}{1.68 \times 10}\right)\right] = 2.4\text{t/m}^2$

$\therefore P_a = 0.3\gamma H = 0.3 \times 1.68 \times 10 = 5.04\text{tons/m}^2$

兩者取大者　$\therefore P_a = 5.04\text{t/m}^2$

軟弱層至中等堅硬黏土層，土壓力分佈如下圖：

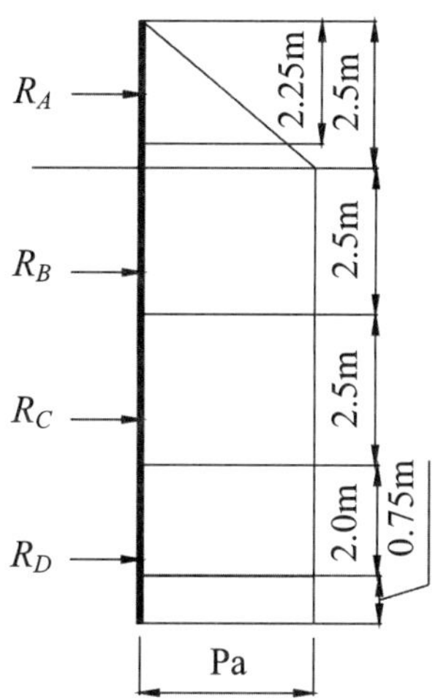

$R_A = \frac{1}{2} \times 4.54 \times 2.25 = 5.11\text{tons/m}$

$R_B = 2.5 \times 5.04 - \frac{1}{2}(5.04 - 4.54) \times 0.25 = 12.54\text{tons/m}$

$R_C = 2.5 \times 5.04 = 12.6\text{tons/m}$，

$R_D = 2.0 \times 5.04 = 10.08\text{tons/m}$ ◆

試題 10.33

土壤進行標準貫入試驗，若經過下列土層，會造成偏高或偏低之N值，為什麼？

⑴卵石層

⑵高靈敏黏土層

⑶緊密砂層

⑷深層土層

解：

⑴一般 SPT（標準貫入試驗）之次數超過 50，即不繼續進行試驗而卵石層顆粒大會造成偏高，因為進行貫入試驗困難，打擊次數較多，N 值偏高。

⑵高靈敏性黏土 N 值偏低，因靈敏度 S_t 黏土受擾動後，其強度急驟減低。

⑶緊密砂層偏高。由於超額孔隙水壓無法消散，致使土壤強度提高 $\tau_f[\sigma-(-u)]=\tan\varphi'$，使 N 值偏高。

⑷深層土層偏高。由於有效覆土壓力大，使得現場 N 值較實際 N 值高。 ◆

試題 10.34

台灣地區有那些地帶有活動斷層，那些工程最必須避開活動斷層，為什麼？

解：

⑴所謂活動斷層 (Active Fault) 是指最近的地質時代曾有過反復性的活動，而推測將來可能再活動的斷層。台灣自 1896 年有正式

地震記錄以來，計發現35條活動斷層。分佈於嘉義、苗栗、台南新化、花蓮、台東地帶。

⑵重大工程需避開活動斷層，例如水庫工程、核能電廠、地下結構，如隧道工程。

活動斷層地震頻率高，可能使工程結構物因地震力而破壞，對生命財產構成莫大威脅，為了避免重大工程因地震而破壞，故宜工址調查時避開活動斷層。◆

試題 10.35

試說明地震可能引起那些大地工程有關的災害？並逐一說明消滅這災害之災情的地工技術或對策。

解：

地震可能引起之大地工程災害與對策如下：

⑴砂土地盤液化引致之災害：如噴砂、噴泥水地陷之現象引致結構物之傾倒、管線損壞等，可採取以下對策：

(a)將可能液化土層材料加以置換。（限於淺層）

(b)利用壓實砂樁工法、震實工法、動力壓密工法等夯實砂土層促使相對密度增加以增加抗液化能力。

(c)利用降水工法促使地層緊密化。

(d)利用打設礫石樁以加速排水減少液化潛能。

(e)構造物採耐震設計，例如浮筏式基礎、樁基礎等以防震。

⑵邊坡之崩坍災害：除因液化引致之崩坍外，其它地質材料之邊坡可因地震引致剪應力增加而崩坍，其防止對策如下：

(a)削坡以減緩坡度增加穩定性。

(b)打設岩釘、岩栓加以固定或強化。

(c)打設擋土樁或擋土牆以加強穩定性。

(d)使用排水工法以排除孔隙水降低孔隙水壓或提高土壤強度。◆

試題 10.36

⑴崩積土 (*Colluvium*) 如何產生？

⑵崩積土之組織有何特點？

⑶崩積土之剪力強度特性如何？

⑷在崩積土坡開發住宅社區，應如何處理以免發生滑動坍方？

解：

⑴因為崩坍材料之堆積而形成之地層是為崩積土層。

⑵崩積土層所含土粒有大如卵石細如塵埃者，且因風化作用而使表面緻密（因顆粒變細且雜草叢生），因僅在自重壓密而已，使得內部空隙大形成水之通路，因此常在雨後有不易排水而升高孔隙水壓之缺陷。

⑶崩積土因具如⑵之組成，因此受力後易生高額孔隙水壓而引致不穩定之產生、或有較大之變形產生，在雨後易於崩滑。

⑷崩積土坡應盡可能避免開發，非不得已時採取換土或灌漿填塞孔隙或加強排水設施以免發生滑動坍方。◆

試題 10.37

為建造一大橋橫跨一東西之峽谷，峽谷兩岸皆為單斜之岩盤，走向為「E-W」，傾角皆為 $70°S$ & $80°S$，並因河谷解壓及河水淘刷之故，部分岩層已有倒懸或沖蝕穴之情形。問北橋台與南橋台（皆為重大橋台且擬建於岸上而非建於河岸下之河床）之基礎如何佈置？承載力如何分析？橋台下之岩盤應如何加固或保護？兩橋台有無不同之考慮？

（提示：以簡單圖面補充文字說明，有助於表達）

解：

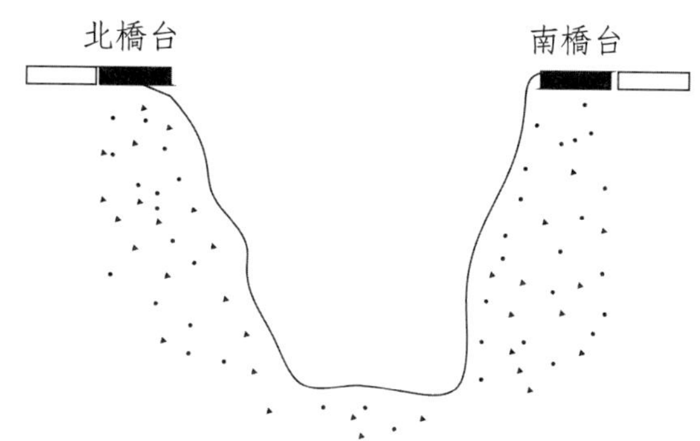

北橋台：在如圖示之地層構造下，因沖蝕穴之切割，導致岩盤失去支撐而可能形成順向坡之滑動，又如圖示橋台位置因太靠近岸邊使得支撐之岩盤因受壓且側向支撐不足而引起類似柱之挫屈產生。

㈠橋台往北移如虛線所示，以避免前述不穩定之產生。

㈡承載力應依滑動可能以及挫屈可能以及岩盤強度加以綜合分析。

㈢橋台下岩盤可打設岩錨使形成整體化以減少挫屈以及滑落可能。沖蝕穴附近設立護岸防止防護止繼續之侵蝕並修補沖蝕穴。岩面加以噴漿保護。

南橋台：依圖示常有倒懸之情況發生，使得各岩層之臨界面有可能在橋台巨大載重下剪裂或形成彎曲破壞，因此

㈠南橋台往南移以避免剪壞或彎曲破壞產生。

㈡承載力應依岩盤之強度分析剪裂或彎曲破壞之抵抗。

㈢橋台下岩盤可打設岩錨使形成整體化以提高對剪裂與彎曲之抵抗。河床進行護岸工程，岩面加以噴漿保護防止繼續之風化。◆

試題 10.38

如下圖所示地層，在地表荷重 1500psf 作用下：(a)試求黏土層之主要壓密沉陷量，若黏土層為正常壓密黏土。（注意單位）

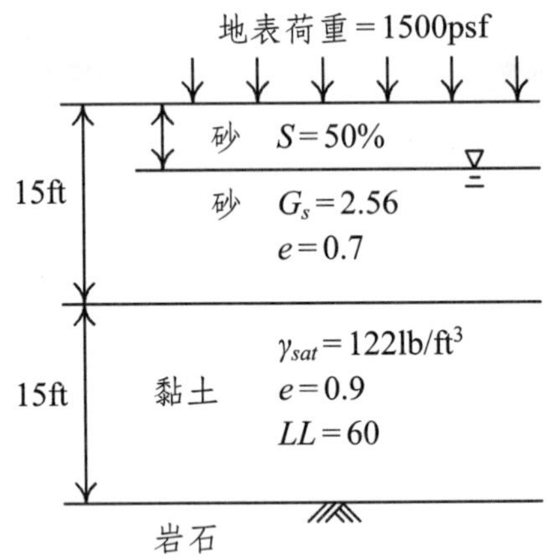

解：

(a-1)計算砂土層單位重

⑴水位以上

$$\gamma_t=\left(\frac{G_s+S\times e}{1+e}\right)\times\gamma_w$$

$$=\left(\frac{2.56+0.5\times 0.7}{1+0.7}\right)\times 62.4$$

$$=106.8\text{lb/ft}^3$$

⑵水位以下

$$\gamma_t=\left(\frac{G_s+S\times e}{1+e}\right)\times\gamma_w$$

$$=\left(\frac{2.56+1\times 0.7}{1+0.7}\right)\times 62.4=119.7\text{lb/ft}^3$$

(a-2)黏土層中心點之平均有效應力

$$\sigma'_{vo}=(106.8\times5)+(119.7-62.4)\times10+(122-62.4)\times75=1554\text{lb/ft}^2$$

(a-3)$C_c=0.009\,(L.L-10)=0.45$

(a-4)$\Delta H_c=\left(\dfrac{0.45}{1+0.9}\right)\times15\times\log\left(\dfrac{1554+1500}{1554}\right)=1.04\text{ft}$

(b)若主要壓密可在 3.5 年內全部完成，試估計荷重作用後 3.5 年到 10 年間所發生之次要壓縮量 (secondary compression)，已知二次壓縮指數 $C_a=0.022$，另求 10 年後之總沉陷量為何。

(b-1)計算主要壓密結束時之孔隙比 ep

$$\Delta H_c=1.04=\left(\frac{\Delta e}{1+e_0}\right)\times H=\left(\frac{0.9-e_p}{1+0.9}\right)\times15$$
$$\therefore e_p=0.768$$

(b-2)二次壓密沉陷量

$$\Delta H_s=\left(\frac{C_\alpha}{1+e_p}\right)\times H\times\log\left(\frac{t_2}{t_1}\right)=\left(\frac{0.022}{1+0.768}\right)\times15\times\log\left(\frac{10}{3.5}\right)=0.09\text{ft}$$

(b-3)總沉陷量

$$\Delta H=\Delta H_c+\Delta H_s=1.04+0.09=1.13\text{ft}$$ ◆

試題 10.39

試述外加荷重導致之應力之增量

1. 點荷重導致之應力增量

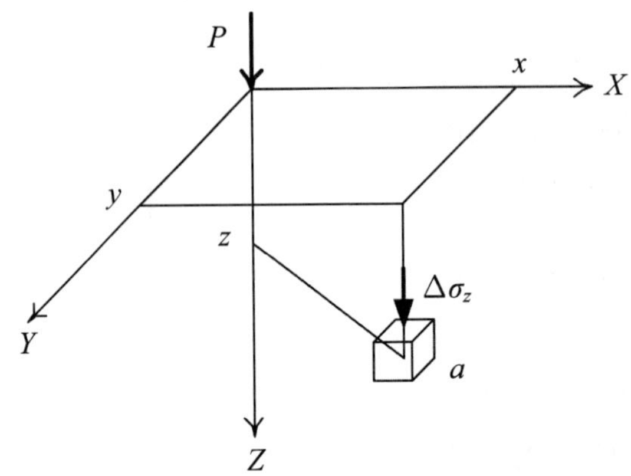

點荷重導致線彈性半空間中任一點之垂直應力增量

$$\Delta\sigma_z = \frac{3 \times P}{2\pi \times z^2 \times \left[1 + \left(\frac{x^2 + y^2}{z^2}\right)\right]^{\frac{5}{2}}}$$

2. 柔性圓形載重面積下之垂直應力增量（B＝直徑）

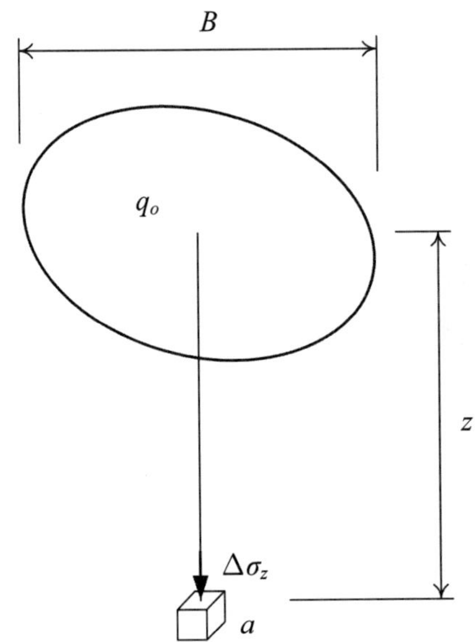

$$\Delta\sigma_z = q_o = \left[1 - \frac{1}{\left[1+\left(\frac{B}{2\times z}\right)^2\right]^{\frac{3}{2}}}\right]$$

3. 柔性矩形載重面積下之垂直應力增量

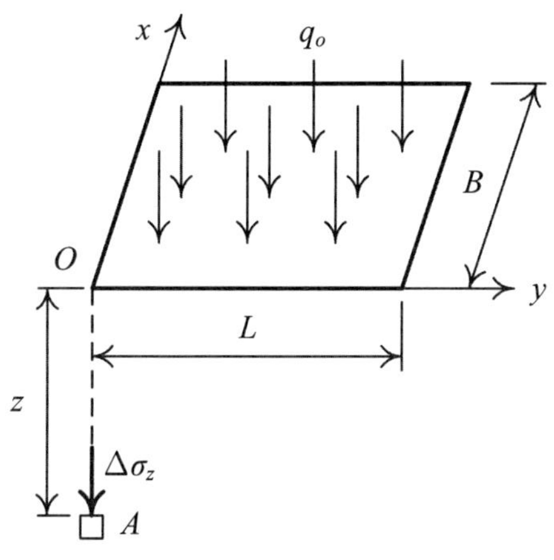

(a)角隅下

柔性矩形基礎下應力增量之決定

$$\Delta\sigma_z = q \times I$$

I：影響係數，其值和深度 z 及基礎之尺寸有關

$$I = \frac{1}{4\pi}\left[\frac{2m\times n\times\sqrt{m^2+n^2+1}}{m^2+n^2+(m^2\times n^2)+1}\left(\frac{m^2+n^2+2}{m^2+n^2+1}\right)+\tan^{-1}\left(\frac{2m\times n\times\sqrt{m^2+n^2+1}}{m^2+n^2-(m^2\times n^2)+1}\right)\right]$$

$m=\frac{B}{z}$，$n=\frac{L}{z}$，B、L 分別為矩形基礎之寬度和長度

4. Newmark 影響圖的應用

將 Boussinesq 方程式積分後，重新整理改寫

$$\frac{R}{z}=\sqrt{\left(1-\frac{\Delta\sigma_z}{q_o}\right)^{-\frac{2}{3}}-1}\text{，}R=\text{半徑}$$

$\Delta\sigma_z/q_o$	0.1	0.2	0.3	0.4	0.5	0.6	0.7	0.8	0.9	1.0
R/z	0.2698	0.4005	0.5181	0.6370	0.7664	0.9176	1.1097	1.3871	1.9084	∞

5.使用 Newmark 影響圖計算應力增量的步驟

$$\text{影響值}\,I\times V=\frac{1}{N}$$

N=影響圖之總元素數

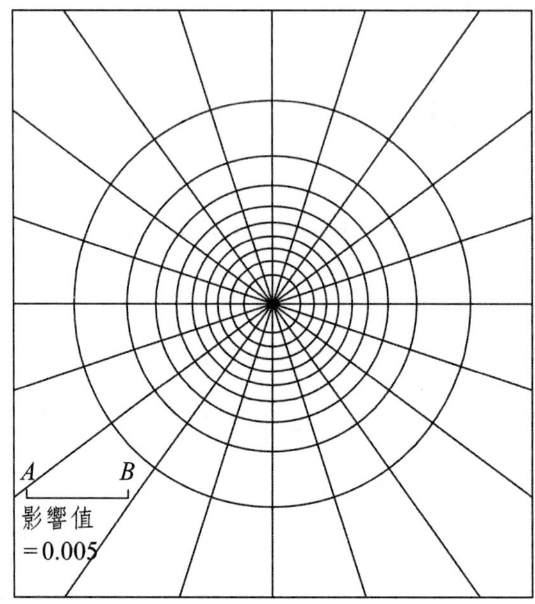

Newmark 的影響圖

(1)以 z 等於影響圖中之 $\overline{AB}$ 為比例尺繪製基礎平面圖

⑵將基礎平面圖上欲求應力增量之點置於影響圖之圓心

⑶計算基礎平面圖所覆蓋影響圖之元素數 NA

⑷計算欲求點之應力增量

$$\Delta\sigma_z = q_o \times I \times V \times N_A$$

(6-1) 條形或連續基礎載重傳遞法

$$\Delta\sigma_z = \frac{q_o \times (B-1)}{(B+z) \times 1}$$

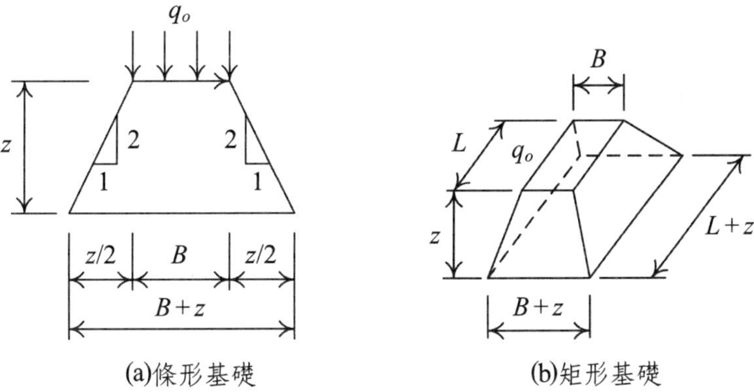

(a)條形基礎　(b)矩形基礎

以 2：1 載重傳遞法決定應力增量

(6-2)矩形基礎載重傳遞法

$$\Delta\sigma_z = \frac{q_o \times (B \times L)}{(B+z) \times (L+z)}$$

(6-3)圓形基礎

$$\Delta\sigma_z = \frac{q_o\left(\frac{\pi}{4} \times B^2\right)}{\frac{\pi}{4}(B+z)^2}$$

試題 10.40

有一之方形基腳，承受 700kN 之荷重，該基腳置於地表面，試以 Newmark 影響圖，估算基腳任一側邊中點下方 3m 處之應力增量。

解：

1. 以 $\overline{AB}=3\text{m}$ 為比例繪製基腳平面圖，將該平面圖置於影響圖上，並使欲求點 A 之平面位置和影響圖之圓心重合，如下圖所示

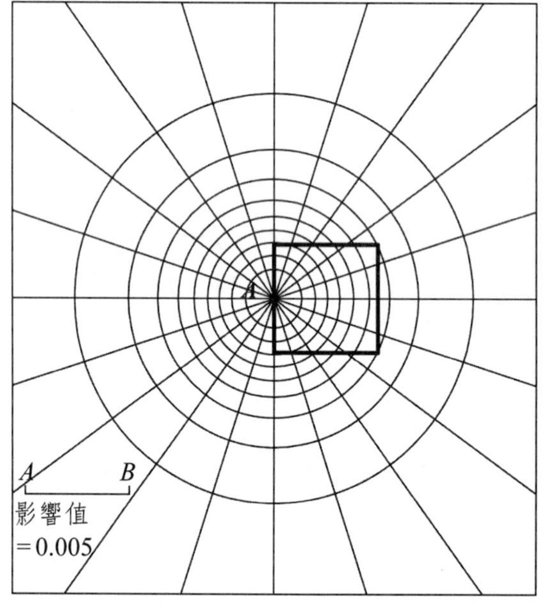

2. 計算基腳平面圖所涵蓋影響圖之單元數 NA ≒ 48.5
3. 計算應力增量

$$\Delta\sigma_z = q_o \times I \times V \times N_A$$
$$= \frac{700}{3 \times 3} \times 0.005 \times 48.5 = 18.86\text{kN/m}^2$$

◆

試題 10.41

一個大型鋼鈑焊成之圓形油庫，直徑 40 公尺，高 20 公尺，座落於一深達 150 公尺厚之黏土地層的表面，黏土地層之下為岩盤。為從事油庫之沉陷分析，需辦理精密之鑽探取樣及試驗。試計算鑽恐深度，分別按下列二種基礎佈置計算之：

㈠採用 30 公尺長之摩擦樁。

㈡採用砌置於地表之均佈荷重式基礎。

提示：工程荷重自行作合理假設計算之。黏土層內各深度之因油庫荷重所引起之鉛直向應力增量得採用附圖之助，亦得採用 Boussinesq 公式計算之。

解：

假設油槽之工程荷重 20tons/m^2，地下水位於地表面，而黏土飽和單位重 $\gamma_{sat} = 1.8$tons/m^2。鑽孔深度預計達 $\Delta q/\sigma'_o \leqq 0.1$ 之處，$\sigma'_o = (1.8 - 1.0)z = 0.8z$

㈠採用 30 公尺長之摩擦樁

載重面位於地表下 $30 \times 2/3 = 20$ 公尺處

由 $\Delta q \leq \ \times 0.1 \times 0.8\ (z + 20)$，$I_\sigma \times 20 \leq 0.08z + 1.6$

1. 若 $z = 60$m，$z/B = 1.5$，$I_\sigma = 0.5$，$I_\sigma \times 20 = 10$t/m^2

   $0.08z + 1.6 = 6.4$tons/m$^2 < 10$t/m^2

2. 若 $z = 80$m，$z/B = 2.0$，$I_\sigma = 0.28$

   $0.28 \times 20 = 5.6$tons/m^2

   $0.08z + 1.6 = 8.0$tons/m$^2 > 6$tons/m^2

3. 若 $z = 70$m，$z/B = 1.8$，$I_\sigma = 0.34$

   $0.34 \times 20 = 6.8$tons/m^2

   $0.08z + 1.6 = 7.2$tons/m$^2 > 6.8$tons/m^2(o.k)

鑽孔深度採用 70＋20＝90 公尺

㈡採用砌置於地表之基礎

$$I_\sigma \times 20 \leq 0.08z$$

1. 若 $z=80\text{m}$，$z/B=2.0$，$I_\sigma=0.28$

$I_\sigma \times 20=5.6\text{tons/m}^2$

$0.08z=6.4\text{tons/m}^2>5.6\text{tons/m}^2(\text{o.k})$

鑽孔深度採用 80 公尺 ◆

試題 10.42

請說明土質及岩石隧道施工時會發生湧水之地質條件及其對策。

解：

㈠土質隧道

位於近代沉積層內之土質隧道，因該類地層具較高地下水位，因此施工時會發生湧水，其解決對策常用者為

1. 進行止水灌漿或降水工法
2. 採用壓氣工法於隧道內打進高壓空氣。

㈡岩質隧道

岩質隧道會發生湧水之地質條件為

1. 隧道頂部位於向斜褶皺底部。
2. 隧道側壁走向垂直於透水岩層之走向。
3. 隧道走向垂直於斷層時，因斷層泥之阻隔作用常易於斷層一側形成貯水層，當該斷層泥被打通時則會形成巨大之水流衝入隧道內。

岩質隧道施工解決湧水常用對策除與土質隧道相同者外，亦常用

排水孔或消壓孔之方法。 ◆

試題 10.43

試問如何從工程地質計量化中之岩體分類法來進行隧道工程的規劃及施作工作？

解：

工程地質計量化法中之CSIR岩體分類法以及NGI岩體分類法，於國內常被用來做為隧道設計與施工之評估依據，其應用如下述：

1. 為事先估計隧道工程費用及施工發包之需要，於設計階段即根據現有之地質資料設計標準支撐，其程序：
   (1)岩體分類評分值預估。
   (2)隧道支撐設計。
2. 施工階段，於每一輪開炸後立即按下列程序進行岩體之實際評分。
   (1)開炸後即刻派員進行岩體評分。
   (2)與原評估值進行比較，決定相應之支撐類型。
   (3)岩體評估及支撐使用情形定期或有特殊之情況時通報設計單位配合監測結果作分析比較及必要之修改建議。 ◆

試題 10.44

如圖所示某工址土層分佈情形：茲從地表下7m處取黏土試樣，於實驗室進行壓密試驗並測得其預壓密壓力P'_c約85KN/m^2，試估算此深度處黏土之不排水剪力強度。

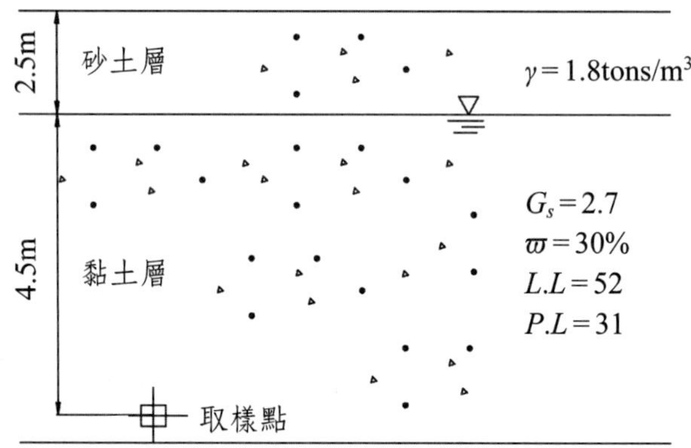

解：

1. 黏土層飽和單位重計算

由 $S \times e = \varpi \times G_s$ 得 $e = 0.3 \times 2.70 = 0.81$

$$\gamma_{sat} = \left(\frac{G_s + e}{1 + e}\right) \times \gamma_w = \left(\frac{2.7 + 0.81}{1 + 0.81}\right) \times 9.81 = 19\text{kN/m}^3$$

2. 黏土層不排水強度估計

黏土取樣處計算之垂直有效覆土壓力 σ'_c 為

$$\sigma'_c = 2.5 \times 1.8 \times 9.8 + 4.5 \times (19 - 9.81) = 44.15 + 41 = 85\text{kN/m}^3$$

$\sigma'_c = P'_c$ 是為正常壓密黏土

$$\frac{S_u}{\sigma'_c} = 0.11 + 0.0037PI = 0.11 + 0.0037 \times (52 - 31) = 0.19$$

$\therefore S_u = 0.19 \times 85 = 15.9\text{kN/m}^2 = 16\text{kN/m}^1$ ◆

試題 10.45

㈠何謂土壤液化 (soil liquefaction)？形成土壤液化原因為何？㈡簡述 seed 所發展之簡易法評估圖示地層 A 點之液化潛能（是或否）？地

震規模 $M=7.5$，地表加速 $A_{max}=0.15g$，應力遞減因素 $\gamma_d=1.0$（地表面 $h=0$），$\gamma_d=0.9$（地表面下 $h=30ft$）

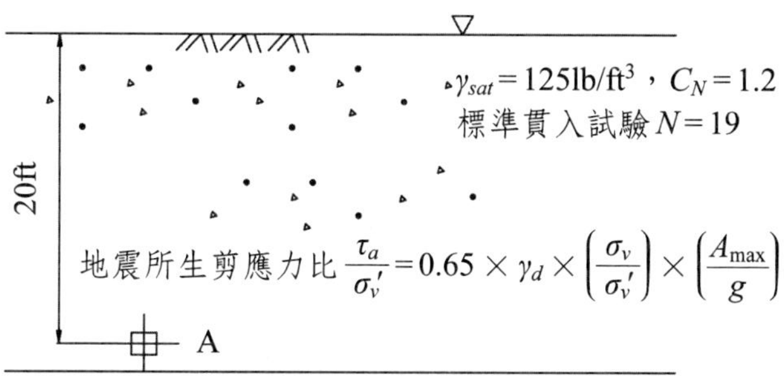

解：

(一)於地下水位下之無凝聚性砂土，當其於靜力或動力載重作用下所激發超額孔隙水壓使得有效圍壓降至零或極低值，而使得土壤在零或極低值阻力下產生連續變形之狀態稱為液化。液化原因常見者有地震力、爆炸力、車輛衝擊或波浪衝擊等快速載重下因而激發超額孔隙水壓所導致。

(二) Seed 所發展之簡易法分析步驟如下：

(a)決定地下水位高度、土壤單位重，考慮液化分析之臨界深度。

(b)計算臨界深度之總覆土應力 σ_0 與有效覆土應力 σ'_0。

(c)選擇現址之地表最大加速度 A_{max}。

(d)決定應力折減係數 γ_d 與該臨界深度因最大地表加速度 A_{max} 引致之剪應力比 τ_{av}/σ_o，$\frac{\tau_{av}}{\sigma_o}=0.65\times\left(\frac{A_{max}}{g}\right)\times\frac{\sigma_o}{\sigma'_0}\times\gamma_d$（地震反覆剪應力比 CSR）

(e)決定該臨界深度之修正標準貫入試驗值 N_1。

(f)決定 τ/σ'_0（土壤之反覆抗液化強度比 CRR）

(g)計算安全係數 F.S

$$F.S=\frac{\tau/\sigma'_0}{\tau_{av}}$$

如圖示地層：

$\sigma_o=125\times20=2500\text{lb/ft}^2=1.25\text{tons/ft}^2$

$\sigma'_0=(125-62.4)\times20=125\text{lb/ft}^2=0.62\text{tons/ft}^2$

$\gamma_d=0.9+\left(\frac{1-0.9}{30}\right)\times10=0.934$

地震反覆剪應力比

$$\text{CSR}=\frac{\tau_{av}}{\sigma'_0}=0.65\times\left(\frac{0.15g}{g}\right)\times\left(\frac{1.25}{0.62}\right)\times0.934=0.182$$

$C_N=1.2$，所以 $N_1=1.2\times19=23$，

得土壤之反覆抗液化強度比

$$\text{CRR}=\tau/\sigma'_0=0.08+\frac{(0.0035\times N_1)}{1-\left(\frac{N_1}{90}\right)}=0.27622$$

抗液化安全係數 $F.S=\frac{0.27622}{0.182}=1.5177>1.0$

結論：不會液化。 ◆

試題 10.46

(一)標準貫入試驗 (SPT) 為目前各國所廣用之現地試驗方法，請簡要說明此試法（包括如何求取 SPT-N 值）。

(二)現地之地表面下有一相當厚之均勻砂土層，A點（深度 $h_1=10$ 公尺）與B點（深度 $h_2=20$ 公尺），兩處之砂土有相同之單位重，內摩擦角與相對密度，但A點之 SPT-N 值為 20，B點之 SPT-N 值確為 45，請問同樣之砂土，但 SPT-N 值卻相差甚多，何故？

解：

㈠以 140 磅重錘 30 吋落距夯擊分裂式取土器，測定其貫入土層內 12 吋所需打擊數之試驗稱標準貫入試驗，所得打擊數稱 N 值。試驗時係將取土器打入土層內 18 吋，而得每 6 吋之打擊數分別為 3, 4, 5 時，若土層均相同時則 N 值為後面二個 6 吋之打擊數和，即 $N=9$。

㈡由砂土排水剪力強度 $\tau_d=\sigma'\tan\phi_d$ 可知 ϕ_d 相同情況下若 σ' 越大則 τ_d 越大，土層對取土器貫入抵抗越大，因此深度越深處所得 N 值越高。◆

試題 10.47

說明淺基礎之設計流程。（含使用之土壤力學公式或原理，必須檢核項目亦請說明之）

解：

說明淺基礎之設計流程如下：

㈠決定入土深度：淺基之入土深度應位於沖刷深度、腐植土層或凍脹深度之下面承載層上。

㈡上部結構型式與載重狀態之瞭解：應依結構型式而定出容許之基礎差異沉陷量，並考慮基礎受力之偏心或傾斜狀態。

㈢依流程㈡之條件並依土層種類定出基礎容許支撐力。

1. 若為黏土層時：依塑性平衡公式算出淨極限支承力 q'_u 後除以安全係數而得淨安全之承力 q'_a 為

$$q'_a=\frac{N_c}{F_a}\times(1+0.3\frac{B}{L})\times S_u，(N_c=5.14)$$

於 q'_a 作用下求得沉陷量判斷是否超過容許沉陷要求，若超過要求時則求出容許沉陷量下之淨容許支承力。

2. 若為砂土或礫石層時：除非基礎係位於近地表且地下水位高之狹窄淺基，否則均為沉陷控制者，可依容許沉陷量求得容許支承力。

㈣依上部結構（或含下部結構）荷重選擇適當型式之淺基，例如獨立柱基、連續基腳、連合基腳或筏式基礎，當然亦必須考慮建物之功能需求以及經濟性需求。

㈤依上述步驟求得基礎面積後檢驗基礎垂直支承力與水平支承力後設計基礎構造物使其具足夠之抗剪、抗彎強度等。◆

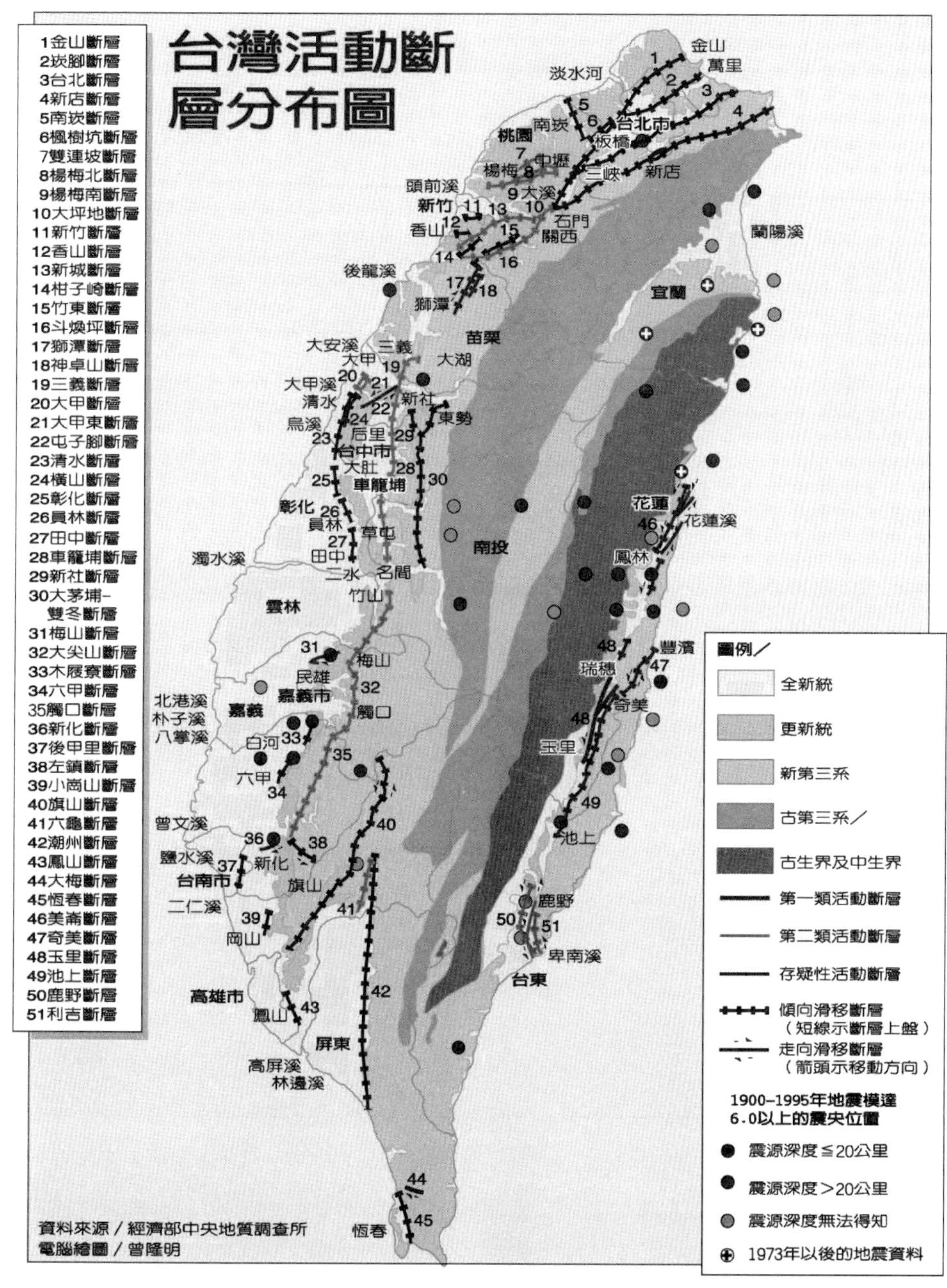
台灣活動斷層分布圖
1金山斷層
2崁腳斷層
3台北斷層
4新店斷層
5南崁斷層
6楓樹坑斷層
7雙連坡斷層
8楊梅北斷層
9楊梅南斷層
10大坪地斷層
11新竹斷層
12香山斷層
13新城斷層
14柑子崎斷層
15竹東斷層
16斗煥坪斷層
17獅潭斷層
18神卓山斷層
19三義斷層
20大甲斷層
21大甲東斷層
22屯子腳斷層
23清水斷層
24橫山斷層
25彰化斷層
26員林斷層
27田中斷層
28車籠埔斷層
29新社斷層
30大茅埔-雙冬斷層
31梅山斷層
32大尖山斷層
33木屐寮斷層
34六甲斷層
35觸口斷層
36新化斷層
37後甲里斷層
38左鎮斷層
39小崗山斷層
40旗山斷層
41六龜斷層
42潮州斷層
43鳳山斷層
44大梅斷層
45恆春斷層
46美崙斷層
47奇美斷層
48玉里斷層
49池上斷層
50鹿野斷層
51利吉斷層
金山
萬里
淡水河
台北市
板橋
新店
三峽
南崁
桃園
中壢
楊梅
大溪
頭前溪
新竹
香山
石門
關西
蘭陽溪
宜蘭
後龍溪
獅潭
苗栗
大安溪
大甲
三義
大湖
大甲溪
清水
新社
東勢
烏溪
后里
台中市
大肚
車籠埔
彰化
員林
草屯
南投
田中
二水
名間
濁水溪
竹山
雲林
花蓮
花蓮溪
鳳林
梅山
民雄
嘉義市
嘉義
北港溪
朴子溪
八掌溪
白河
觸口
六甲
曾文溪
新化
鹽水溪
台南市
旗山
二仁溪
岡山
高雄市
鳳山
屏東
高屏溪
林邊溪
恆春
豐濱
瑞穗
奇美
玉里
池上
鹿野
卑南溪
台東
圖例／
全新統
更新統
新第三系
古第三系／
古生界及中生界
第一類活動斷層
第二類活動斷層
存疑性活動斷層
傾向滑移斷層（短線示斷層上盤）
走向滑移斷層（箭頭示移動方向）
1900–1995年地震規模達6.0以上的震央位置
震源深度≦20公里
震源深度＞20公里
震源深度無法得知
1973年以後的地震資料
資料來源／經濟部中央地質調查所
電腦繪圖／曾隆明

索 引

五劃

六劃

七劃

八劃

九劃

十劃

十一劃

十二劃

十三劃

十四劃

十五劃

十六劃

十七劃

十九劃

二十一劃

二十三劃

理工熱賣推薦

水土保持系列精選書目

水文學　Hydrology

作　　者　李光敦
ＩＳＢＮ　978-957-11-4016-2
書　　號　5G14
出版日期　2011/01（3版8刷）
頁　　數　400
定　　價　480元

本書特色

本書旨在說明如何利用水文學原理，以解決水資源開發所面臨的工程問題，並進一步了解工程設施所面臨的風險。本書是以目前各大學共同授課內容為主，並檢視近十年來高普考與各研究所入學考題，以其中超過百分之九十的出現率，而劃定本書的編輯範圍。本書內容涵蓋水文循環、及水區地文特性、降雨、蒸發與蒸散、入滲、地下水、降雨逕流演算、水庫與河道演算、水文統計與頻率分析以及水文量測方法。本書中每一節均有例題與習題，並有習題解答副冊。

水文學精選200題

作　　者　楊其錚　李光敦
ＩＳＢＮ　978-957-11-5416-9
書　　號　5G15
出版日期　2010/03 (2版 2刷)
頁　　數　292
定　　價　350元

本書簡介

◎李光敦教授編著《水文學》習題詳解
◎國家考試及研究所入學考試精選考題

新書主打推薦

擊點滑鼠　學習科技日文一把罩

快速讀懂日文資訊（基礎篇）—科技、專利、新聞與時尚資訊

作　　者　汪昆立
ＩＳＢＮ　978-957-11-6262-1
書　　號　5A79
出版日期　2011/05
頁　　數　272
定　　價　420元

本書簡介

◎收錄各種適合初學者之日文學習網站，點滑鼠即可輕鬆學日文。

◎循序漸進，讓你輕鬆突破學習日文四大難關。

◎助詞用法、動詞變化到長句解析，全部化整為零，難不倒你。

◎適合所有日文學習初階者。

理工人必讀微積分寶典

普通微積分 Brief Applied Calculus

作　　者　黃學亮
ＩＳＢＮ　978-957-11-6310-9
書　　號　5Q08
出版日期　2011/06
頁　　數：272
定　　價：450元

本書簡介

本書主要針對研習專業課程需以微積分作為基礎工具之科系學生編寫。

微積分對許多學生來說總有莫名的恐懼感，因此本書編寫時儘量避免使用艱澀論述，而以口語化敘述代之，期能消除傳統數學教材難以卒讀之感。

不斷練習是學習數學的必要手段，因此本書包含多元的題型演練及解說，以使讀者培養微積分基本應用能力，亦蒐集一些具啟發性的問題及例題供讀者砥礪微積分實力之用。

理工人必備

嚴選寫作工具書

研究資料如何找？
Google It！

作　　者　童國倫　潘奕萍
ＩＳＢＮ　978-957-11-5799-3
書　　號　5A76
出版日期　2009/12
頁　　數　288
定　　價　650

本書特色

◎著重Google能為學術研究者帶來哪些變化和幫助。

◎適合社會人文與自然科學各學科領域的大學生、研究生或研究人員閱讀參考。

本書簡介

撰寫Google的工具書不少，但是絕大部分都是Google的各項零星功能，本書則著重於Google能為學術研究者帶來哪些變化和幫助。附錄是期刊排名資料庫JCR以及ESI，由於許多人對於搜尋到的大量資料不知該透過何種工具進行篩選，在填寫各項研究成果表格時也常常不知如何進行，因此特別將這兩個資料庫的操作方式和意義加以説明，希望讀者能夠得到滿意的答案。

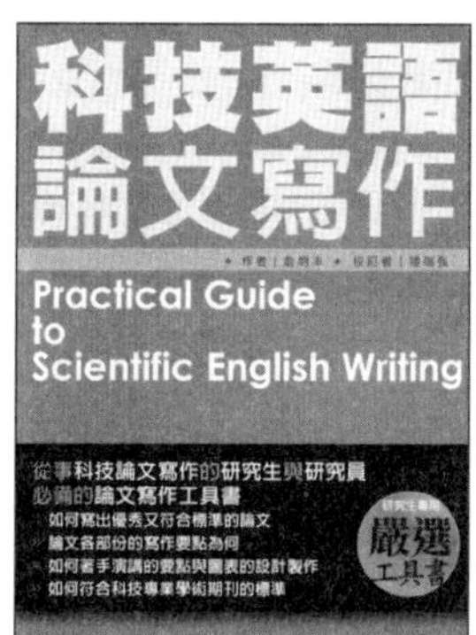

科技英語論文寫作
Practical Guide to Scientific English Writing

作　　者　俞炳丰
校　　訂　陸瑞強
ＩＳＢＮ　978-957-11-4771-0
書　　號　5A62
出版日期　2009/07
頁　　數　372
定　　價　520

本書特色

從實用角度出發，以論述與實例相結合的方式介紹科技英語論文各章節的寫作要點、基本結構、常用句型、時態及語態的用法、標點符號的使用規則，常用詞及片語的正確用法以及指出撰寫論文時常出現的錯誤。

本書簡介

本書的英文例句和段落，摘自於許多學者的專著和五十餘種不同專業領域國際學術期物上的論文。附錄中列有投稿信函、致謝、學術演講和圖表設計及應用的注意事項等。適用於博士生、研究生、高中教師和研究院所的科學研究人員，還可用於對國際學術會議參與人員的培育。

科技英文寫作

作　　者　謝忠佑　趙家珍
ＩＳＢＮ　978-957-11-5817-4
書　　號　5T12
出版日期　2009/11
頁　　數　256
定　　價　360

本書特色

◎專為工程科技科系所學生及研究人員編寫
◎傳授在國際期刊發表專業學術論文的要訣
◎以實際論文範例解析説明

本書簡介

本書以「啟」、「承」、「轉」、「合」作為行文的依據，配合學術論文的通用架構，依照正確的邏輯順序，將摘要（Abstract）、前言（Introduction）、文獻回顧（Literature Review）、研究目的（Objective）、實驗方法（Experimental Method）、結果與討論（Result and Discussion）、結論（Conclusion）等實體要素，撰寫出優美流暢的英文科技論文。

研究你來做，論文寫作交給EndNote X Word！(第四版)

作　　者　童國倫、潘奕萍
ＩＳＢＮ　978-957-11-5919-5
書　　號　5A63
出版日期　2011/01
頁　　數　348
定　　價　680

本書特色

1.一切與論文管理與寫作有關的項目，都可以在本書中找到解決方案。
2.隨書附贈互動式多媒體教學光碟片。
3.將查詢期刊排名(JCR)以及查詢引用及被引用的次數方法(SCI/SSCI)撰寫於書末。

本書簡介

本書一共分為五章，介紹EndNote的操作，包括帶領讀者建立個人EndNote Library收集大量資料、利用進階管理技巧將資料進行整理和分享，以及利用範本精靈建立起段落、格式都符合投稿規定的文件，並自動形成正確的參考書目(Reference)引用格式，亦介紹甫推出的Web版EndNote。直接引導讀者進入Word進階功能，例如中英雙欄對照的版面製作、功能變數設定，以及自動製作索引的技巧等。

國家圖書館出版品預行編目資料

土壤力學與基礎設計／溫順華作. 一初版.一臺北市：五南， 2011.07
面； 公分.
I S B N 978-957-11-6326-0（平裝）
1.土壤力學
441.12 100011431

5G26

土壤力學與基礎設計

Soil Mechanics and Foundation design

作　　者 一 溫順華
發 行 人 一 楊榮川
總 編 輯 一 龐君豪
主　　編 一 王正華
責任編輯 一 楊景涵
封面設計 一 郭佳慈
出 版 者 一 五南圖書出版股份有限公司
地　　址：106 台北市大安區和平東路二段 339 號 4 樓
電　　話：(02)2705-5066　傳　　真：(02)2706-6100
網　　址：http://www.wunan.com.tw
電子郵件：wunan@wunan.com.tw
劃撥帳號：01068953
戶　　名：五南圖書出版股份有限公司

台中市駐區辦公室 / 台中市中區中山路 6 號
電　　話：(04)2223-0891　傳　　真：(04)2223-3549
高雄市駐區辦公室 / 高雄市新興區中山一路 290 號
電　　話：(07)2358-702　傳　　真：(07)2350-236

法律顧問　元貞聯合法律事務所　張澤平律師

出版日期　2011 年 7 月初版一刷
定　　價　新臺幣 550 元

凝煉知識品味閱讀